21世纪技能创新型人才培养系列教材 计算机系列

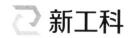

新工科

Python
程序设计
案例教程

主 编／龙 浩 陈祥章 杨 勇

副主编／李梦梦 吕雪丹 蒋瑞芳

徐兆君 卢 觋

中国人民大学出版社

·北京·

图书在版编目（CIP）数据

Python 程序设计案例教程 / 龙浩，陈祥章，杨勇主编 . -- 北京：中国人民大学出版社，2021.8
21 世纪技能创新型人才培养系列教材 . 计算机系列
ISBN 978-7-300-29707-1

Ⅰ. ① P… Ⅱ. ①龙… ②陈… ③杨… Ⅲ. ①软件工具 － 程序设计 － 教材 Ⅳ. ① TP311.561

中国版本图书馆 CIP 数据核字（2021）第 157079 号

21 世纪技能创新型人才培养系列教材·计算机系列
Python 程序设计案例教程
主　编　龙　浩　陈祥章　杨　勇
副主编　李梦梦　吕雪丹　蒋瑞芳　徐兆君　卢　觊
Python Chengxu Sheji Anli Jiaocheng

出版发行	中国人民大学出版社		
社　　址	北京中关村大街 31 号	**邮政编码**	100080
电　　话	010 - 62511242（总编室）		010 - 62511770（质管部）
	010 - 82501766（邮购部）		010 - 62514148（门市部）
	010 - 62515195（发行公司）		010 - 62515275（盗版举报）
网　　址	http://www.crup.com.cn		
经　　销	新华书店		
印　　刷	北京溢漾印刷有限公司		
开　　本	787 mm × 1092 mm　1/16	**版　　次**	2021 年 8 月第 1 版
印　　张	17.75	**印　　次**	2024 年 6 月第 4 次印刷
字　　数	395 000	**定　　价**	48.00 元

党的二十大报告指出，"教育、科技、人才是全面建设社会主义现代化国家的基础性、战略性支撑。"教育是国之大计、党之大计。职业教育是我国教育体系的重要组成部分，肩负着"为党育人、为国育才"的神圣使命。在习近平新时代中国特色社会主义思想指导下，切实加强教材建设，编写质量可靠、切合职业教育特点的优质教材，是贯彻落实党的二十大精神，实施科教兴国战略的重要体现。

随着计算机技术、大数据技术和人工智能的发展，功能强大的 Python 开发工具正在焕发强大的生命力。本书写作之初力求做到：通过学习 Python 程序设计，读者具有程序设计的初步知识；帮助初学者学会用计算机解决问题的思路和方法；培养初学者学会用计算机工具解决实际问题的能力。Python 程序设计对首次接触的初学者来说感觉比较容易，但要真正学好和灵活运用 Python 开发软件确实不易。考虑到学生的特点，本书注重以应用为中心，以案例为引导，内容通俗易懂，易于理解，快速入门。

初学者在学习 Python 语言时不要死记语法，从学会看懂程序开始，模仿缩写简单程序，然后逐步推进。初学者还要注意活学活用，举一反三，对同一问题力求多解，发现学习程序的乐趣。程序设计的实践性强，必须掌握数据类型、语法、模块等基础知识，更重要的是动手操作编写代码，并在上机调试运行过程中加强对知识的理解，培养程序设计思想和提升程序开发能力。

本书共 8 个单元，包括 Python 概述；列表、元组、字典；选择与循环；字符串与正则表达式；函数；面向对象程序设计；文件；图形界面设计。为了便于理论的理解和学习，书中除采用代码案例教学外，也相应设计了虚拟实例应用，同时"多学两招"栏目作为内容补充，希望丰富学生的知识储备。

由于时间有限，书中难免有错误或不妥之处，敬请读者批评指正。

编者

C O N T E N T S 目录

单元 1　Python 概述 ·············· 1

1.1　程序设计与 Python 语言 ········ 2
　1.1.1　程序设计语言 ··········· 2
　1.1.2　Python 语言概述 ········· 5
　1.1.3　Python 解释器 ·········· 7
1.2　Python 的运行方式 ··········· 13
1.3　程序的基本编写方法 ·········· 14
　1.3.1　理解问题的计算部分 ······ 14
　1.3.2　IPO 程序编写方法 ······· 15
1.4　Python 代码的编写规范 ········ 15
　1.4.1　换行 ·············· 15
　1.4.2　缩进 ·············· 16
　1.4.3　注释 ·············· 18
1.5　基础知识 ··············· 22
　1.5.1　基本数据类型 ·········· 22
　1.5.2　数据类型转换 ·········· 26
　1.5.3　保留字 ············· 27
　1.5.4　变量 ·············· 30
　1.5.5　运算符 ············· 32
　1.5.6　程序的语句元素 ········· 37
　1.5.7　内置函数 ············ 41
　1.5.8　基本输入输出 ·········· 53
1.6　综合案例：Python 小程序 ······ 57
技能检测：模拟手机充值场景 ········ 59

单元 2　列表、元组、字典 ········ 60

2.1　列表 ·················· 61
　2.1.1　列表的创建与删除 ········ 61
　2.1.2　添加、修改和删除列表元素 ···· 62
　2.1.3　对列表进行统计和计算 ····· 64
2.2　元组 ·················· 65
　2.2.1　元组的创建与删除 ········ 66
　2.2.2　访问元组元素 ·········· 68
　2.2.3　修改元组元素 ·········· 70
　2.2.4　元组与列表的区别 ········ 71
2.3　字典 ·················· 72
　2.3.1　字典的创建与删除 ········ 73
　2.3.2　通过键值对访问字典 ······ 76
　2.3.3　添加、修改和删除字典元素 ··· 79
2.4　综合案例：定制自己的手机套餐 ····· 80
技能检测：电视剧的收视率排行榜 ······ 82

单元 3　选择与循环 ·············· 84

3.1　选择结构 ··············· 85
　3.1.1　条件运算符 ··········· 85
　3.1.2　单分支结构：if 语句 ······ 86
　3.1.3　二分支结构：if-else 语句 ···· 88
　3.1.4　多分支结构：if-elif-else 语句 ·· 90
　3.1.5　选择结构的嵌套 ········· 92

3.2　循环结构 ································ 94

　　3.2.1　for 循环 ························ 94

　　3.2.2　while 循环 ······················ 97

　　3.2.3　循环结构中的 else 子句 ······ 98

　　3.2.4　break 和 continue 语句 ······ 99

3.3　综合案例：快速复制 jpg 文件 ······ 100

技能检测：模拟支付宝蚂蚁森林的能量

　　　　产生过程 ······················ 102

单元 4　字符串与正则表达式 ············ 103

4.1　字符串 ···························· 104

　　4.1.1　字符串格式化 ············· 104

　　4.1.2　字符串常用操作 ··········· 106

4.2　正则表达式 ······················ 124

　　4.2.1　基本语法 ················· 124

　　4.2.2　使用正则表达式对象 ······ 127

4.3　综合案例：实现微信抢红包功能 ····· 129

技能检测：显示实时天气预报 ············· 130

单元 5　函数 ························· 131

5.1　函数的定义 ······················ 132

5.2　参数 ···························· 133

　　5.2.1　形参与实参 ··············· 133

　　5.2.2　参数类型 ················· 136

　　5.2.3　函数返回值 ··············· 138

5.3　变量的作用域 ··················· 140

　　5.3.1　作用域 ··················· 140

　　5.3.2　局部变量 ················· 140

　　5.3.3　全局变量 ················· 140

5.4　匿名函数 ······················ 142

5.5　递归函数 ······················ 144

　　5.5.1　递归函数的形式 ··········· 144

　　5.5.2　实现斐波那契数列 ········· 146

5.6　综合案例：模拟外卖商家的套餐 ····· 146

技能检测：将美元转换为人民币 ········· 147

单元 6　面向对象程序设计 ············ 148

6.1　面向对象的概述 ················· 149

6.2　类的定义与使用 ················· 151

6.2.1　类的定义 ················· 151

6.2.2　创建类的实例 ············· 151

6.2.3　创建 __init__() 方法 ······ 152

6.2.4　创建类的成员并访问 ······ 153

6.2.5　访问限制 ················· 159

6.3　属性 ···························· 160

　　6.3.1　创建用于计算的属性 ······ 160

　　6.3.2　为属性添加安全保护机制 ··· 161

6.4　封装 ···························· 163

6.5　继承 ···························· 167

　　6.5.1　继承的基本语法 ··········· 167

　　6.5.2　重写方法 ················· 168

　　6.5.3　派生类中调用基类的 __init__()

　　　　　 方法 ··················· 169

6.6　多态 ···························· 171

6.7　模块 ···························· 175

　　6.7.1　模块概述 ················· 175

　　6.7.2　自定义模块 ··············· 176

　　6.7.3　以主程序的形式执行 ······ 183

6.8　Python 中的包 ·················· 185

　　6.8.1　Python 程序的包结构 ····· 185

　　6.8.2　创建和使用包 ············· 185

6.9　综合案例：打印进销管理系统中的

　　　　每月销售明细 ··············· 189

技能检测：模拟电影院的自动售票机

　　　　选票页面 ··················· 191

单元 7　文件 ························· 192

7.1　文件基本操作 ··················· 193

　　7.1.1　常见的数据文件类型 ······ 193

　　7.1.2　文件的打开和关闭 ········· 194

　　7.1.3　文件的读写 ··············· 195

　　7.1.4　二进制文件操作 ··········· 199

7.2　目录操作 ······················ 206

　　7.2.1　目录操作简介 ············· 207

　　7.2.2　os 与 os.path 模块 ······· 212

　　7.2.3　shutil 模块 ··············· 216

7.3　综合案例：楼盘信息录入与查询 ····· 217

技能检测：批量添加文件夹 ············· 222

单元 8　图形界面设计 ····················· 224

8.1　wxPython ························· 225

8.1.1　Frame 窗体 ················· 225

8.1.2　控件 ···················· 229

8.2　综合案例：商品销售系统 ········· 262

8.2.1　工程文档结构图 ········· 263

8.2.2　启动文件 ··············· 263

8.2.3　窗口基类 ················· 264

8.2.4　登录窗口 ················· 265

8.2.5　settings 文件 ············· 268

8.2.6　商品列表窗口 ··········· 268

8.2.7　表格对象类 ············· 274

技能检测：添加商品至购物车页面 ········ 275

参考文献 ···················· 276

单元 1

Python 概述

内容导图

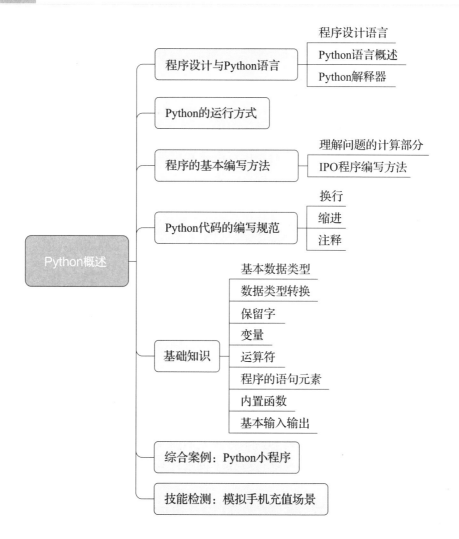

Python概述
- 程序设计与Python语言
  - 程序设计语言
  - Python语言概述
  - Python解释器
- Python的运行方式
- 程序的基本编写方法
  - 理解问题的计算部分
  - IPO程序编写方法
- Python代码的编写规范
  - 换行
  - 缩进
  - 注释
- 基础知识
  - 基本数据类型
  - 数据类型转换
  - 保留字
  - 变量
  - 运算符
  - 程序的语句元素
  - 内置函数
  - 基本输入输出
- 综合案例：Python小程序
- 技能检测：模拟手机充值场景

学习目标

1. 了解程序设计语言的基础知识。
2. 掌握程序基本编写方法。
3. 熟悉 Python 代码编写规范。
4. 能够编写 Python 小程序。
5. 培养学生的创新思维以及拓展学习思维。

1.1　程序设计与 Python 语言

1.1.1　程序设计语言

1. 程序设计语言概述

程序设计语言是计算机能够理解和识别用户操作意图的一种交互体系，它按照特定规则组织计算机指令，使计算机能够自动进行各种运算处理。程序设计语言也叫编程语言，因此本书阐述过程中会同时使用这两种说法。计算机程序是按照程序设计语言规则组织起来的一组计算机指令。

程序设计语言发展经历机器语言、汇编语言到高级语言的三个阶段。其中，机器语言和汇编语言都是直接操作计算机硬件的编程语言，只有计算机工程师在编写操作系统与硬件交互的底层程序或程序进行反编译等情况下使用，这两类语言与具体 CPU 结构相关，不是当今程序设计主流方式。相比机器语言和汇编语言，高级语言是一种与计算机硬件无关、用于表达语法逻辑、更接近自然语言的一类计算机程序设计语言。高级语言的出现使得计算机程序设计语言不再过度依赖某种特定的机器或环境。高级语言在不同的平台上会被编译成不同的机器语言，而不是直接被机器执行。

有一个问题：为什么不能用自然语言，如中文，直接编写程序呢？因为自然语言不够精确，存在计算机无法理解的二义性。

自然语言具有不严密和模糊的缺点，需要交流双方具有较高的识别能力。例如，"我看见一个人在公园，带着望远镜。"这句话，基于常识和经验，交谈双方大多数情况下能够理解彼此表达的意思，但这需要较高的语言理解水平，现代计算机还不具备准确理解这种模糊性的完备智能。相比自然语言，程序设计语言在语法上十分精密，在语义上定义准确，在规则上十分严格，进而保证语法含义的唯一性。

从计算机诞生到应用的发展过程中出现过 600 多种编程语言，至今仍然广泛使用的仅 20 多种，很多编程语言生命周期十分短暂。一个编程语言能否流行，受到语言设计的先进性和技术时代对编程的支持和需求等多方面因素的影响。由于计算机技术发展十分迅速，需求变化也非常多样，建议一般程序员选择具有趋势性且大量使用的编程语言学习。

"C++ 语言之父"本贾尼·斯特劳斯特卢普（Bjarne Stroustrup）对编程语言的评价

是："世界上只有两种编程语言：一种是没人用的，一种是天天被人骂的。"另外，他一再强调，要学习多种计算机编程语言，如果只学一种，容易导致想象力僵化。

2. 编译和解释

计算机是不能识别高级语言的，所以当我们运行一个高级语言的时候，就需要一个"翻译机"来执行把高级语言转变成计算机能读懂的机器语言的过程。这个过程分成两类：编译和解释。高级语言根据执行机制的不同可分成两类：静态语言和脚本语言。静态语言采用编译方式执行，脚本语言采用解释方式执行。例如，C 语言是静态语言，Python 语言是脚本语言。无论哪种执行方式，用户的使用方法可以是一致的，如通过鼠标双击执行一个程序。

编译是将源代码转换成目标代码的过程。通常，源代码是高级语言代码，目标代码是机器语言代码，执行编译的计算机程序称为编译器（Compiler）。图 1-1 展示了程序的编译和执行过程，其中，虚线表示目标代码被计算机运行。编译器将源代码转成目标代码，计算机可以立即或稍后运行这个目标代码。运行目标代码时，程序获得输入并产生输出。

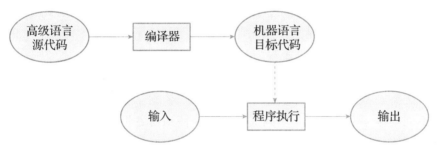

图 1-1　程序的编译和执行过程

解释是将源代码逐条转换成目标代码同时逐条运行目标代码的过程。执行解释的计算机程序称为解释器（Interpreter）。图 1-2 展示了程序的解释过程，其中高级语言源代码与数据一同输入给解释器，然后输出运行结果。

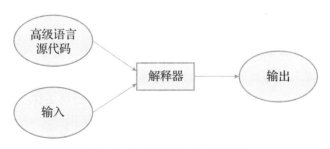

图 1-2　程序的解释和执行过程

编译和解释的区别在于编译是一次性地翻译，一旦程序被编译，就不再需要编译程序或者源代码。解释则在每次程序运行时都需要解释器和源代码。这两者的区别类似于外语资料的翻译和实时的同声传译。

简单来说，解释执行方式是逐条运行用户编写的代码，没有纵览全部代码的性能优化过程，因此执行性能略低，但它支持跨硬件或操作系统平台，保留源代码对升级维护十分有利，适合非性能关键的程序运行场景。

采用编译方式执行的编程语言是静态语言，如 C 语言、Java 语言等；采用解释执行的编程语言是脚本语言，如 JavaScript 语言、PHP 语言等。Python 语言是一种被广泛使用的高级通用脚本编程语言，虽然它采用解释方式执行，但它的解释器也保留了编译器的部分功能，随着程序运行，解释器也会生成一个完整的目标代码。这种将解释器和编译器结合的新解释器是现代脚本语言为了提升计算机性能的一种有益演进。

3. 计算机编程

——为什么要学习计算机编程？

——因为"编程"是当今众多行业技术升级和发展的主要手段，非常有用！

——因为"编程"是一件有趣的事儿！

编程能够训练思维。编程体现一种抽象交互关系、形式化方法执行的思维模式，称为"计算思维"（computation thinking）。计算思维是区别以数学为代表的逻辑思维和以物理为代表的实证思维的第三种思维模式。编程是一个求解的过程，首先需要分析问题，对各内容之间的交互关系进行抽象，设计出使用计算机求解的确定性方法，进而通过编写和调试代码解决问题，这是从抽象问题到解决问题的完整过程。计算思维的训练过程能够使人类提高思考能力，增进观察力和深化对交互关系的理解。

编程能够增进认识。编写程序不单纯是求解计算题，它要求作者不仅要思考解决问题的方法，更要思考如何让程序使用有更好的用户体验、更高的执行效率和更有趣的展示效果。不同群体、不同时代、不同文化对程序使用有着不同理解，编程需要对时代大环境和使用群体小环境有更多认识，从细微处给出更好的程序体验，这些思考和实践将帮助程序作者加深对用户行为以及社会和文化的认识。

编程能够带来乐趣。计算机编程是展示自身思想和能力的舞台，能够将程序员的所思所想变成现实。编程的开始有各种动机，或者去展示自己的青春风采，或者去讽刺不文明的社会现象等，所有这些想法都可以通过程序变成现实，并通过互联网零成本分发而获得更大的影响力。这些努力可以让世界增添新的色彩，提升充实感和安全感。

编程能够提高效率。计算机已经成为当今社会的常用工具之一，掌握一定的编程技术有助于更好地利用计算机解决所面对的计算问题。例如，对于个人照片，可以通过程序读取照片属性自动进行归类整理；对于工作数据，可以通过程序按照特定的算法进行批处理，并绘制统计图表。可见，掌握一些编程技术能够提高工作、生活和学习效率。

编程带来就业机会。程序员是信息时代最重要的工作岗位之一，国内外程序员的缺口都在百万级以上规模，就业前景广阔。程序员职业往往并不需要掌握多种编程语言，精通一种就能够获得就业机会。

很多读者存在误区，认为编程很难学。事实上，编写程序有一定的框架和模式，只要理解了并且加以练习就会有较好的学习效果。学习一门编程语言，首先要对该语言的语法进行系统掌握，并能灵活运用；其次要学会结合计算问题设计程序结构，从程序块、功能块角度理解并设计整个程序框架；最后要掌握解决问题的实践能力，即从理解计算

Python 程序设计案例教程

- 4 -

问题开始，设计问题的解决方法，并通过编程语言来实现。学习计算机编程的重点在于练习，不仅要多看代码，照着编写，调试运行，还要在参考代码思路的基础上独立编写，学会举一反三。为了帮助读者掌握程序设计方法，本书将大量编程的概念和语法通过有趣的实例组织起来，并展示 Python 语言的魅力和力量。希望这样的设计能够为读者在 Python 语言学习过程中带来快乐和价值。

1.1.2 Python 语言概述

1. Python 语言的发展

Python 语言诞生于 1990 年，创始人是一名荷兰人，叫 Guido van Rossum，人们称他为吉多。1989 年 12 月，吉多为了打发圣诞节假期的无聊，决定为当时正在构思的一个新的脚本语言开发一个解释器，因此在次年诞生了 Python 语言。该语言以"Python"命名源于 Guido 对当时一部英剧"Monty Python's Flying Circus"（《巨蟒剧团之飞翔马戏团》）的极大兴趣，他希望这种新的叫作 Python 的语言，能符合他的理想：创造一种功能全面、易学易用、可拓展的语言。

1991 年，Python 发行了它的第一个公开版本。它是一种面向对象的解释性计算机程序设计语言，使用 C 语言实现其功能，并且能够调用 C 语言的库文件。自发行以来，Python 已经具有类、函数、异常处理的功能，包含表和字典在内的核心数据类型，以及以模块为基础的拓展系统。可以说，Python 生来就具有很强大的基础功能，但受限于当时对程序设计语言的理解，Python 并未成为国际关注的主流编程语言。

2000 年 10 月，Python 2.0 正式发布，标志着 Python 语言完成了自身涅槃，解决了其解释器和运行环境中的诸多问题，开启了 Python 广泛应用的新时代。2010 年，Python 2.x 系列发布了最后一版，其主版本号为 2.7，用于终结 2.x 系列版本的发展，并且不再进行重大改造。

2008 年 12 月，Python 3.0 正式发布，这个版本在语法层面和解释器内部做了很多重大改进，解释器内部采用完全面向对象的方式实现。这些重要修改所付出的代价是 3.x 系列版本无法向下兼容 Python 2.0 系列的既有语法，因此，所有基于 Python 2.0 系列版本编写的库函数都必须修改后才能被 Python 3.0 系列解释器运行。

Python 将许多机器层面上的细节隐藏起来，交给编译器处理，并凸显出逻辑层面的编程思考。Python 程序员可以花更多的时间用于思考程序的逻辑，而不是具体的实现细节。这一特征吸引了广大的程序员，因此 Python 开始流行。从那以后，Python 语言经过不断发展，到目前已经发展到 Python 3.9 版。

2. Python 语言的特点

Python 语言是一种被广泛使用的高级通用脚本编程语言，具有很多区别于其他语言的特点。

（1）简单。吉多最初创建 Python 语言的出发点就是为了便于学习。Python 的语法非常简单，也没有类似其他语言的大括号、分号等特殊符号，运用了一种极简主义的设计思想。阅读一个良好的 Python 程序就感觉像是在读英语一样，它使你能够专注于解决问题而不是去搞明白语言本身。

（2）易学。Python 入手非常快，学习曲线非常低，可以通过命令行交互环境来学习 Python 编程。Python 最大的优点是具有伪代码的本质，在众多计算机语言中，它是最易读，最容易编写，也是最容易理解的语言之一。

（3）免费、开源：Python 是 FLOSS（自由 / 开放源码软件）之一。使用者可以自由地发布这个软件的拷贝，阅读它的源代码，对它做改动，把它的一部分用于新的自由软件中。

特别说明： FLOSS 是基于团体分享知识的概念。它是由一群希望看到一个更加优秀的 Python 的人创造并经常改进着的，这也是为什么 Python 如此优秀的原因之一。

（4）自动内存管理。如果了解 C 语言、C++ 语言，就知道内存管理可能会有很大的麻烦而造成程序非常容易出现内存方面的漏洞，但是在 Python 中，内存管理是自动完成的，因此用户可以专注于程序本身。

（5）可移植性。由于它的开源本质，Python 已经被移植在许多平台上（经过改动使它能够工作在不同平台上）。这些平台包括 Linux、Windows、FreeBSD、Macintosh、Solaris、OS/2、Amiga、AROS、AS/400、BeOS、OS/390、z/OS、Palm OS、QNX、VMS、Psion、Acom RISC OS、VxWorks、PlayStation、Sharp Zaurus、Windows CE、PocketPC、Symbian 以及 Google 基于 linux 开发的 android 平台。

（6）解释性。大多数计算机编程语言都是编译型的，在运行之前需要将源码编译为操作系统可以执行的二进制格式（0110 格式），导致大型项目的编译过程非常耗时间，而 Python 语言写的程序不需要编译成二进制代码，可以直接使用源代码运行程序。在计算机内部，Python 解释器把源代码转换成字节码的中间形式，然后再把它翻译成计算机使用的机器语言并运行。事实上，由于不需要思考如何编译程序、如何确保连接转载正确的库等操作，这一切使得操作 Python 变得更加简单。因此，只需要把 Python 程序拷贝到另外一台计算机上即可工作，使得 Python 程序更加易于移植。

（7）面向对象。Python 既支持面向过程的编程，又支持面向对象的编程。在"面向过程"的语言中，程序是由过程或仅仅是可重用代码的函数构建起来的。在"面向对象"的语言中，程序是由数据和功能组合而成的对象构建起来的。与其他主要的语言如 C++ 和 Java 相比，Python 以一种非常强大又简单的方式实现面向对象的编程。

（8）可扩展性。Python 程序除了使用 Python 语言本身编写外，还可以混合使用如 C 语言、Java 语言等编写。比如，需要一段关键代码运行得更快或者希望某些算法不公开，可以部分程序用 C 或 C++ 编写，然后在 Python 程序中使用它们。

（9）丰富的库。Python 本身具有丰富且强大的库，而且由于 Python 的开源特性，第三方库也非常多。Python 标准库规模庞大，它可以帮助处理各种工作，包括正则表达式、文档生成、单元测试、线程、数据库、网页浏览器、CGI、FTP、电子邮件、XML、XML-RPC、HTML、WAV 文件、密码系统、GUI（图形用户界面）、Tk 和其他与系统有关的操作。只要安装了 Python，所有这些功能都是可用的，这些正是 Python 的"功能齐全"理念。除标准库以外，还有许多其他高质量的库，如 wxPython、Twisted 和 Python 图像库等。

（10）规范的代码。Python 采用强制缩进的方式使得代码具有较好的可读性。

Python 非常适合学习编程。每天全世界都有成千上万的专业人士在使用它，甚至包括类似 NASA 和 Google 这些机构的程序员。

3. Python 的应用领域

（1）Web 应用开发。Python 经常应用于 Web 开发。比如，在 mod_wsgi 模块中，Apache 可以运行使用 Python 编写的 Web 程序。Python 定义了 WSGI 标准应用接口来协调 HTTP 服务器与基于 Python 的 Web 程序之间的通信。一些 Web 框架，如 Django、TurboGears、web2py、Zope 等，可以让程序员轻松地开发和管理复杂的 Web 程序。

（2）操作系统管理、服务器运维的自动化脚本。在很多操作系统里，Python 是标准的系统组件。大多数 Linux 发行版以及 NetBSD，OpenBSD 和 Mac OS X 都集成了 Python，可以在终端下直接运行 Python。有一些 Linux 发行版的安装器使用 Python 语言编写，比如 Ubuntu 的 Ubiquity 安装器、Red Hat Linux 和 Fedora 的 Anaconda 安装器。Gentoo Linux 使用 Python 来编写它的 Portage 包管理系统。Python 标准库包含多个可调用操作系统功能的库。通过 Pywin32 第三方软件包，Python 能够访问 Windows 的 COM 服务及其他 Windows API。使用 IronPython，Python 能够直接调用 Net Framework。一般说来，Python 编写的系统管理脚本在可读性、性能、代码重用度、扩展性方面功能都优于普通的 shell 脚本功能。

（3）科学计算。NumPy、SciPy、Matplotlib 可以让 Python 程序员编写科学计算程序。

（4）桌面软件。PyQt、PySide、wxPython、PyGTK 是 Python 快速开发桌面应用程序的利器。

（5）服务器软件（网络软件）。Python 对于各种网络协议的支持系统具有较完善的功能，所以经常用于编写服务器软件、网络爬虫等。第三方库 Twisted 支持异步网络编程和多标准的网络协议（包含客户端和服务器），并且提供了多种工具，广泛用于编写高性能的服务器软件。

（6）游戏。很多游戏使用 C++ 编写图形显示等高性能模块，并使用 Python 或者 Lua 编写游戏的逻辑、服务器等模块。相对于 Python，Lua 的功能更简单，体积更小，而 Python 则支持更多的特性和数据类型。

（7）构思实现、产品早期原型和迭代。YouTube、Google、Yahoo!、NASA 均在内部高频率使用 Python。

1.1.3 Python 解释器

1. 调用解释器

Python 解释器一般安装在 /usr/local/bin/python3.9 路径下；将 /usr/local/bin 加入 Unix 终端的搜索路径，键入以下命令就可以启动 Python：

```
python3.9
```

这样，就可以在 shell 中运行 Python 了。因为可以选择安装目录，解释器也有可能安装在别的位置；如果还不明白，可以问问身边的 Python 高手或系统管理员。（例如，常见备选路径还有 /usr/local/python。）

在 Windows 系统中，从 Microsoft Store 安装 Python 后，就可以使用 python3.9 命令了。如果安装了 py.exe 启动器，则可以使用 py 命令。

在主提示符中，输入文件结束符（Unix 里是 Control-D，Windows 里是 Control-Z），就会退出解释器，退出状态码为 0。如果不能退出，还可以输入这个命令：quit()。

在支持 GNU Readline 库的系统中，解释器的行编辑功能包括交互式编辑、历史替换、代码补全等。检测是否支持命令行编辑最快速的方式是，在首次出现 Python 提示符时，输入 Control-P。听到"哔"提示音，说明支持行编辑。如果没有反应，或回显了 ^P，则说明不支持行编辑，只能用退格键删除当前行的字符。

解释器的操作方式类似 Unix Shell：用与 tty 设备关联的标准输入调用时，可以交互式地读取和执行命令；以文件名参数或标准输入文件调用时，则读取并执行文件中的脚本。

启动解释器的另一种方式是 python -c command [arg] …，这与 shell 的 -c 选项类似，其中，command 需换成要执行的语句。由于 Python 语句经常包含空格等被 shell 特殊对待的字符，一般情况下，建议用单引号标注整个 command。

Python 模块也可以当作脚本使用。输入：python -m module [arg] …，会执行 module 源文件，这跟在命令行把路径写全了一样。

在交互模式下运行脚本文件，只要在脚本名称参数前加上选项 -i 就可以了。

（1）传入参数。

解释器读取命令行参数，把脚本名与其他参数转化为字符串列表存到 sys 模块的 argv 变量里。执行 import sys，可以导入这个模块，并访问该列表。该列表最少有一个元素；未给定输入参数时，sys.argv[0] 是空字符串。给定脚本名是 '-'（标准输入）时，sys.argv[0] 是 '-'。使用 -c command 时，sys.argv[0] 是 '-c'。如果使用选项 -m module，sys.argv[0] 就是包含目录的模块全名。解释器不处理 -c command 或 -m module 之后的选项，而是直接留在 sys.argv 中由命令或模块来处理。

（2）交互模式。

在终端（tty）输入并执行指令时，解释器在交互模式（interactive mode）中运行。在这种模式中，会显示主提示符，提示输入下一条指令，主提示符通常用三个大于号（>>>）表示；输入连续行时，显示次要提示符，默认是三个点（...）。进入解释器时，首先显示欢迎信息、版本信息、版权声明，然后才是提示符：

```
$ python3.9
Python 3.9 (default, June 4 2019, 09:25:04)
[GCC 4.8.2] on linux
Type "help", "copyright", "credits" or "license" for more information.
>>>
```

输入多行架构的语句时，要用连续行。以 if 为例：

>>>>>> the_world_is_flat = True

>>> if the_world_is_flat:

…   print("Be careful not to fall off!")

…

Be careful not to fall off!

2. Python 解释器的安装及运行

（1）Python 解释器的下载。

首先，打开 Python 官网 www.python.org，移动光标到 Downloads 目录下的 Windows 选项（见图 1-3）。

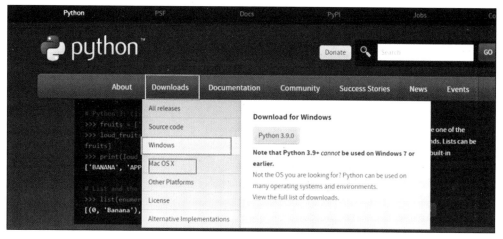

图 1-3　Python 官网页面

然后，进去后可以看到两个版本的 python 解释器，选择你想下载的版本后点击进入（见图 1-4）。

图 1-4　选择 python 解释器版本

最后，点击 x86-64 下载（见图 1-5）。

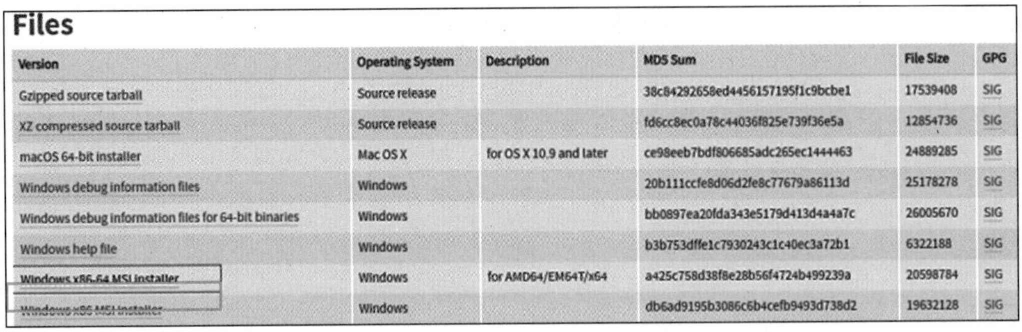

图 1-5　下载 x86-64

（2）Python 解释器的安装。

首先，找到下载的 Python 解释器目录后双击（见图 1-6）。

👭 python-2.7.18.amd64.msi	2020/11/13 16:31	Windows Install...	20,116 KB

图 1-6　双击 Python 解释器安装包

然后，可以更换路径后一直单击下一步（见图 1-7），跳转页面后，单击结束（见图 1-8）。

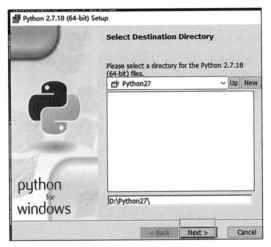

图 1-7　页面截取 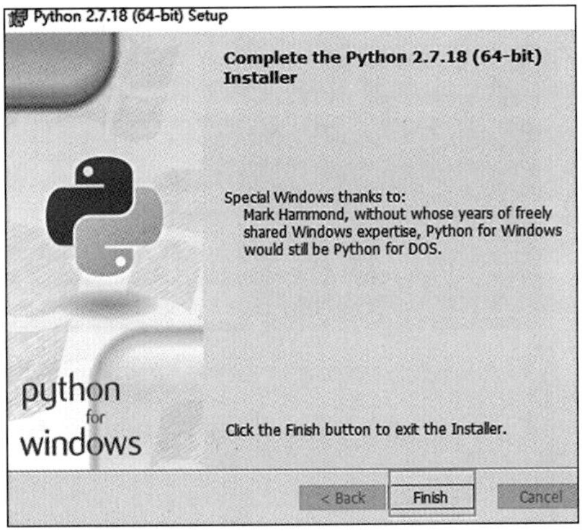　　　　　　　　　　　图 1-8　单击结束

最后，检测是否安装成功，win+R 键弹出窗口输入 cmd（见图 1-9），进入命令提示行输入相应路径，回车出现如图 1-10 所示的字样，则证明安装成功。

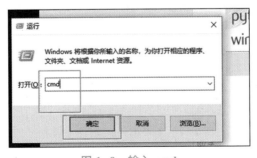

图 1-9　输入 cmd

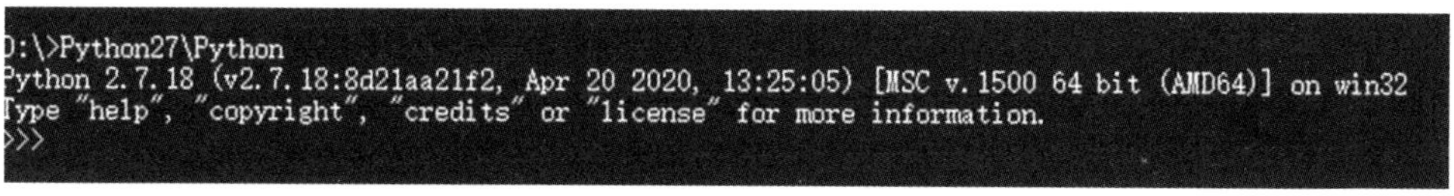

图 1-10　安装成功

（3）环境变量的配置。

第一步，右击此电脑选择属性进入系统面板，选择高级设置单击进入（见图 1-11）。

图 1-11　选择高级设置

第二步，单击环境变量进行设置（见图 1-12）。

图 1-12　单击环境变量

第三步，找到 path 双击（见图 1-13）。

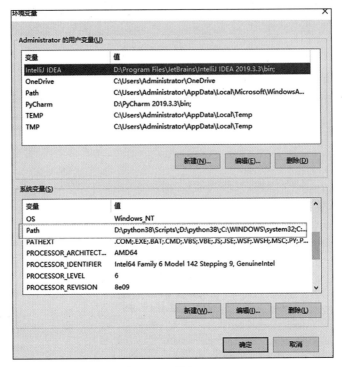

图 1-13　双击 path

第四步，单击新建，创建新的环境变量（见图 1-14）。

图 1-14　单击新建

第五步，输入安装的 python 解释器的文件路径（见图 1-15）。

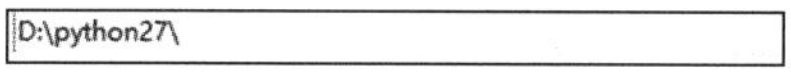

D:\python27\

图 1-15　输入文件路径

第六步，点击确定（见图 1-16）。

图 1-16　点击确定

第七步，在命令提示行（进入命令提示行的方法参照上面步骤），输入 python 命令，出现如图 1-17 所示的提示，则环境变量设置成功。

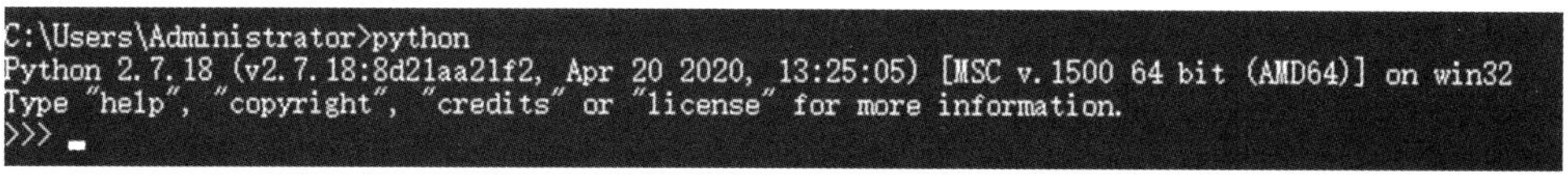

```
C:\Users\Administrator>python
Python 2.7.18 (v2.7.18:8d21aa21f2, Apr 20 2020, 13:25:05) [MSC v.1500 64 bit (AMD64)] on win32
Type "help", "copyright", "credits" or "license" for more information.
>>>
```

图 1-17　环境变量设置成功

1.2　Python 的运行方式

Python 程序有两种运行方式：交互式和文件式。

交互式利用 Python 解释器即时响应用户输入的代码，给出输出结果，一般用于调试少量代码。

文件式是最常用的编程方式。文件式将 Python 程序写在一个或多个文件中，启动 Python 解释器批量执行文件中的代码。

1. IDLE 的启动

安装 Python 后，在"开始"菜单中点击"Python"→"IDLE（Python 3.5）"菜单

项，启动 IDLE。

2. 交互方式

启动 IDLE 后，打开名为"Python Shell"的窗口，通过它可以在 IDLE 内部执行 Python 命令。

例如在提示符">>>"下输入命令：print("Hello,World")，显示如图 1-18 所示。

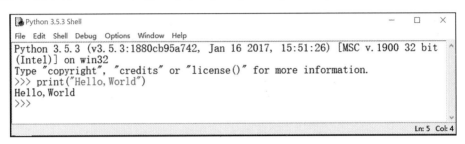

图 1-18　Python Shell

3. 文件方式

在 Python 3.5 Shell 中，选择菜单命令"File"→"New File"，新建该源文件。

在文件编辑窗口中输入命令：print("Hello,World")，显示如图 1-19 所示。

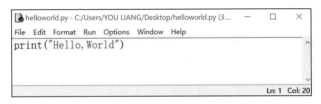

图 1-19　文件编辑窗口

4. 运行 Python 脚本文件

编写完成之后保存文件，执行菜单命令"Run"→"Run Modul"，或按"F5"键，就可以运行程序了。程序输出结果在 Python Shell 中显示。

1.3　程序的基本编写方法

1.3.1　理解问题的计算部分

计算机程序只能解决计算问题，不能解决诸如"人类生命的意义"这样的非计算问题。因此，分析并理解问题的计算部分十分重要，这是利用计算机解决问题的前提。对于同一个计算机问题，从不同的角度理解会产生不一样的计算程序。

例如，对于一本数学书上的练习题，读者可能会思考这样的问题：如何由计算机辅助求解练习题答案？可以从多个角度对这个问题进行分析。

第一，对于这些练习题中的数学计算，可以编写程序辅助完成，但利用哪些计算公式则由读者自己选择或设计。此时，该问题的计算部分表现为对某些数学公式的计算。

第二，可以利用互联网搜索练习题答案。为了降低网络答案错误的风险，可以通过计算机辅助获得多份答案并自动选择结果一致且数量最多的答案作为"正确"答案。此时，该问题的计算部分表现为在网络上自动搜索多份结果并输出最可能正确结果的过程。

第三，计算机是否可以直接理解练习题并给出答案呢？如果从这个角度出发，该问题的计算部分就表现为计算机对练习题的理解和人工智能求解。直到今天，具有高度智能的计算机仍然是全球科学家共同研究的目标。

上述例子说明，对问题计算部分的不同理解将产生不同的求解方法，也将产生不同功能和复杂度的程序。理解问题的计算部分需要结合当代计算机发展水平和实际技术能力。如何有效地利用计算机解决问题，这不只是编写程序的问题，而且是更重要的思维问题。

1.3.2　IPO 程序编写方法

每个计算机程序都用来解决特定计算问题，较大规模的程序提供丰富的功能，解决完整计算问题，例如控制航天飞机运行的程序、操作系统等。小型程序或程序片段可以为其他程序提供特定计算支持，作为解决更大计算问题的组成部分。无论程序规模如何，每个程序都有统一的运算模式：输入数据、处理数据和输出数据。这种运算模式形成了程序的基本编写方法：IPO（input，process，output）方法。

输入（input）是一个程序的开始。程序要处理的数据有多种来源，形成了多种输入方式，包括文件输入、网络输入、控制台输入、交互界面输入、随机数据输入、内部参数输入等。

处理（process）是程序对输入数据进行计算产生输出结果的过程。计算问题的处理方法统称为"算法"，它是程序最重要的组成部分。可以说，算法是一个程序的灵魂。

输出（output）是程序展示运算结果的方式。程序的输出方式包括控制台输出、图形输出、文件输出、网络输出、操作系统内存变量输出等。

IPO 是非常基本的程序设计方法，能够帮助初学程序设计的读者理解程序设计的开始过程，即了解程序的运算模式，进而建立设计程序的基本概念。

1.4　Python 代码的编写规范

一般认为，艺术创作需要独特的风格，以彰显艺术家的个人气质，而编写程序不是写小说，必须遵守一定的规范，否则程序无法让人读懂，甚至无法运行。

Python 的设计哲学是"优雅，明确，简洁"。程序的设计规范，即格式框架，是 Python 语法的一部分，这种设计有助于提供代码的可读性和可维护性。

1.4.1　换行

Python 中一般是一行写完所有代码，在写代码过程中，经常遇到一行代码很长的情况。为了让代码显得整齐干净，就需要把一行代码分成多行来写，Python 中有两种方法可以实现分行。

1. 在该行代码末尾加上续行符 "\"

```
print("{} 是 {} 的首都 ".format(\
            " 北京 ",\
            " 中国 "\
            ))
```

上述代码等价于下面代码。

```
print("{} 是 {} 的首都 ".format(" 北京 ", " 中国 "))
```

使用续行符需要注意两点：续行符后不能存在空格、续行符后必须直接换行。

2. 加上括号，()、{ }、[ ] 中不需要特别加换行符

```
s=("Explicit is better than "
        "implicit")
print(s)
```

上述代码等价于下面代码。

```
s=("Explicit is better than implicit")
print(s)
```

在多行结构中的小括号、中括号、大括号的右括号可以与内容对齐，单独起一行作为最后一行的第一个字符，如下面列表赋值可以这样写：

```
year=[
    "2009","2010","2011","2012"
    ]
```

1.4.2　缩进

Python 不像其他程序设计语言（如 Java 或者 C 语言）采用大括号 "{ }" 分隔代码块，而是采用代码缩进和冒号 ":" 区分代码之间的层次。

说明：缩进可以使用空格或者 <Tab> 键实现。其中，使用空格时，通常情况下采用 4 个空格作为一个缩进量，而使用 Tab 键时，则采用一个 Tab 键作为一个缩进量。通常情况下建议采用空格进行缩进。

在 Python 中，对于类定义、函数定义、流程控制语句、异常处理语句等，行尾的冒号和下一行的缩进表示一个代码块的开始，而缩进结束，则表示一个代码块的结束。

【例 1-1】下面代码中的缩进为正确的缩进：

```
01  height=float(input(" 请输入您的身高："))  # 输入身高
02  weight=float(input(" 请输入您的体重："))  # 输入体重
03  bmi=weight/(height*height)  # 计算 BMI 指数
04
05  # 判断身材是否合理
06  if bmi<18.5:
07      print(" 您的 BMI 指数为："+str(bmi))  # 输出 BMI 指数
08      print(" 体重过轻 ~@_@~")
09  if bmi>=18.5 and bmi<24.9:
10      print(" 您的 BMI 指数为："+str(bmi))  # 输出 BMI 指数
11      print(" 正常范围，注意保持 (-_-)")
12  if bmi>=24.9 and bmi<29.9:
13      print(" 您的 BMI 指数为："+str(bmi))  # 输出 BMI 指数
14      print(" 体重过重 ~@_@~")
15  if bmi>=29.9:
16      print(" 您的 BMI 指数为："+str(bmi))  # 输出 BMI 指数
17      print(" 肥胖 ^@_@^")
```

Python 对代码的缩进要求非常严格，同一个级别的代码块的缩进量必须相同。如果不采用合理的代码缩进，将抛出 SyntaxError 异常。例如，代码中有的缩进量是 4 个空格，还有的是 3 个空格，就会出现 SyntaxError 错误，如图 1-20 所示。

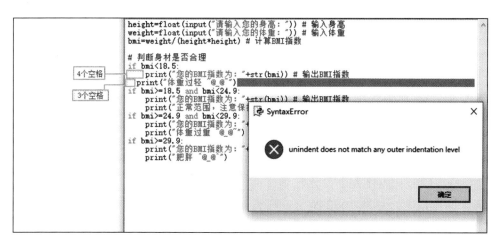

图 1-20 缩进量不同导致的 SyntaxError 错误

在 IDLE 开发环境中，一般以 4 个空格作为基本缩进单位。不过也可以选择" Options"→" Configure IDLE"菜单项，在打开的" Settings"对话框（如图 1-21 所示）的" Fonts/Tabs"选项卡中修改基本缩进量。

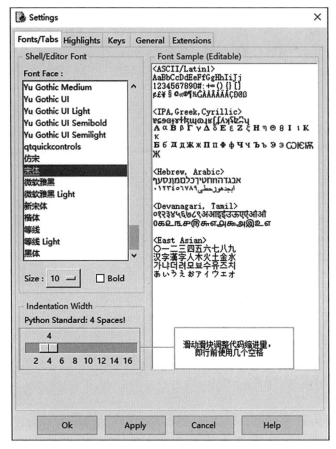

图 1-21　修改基本缩进量

多学两招

　　在 IDLE 开发环境的文件窗口中，可以通过选择主菜单中的"Format"→"Indent Region"菜单项（快捷键 <Ctrl+]>），将选中的代码缩进（向右移动指定的缩进量），也可通过选择主菜单中的"Format"→"Dedent Region"菜单项（快捷键 <Ctrl+[>），对代码进行反缩进（向左移动指定的缩进量）。

1.4.3　注释

　　手机卖场中的手机价格标签，对手机的品牌、型号、CPU、内存大小、分辨率、价格等信息进行说明，如图 1-22 所示。在程序中，注释就是对代码的解释和说明，如同价格标签一样，让他人了解代码实现的功能，从而帮助程序员更好地阅读代码。注释的内容将被 Python 解释器忽略，并不会在执行结果中体现出来。

图 1-22　手机的价格标签相当于注释

在 Python 中，通常包括 3 种类型的注释，分别是单行注释、多行注释和中文编码声明注释。这些注释在 IDLE 中的效果如图 1-23 所示。

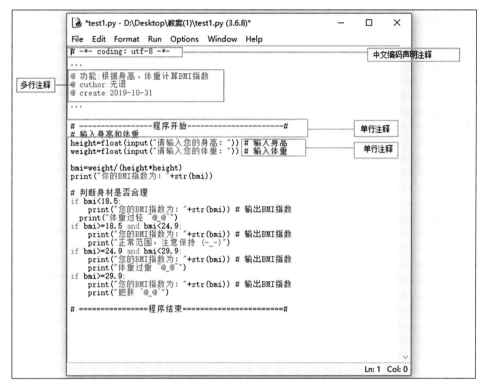

图 1-23　Python 中的注释

1. 单行注释

在 Python 中，使用"#"作为单行注释的符号。从符号"#"开始直到换行为止，"#"后面所有的内容都作为注释的内容，并被 Python 编译器忽略。

语法如下：

注释内容

单行注释可以放在要注释代码的前一行，也可以放在要注释代码的右侧。例如，下面的两种注释形式都是正确的。

第一种形式：

```
# 要求输入身高，单位为 m（米），如 1.70
height=float(input(" 请输入您的身高："))
```

第二种形式：

```
height=float(input(" 请输入您的身高：")) # 要求输入身高，单位为 m（米），如 1.70
```

上面两种形式的运行结果是相同的，如图 1-24 所示。

请输入您的身高：1.70
>>>

图 1-24　运行结果

说明：在添加注释时，一定要有意义，即注释能充分解释代码的功能及用途。例如，图 1-25 所示的注释就是冗余的注释。如果将其注释修改为如图 1-26 所示的注释，就能清楚地知道代码的用途了。

bmi=weight/(height*height)　　　　#Magic，请勿改动

图 1-25　冗余的注释

bmi=weight/(height*height)　　　　# 用于计算BMI指数，公式为"体重/身高的平方"

图 1-26　推荐的注释

注意：注释可以出现在代码的任意位置，但是不能分隔关键字和标识符。例如，下面的代码注释是错误的：

height=float(# 要求输入身高 input(" 请输入您的身高："))

多学两招

注释除了可以解释代码的功能及用途，也可以用于临时注释掉不想执行的代码。在 IDLE 开发环境中，通过选择主菜单中的"Format"→"Comment Out Region"菜单项（快捷键 <Alt+3>），将选中的代码注释掉；通过选择主菜单中的"Format"→"UnComment Region"菜单项（快捷键 <Alt+4>），取消注释掉的代码。

2. 多行注释

在 Python 中，并没有一个单独的多行注释标记，而是将包含在一对三引号（'''……'''）或者（"""……"""）之间，并且不属于任何语句的内容都可视为注释，这样的代码将被解释器忽略。由于这样的代码可以分为多行编写，所以也称为多行注释。

语法格式如下：

'''
注释内容1
注释内容2
……
'''
或者
"""
注释内容1

```
注释内容 2
……
"""
```

多行注释通常用来为 Python 文件、模块、类或者函数等添加版权、功能等信息。例如，下面代码将使用多行注释为 demo.py 文件添加版权、功能及修改日志等信息：

```
'''
@ 版权所有：海林科技有限公司 © 版权所有
@ 文件名：demo.py
@ 文件功能描述：根据身高、体重计算 BMI 指数
@ 创建日期：2017 年 10 月 31 日
@ 创建人：无语
@ 修改标识：2017 年 11 月 2 日
@ 修改描述：增加根据 BMI 指数判断身材是否合理功能代码
@ 修改日期：2017 年 11 月 2 日
'''
```

注意：在 Python 中，三引号（'''……'''）或者（"""……"""）是字符串定界符。如果三引号作为语句的一部分出现时，就不是注释，而是字符串，这一点要注意区分。例如，图 1-27 所示的代码为多行注释，图 1-28 所示的代码为字符串。

```
'''
    @ 功能：根据身高、体重计算BMI指数
    @ author:无语
    @ create:2017-10-31
'''
```

图 1-27　三引号内的内容为多行注释

```
print('''根据身高、体重计算BMI指数''')
```

图 1-28　三引号内的内容为字符串

3. 中文编码声明注释

在 Python 中，还提供了一种特殊的中文编码声明注释，该注释的出现主要是为了解决 Python 2.x 中不支持直接写中文的问题。虽然在 Python 3.x 中，该问题已经不存在了。但是为了规范页面的编码，同时方便其他程序员及时了解文件所用的编码，建议在文件开始加上中文编码声明注释。

语法格式如下：

```
# -*- coding: 编码 -*-
```

或者

coding= 编码

在上面的语法中，编码为文件所使用的字符编码类型，如果采用 UTF-8 编码，则设置为 utf-8；如果采用 GBK 编码，则设置为 gbk 或 cp936。

例如，指定编码为 UTF-8，可以使用下面的中文编码声明注释：

-*- coding:utf-8 -*-

说明：在上面的代码中，"-*-"没有特殊的作用，只是为了美观才加上的，所以上面的代码也可以使用"# coding:utf-8"代替。

另外，下面的代码也是正确的中文编码声明注释：

coding=utf-8

1.5 基础知识

1.5.1 基本数据类型

在内存中存储的数据可以有多种类型。例如：一个人的姓名可以用字符型存储，年龄可以使用数值型存储，婚姻状况可以使用布尔型存储。这里的数字型、字符型、布尔型都是 Python 语言中提供的基本数据类型。下面将详细介绍基本数据类型。

1. 数字类型

在生活中，经常使用数字记录比赛得分、公司的销售数据和网站的访问量等信息。在 Python 语言中，提供了数字类型用于保存这些数值，并且它们是不可改变的数据类型。如果修改数字类型变量的值，那么会先把该值存放到内存中，然后修改变量让其指向新的内存地址。

在 Python 语言中，数字类型主要包括整数、浮点数和复数。

（1）整数。

整数用来表示整数数值，即没有小数部分的数值。在 Python 语言中，整数包括正整数、负整数和 0，并且它的位数是任意的（当超过计算机自身的计算功能时，会自动转用高精度计算），如果要指定一个非常大的整数，只需要写出其所有位数即可。

整数类型包括十进制整数、八进制整数、十六进制整数和二进制整数。

十进制整数：十进制整数的表现形式大家都很熟悉。例如，下面的数值都是有效的十进制整数。

31415926535897932384626
6666666666666666666666666666666666666666666666666666666666666666666666
-2018
0

在 IDLE 中执行的结果如图 1-29 所示。

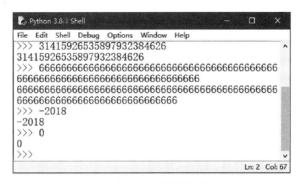

图 1-29　有效的整数

说明：在 Python 2.x 中，如果输入的数比较大时，Python 会自动在其后面加上字母 L（也可能是小写字母 l），例如，在 Python 2.7.14 中输入 31415926535897932384626 后的结果如图 1-30 所示。

图 1-30　在 Python 2.x 中输入较大数时的效果

注意：不能以 0 作为十进制数的开头（0 除外）。

八进制整数：由 0 ～ 7 组成，进位规则为"逢八进一"，并且以 0o/0O 开头的数，如 0o123（转换成十进制数为 83）、-0o123（转换成十进制数为 -83）。注意：在 Python 3.x 中，八进制数，必须以 0o/0O 开头。但在 Python 2.x 中，八进制数可以以 0 开头。

十六进制整数：由 0 ～ 9，A ～ F 组成，进位规则为"逢十六进一"，并且以 0x/0X 开头的数，如 0x25（转换成十进制数为 37）、0Xb01e（转换成十进制数为 45086）。

注意：十六进制数必须以 0X 或 0x 开头。

二进制整数：由 0 和 1 两个数组成，进位规则是"逢二进一"，如 101（转换成十进制数后为 5）、1010（转换成十进制数后为 10）。

（2）浮点数。

浮点数由整数部分和小数部分组成，主要用于处理包括小数的数，例如：1.414、0.5、-1.732、3.1415926535897932384626 等。浮点数也可以使用科学计数法表示，例如，2.7e2、-3.14e5 和 6.16e-2 等。

注意：在使用浮点数进行计算时，可能会出现小数位数不确定的情况。例如，计算 0.1+0.1 时，将得到想要的 0.2，而计算 0.1+0.2 时，将得到 0.30000000000000004（想要的结果为 0.3），执行过程如下：

```
>>> 0.1+0.1
0.2
>>> 0.1+0.2
0.30000000000000004
```

对于这种情况，所有语言都存在这个问题，暂时忽略多余的小数位数即可。

【例 1-2】根据身高、体重计算 BMI 指数。

在 IDLE 中创建一个名称为 bmiexponent.py 的文件，然后在该文件中定义两个变量：一个用于记录身高（单位：米），另一个用于记录体重（单位：千克），根据公式" BMI= 体重 /（身高 × 身高）"计算 BMI 指数，代码如下：

```
01  height = 1.70 # 保存身高的变量，单位：米
02  print(" 您的身高： " + str(height))
03  weight = 48.5 # 保存体重的变量，单位：千克
04  print(" 您的体重： " + str(weight))
05  bmi=weight/(height*height) # 用于计算 BMI 指数，公式：BMI= 体重 / 身高的平方
06  print(" 您的 BMI 指数为： "+str(bmi)) # 输出 BMI 指数
07  # 判断身材是否合理
08  if bmi<18.5:
09      print(" 您的体重过轻 ~@_@~")
10  if bmi>=18.5 and bmi<24.9:
11      print(" 正常范围，注意保持 (-_-)")
12  if bmi>=24.9 and bmi<29.9:
13      print(" 您的体重过重 ~@_@~")
14  if bmi>=29.9:
15      print(" 肥胖 ^@_@^")
```

说明：上面的代码只是为了展示浮点数的实际应用，涉及的源码按原样输出即可，其中，str() 函数用于将数值转换为字符串，if 语句用于进行条件判断。

运行结果如图 1-31 所示。

图 1-31 运行结果

（3）复数。

Python 中的复数与数学中的复数的形式完全一致，都是由实部和虚部组成，并且使

用 j 或 J 表示虚部。当表示一个复数时，可以将其实部和虚部相加，例如，一个复数，实部为 3.14，虚部为 12.5j，则这个复数为 3.14+12.5j。

2. 字符串类型

字符串就是连续的字符序列，可以是计算机所能表示的一切字符的集合。在 Python 中，字符串属于不可变序列，通常使用单引号"'"、双引号"""或者三引号"""""或""""""括起来。这三种引号形式在语义上没有差别，只是在形式上有些差别。其中单引号和双引号中的字符序列必须在一行上，而三引号内的字符序列可以分布在连续的多行上。例如，定义 3 个字符串类型变量，并且应用 print() 函数输出，代码如下：

```
01  title = '我喜欢的名言警句' # 使用单引号，字符串内容必须在一行
02  mot_cn = " 命运给予我们的不是失望之酒，而是机会之杯。" # 使用双引号，字符串内容必须在一行
03  # 使用三引号，字符串内容可以分布在多行
04  mot_en = '''Our destiny offers not the cup of despair,
05  but the chance of opportunity.'''
06  print(title)
07  print(mot_cn)
08  print(mot_en)
```

执行结果所图 1-32 所示。

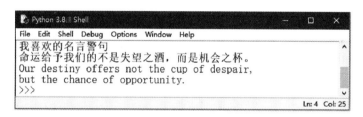

图 1-32　使用 3 种形式定义字符串

注意：字符串开始和结尾使用的引号形式必须一致。另外，当需要表示复杂的字符串时，还可以嵌套使用引号。例如，下面的字符串也都是合法的。

```
' 在 Python 中也可以使用双引号（""）定义字符串 '
""'(··)nnn' 也是字符串 "
""""---' " "***"""
```

3. 布尔类型

布尔类型主要用来表示真值或假值。在 Python 中，标识符 True 和 False 被解释为布尔值。另外，Python 中的布尔值可以转化为数值，True 表示 1，False 表示 0。

说明：Python 中的布尔类型的值可以进行数值运算，例如，"False + 1"的结果为 1。但是不建议对布尔类型的值进行数值运算。

在 Python 中，所有的对象都可以进行真值测试。其中，只有下面列出的几种情况得

到的值为假，其他对象在 if 或者 while 语句中都表现为真。

（1）False 或 None。

（2）数值中的零，包括 0、0.0、虚数 0。

（3）空序列，包括字符串、空元组、空列表、空字典。

（4）自定义对象的实例，该对象的 __bool__ 方法返回 False 或者 __len__ 方法返回 0。

1.5.2　数据类型转换

Python 是动态类型的语言（也称为弱类型语言），不需要像 Java 或者 C 语言一样在使用变量前声明变量的类型。虽然 Python 不需要先声明变量的类型，但有时仍然需要用到类型转换。例如，在实例 1-1 中，要想通过一个 print() 函数输出提示文字"您的身高："和浮点型变量 height 的值，就需要将浮点型变量 height 转换为字符串，否则将显示如图 1-33 所示的错误。

```
Traceback (most recent call last):
  File "E:\program\Python\Code\datatype_test.py", line 2, in <module>
    print("您的身高： " + height)
TypeError: must be str, not float
```

图 1-33　字符串和浮点型变量连接时出错

在 Python 中，提供了如表 1-1 所示的函数进行数据类型的转换。

表 1-1　常用类型转换函数及其作用

函数	作用
int(x)	将 x 转换成整数类型
float(x)	将 x 转换成浮点数类型
complex(real [,imag])	创建一个复数
str(x)	将 x 转换为字符串
repr(x)	将 x 转换为表达式字符串
eval(str)	计算在字符串中的有效 Python 表达式，并返回一个对象
chr(x)	将整数 x 转换为一个字符
ord(x)	将一个字符 x 转换为它对应的整数值
hex(x)	将一个整数 x 转换为一个十六进制字符串
oct(x)	将一个整数 x 转换为一个八进制的字符串

【例 1-3】模拟超市抹零结账行为。

假设某超市因为找零麻烦，特设抹零行为。现编写一段 Python 代码，实现模拟超市的这种带抹零的结账行为。

在 IDLE 中创建一个名称为 erase_zero.py 的文件，然后在该文件中，首先将各个商品金额累加，计算出商品总金额，并转换为字符串输出，然后再应用 int() 函数将浮点型的变量转换为整型，从而实现抹零，并转换为字符串输出。关键代码如下：

```
01  money_all = 56.75 + 72.91 + 88.50 + 26.37 + 68.51 # 累加总计金额
02  money_all_str = str(money_all) # 转换为字符串
03  print(" 商品总金额为：" + money_all_str)
04  money_real = int(money_all) # 进行抹零处理
05  money_real_str = str(money_real) # 转换为字符串
06  print(" 实收金额为：" + money_real_str)
```

运行结果如图 1-34 所示。

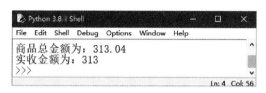

图 1-34　模拟超市抹零结账行为

常见错误：在进行数据类型转换时，如果把一个非数字字符串转换为整型，将产生如图 1-35 所示的错误。

```
>>> int("17天")
Traceback (most recent call last):
  File "<pyshell#1>", line 1, in <module>
    int("17天")
ValueError: invalid literal for int() with base 10: '17天'
```

图 1-35　将非数字字符串转换为整型产生的错误

1.5.3　保留字

保留字是 Python 语言中一些已经被赋予特定意义的单词。开发程序时，不可以把这些保留字作为变量、函数、类、模块和其他对象的名称来使用。Python 语言中的保留字如表 1-2 所示。

表 1-2　Python 的保留字列表

False	def	if	raise
None	del	import	return
True	elif	in	try
and	else	is	while
as	except	lambda	with
assert	finally	nonlocal	yield
break	for	not	
class	from	or	
continue	global	pass	

在以上保留字中，除了 True、False 和 None 外，其他保留字均为小写形式。

注意：Python 中所有保留字是区分字母大小写的。例如，if 是保留字，但是 IF 就不属于保留字。如图 1-36 所示。

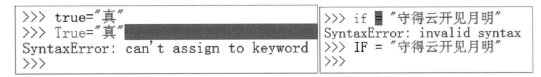

图 1-36　Python 中的保留字区分字母大小写

按字母顺序排列的 33 个保留字及其含义如表 1-3 所示。

表 1-3　Python 保留字及其含义

保留字	含义
and	用于表达式运算，逻辑与操作
as	用紧跟其后的对象代替其前方的一个对象，如 import random as rd
assert	断言，用于判断变量或条件表达式的值是否为真
break	中断循环语句的执行
class	定义一个类
continue	跳出本次循环，继续执行下一次循环
def	用于定义函数或方法
del	删除变量或序列的值
elif	条件语句，与 if,else 结合使用
else	条件语句，与 if,elif 结合使用，也可用于异常和循环语句
except	except 包含捕获异常后的操作代码块，与 try,finally 结合使用
False	python 中的布尔类型，与 True 相对
finally	用于异常语句，出现异常后，始终要执行 finally，包含的代码块，与 try，except 结合使用
for	for 循环语句
from	用于导入模块，与 import 结合使用
global	定义全局变量
if	条件语句，与 else，elif 结合使用
import	用于导入模块，与 from 结合使用
in	判断变量是否在序列中
is	判断变量是否为某个类的实例
lambda	定义匿名变量
None	空对象，是 Python 中的一个特殊的值

续表

保留字	含义
nonlocal	用来在函数或其他作用域中使用外层（非全局）变量
not	用于表达式运算，逻辑非操作
or	用于表达式运算，逻辑或操作
pass	空的类，方法，函数的占位符，表示什么也不做，目的是保证格式和语义完整
raise	触发异常后，后面的代码就不会在执行
return	用于从函数返回计算结果
True	python 中的布尔类型，与 False 相对
try	try 包含可能会出现异常的语句，与 except，finally 结合使用
while	while 的循环语句
with	用于简化 Python 的语句，例如在文件处理中，可使用 with…as 打开一个文件
yield	用于从函数依此次返回值

多学两招

Python 中的保留字可以在 IDLE 中输入以下两行代码查看。

```
import keyword
keyword.kwlist
```

执行结果如图 1-37 所示。

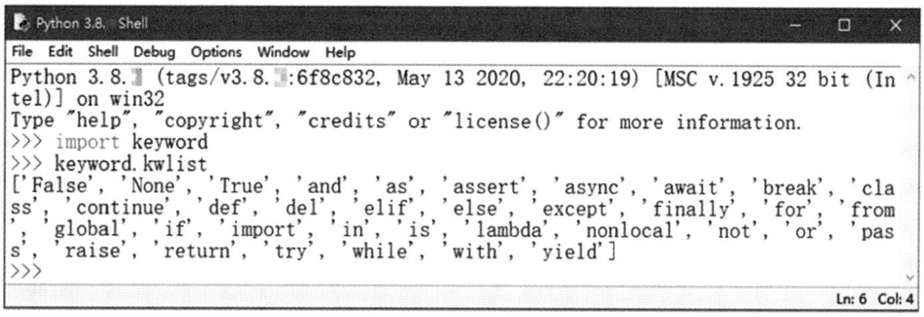

图 1-37　查看 Python 中的保留字

常见错误：如果在开发程序时，使用 Python 中的保留字作为模块、类、函数或者变量等的名称，则会提示 "invalid syntax" 的错误信息。下面代码使用了 Python 保留字 if 作为变量的名称：

```
if = " 坚持下去不是因为我很坚强，而是因为我别无选择 "
print(if)
```

执行以上程序时则会出现如图 1-38 所示的错误提示信息。

图 1-38　使用 Python 保留字作为变量名时的错误信息

1.5.4　变量

1. 理解 Python 中的变量

在 Python 中，变量严格意义上应该称为"名字"，也可以理解为标签。如果将值"学会 Python 还可以飞"赋给 python，那么 python 就是变量。在大多数编程语言中，都把这一过程称为"把值存储在变量中"，意思是在计算机内存中的某个位置。字符串序列"学会 Python 还可以飞"已经存在。你不需要准确地知道它们到底在哪里，只要告诉 Python 这个字符串序列的名字是 python，就可以通过这个名字来引用这个字符串序列了。这个过程就像快递员取快递一样，内存就像一个巨大的货物架，在 Python 中定义变量就如同给快递盒子贴标签，如图 1-39 所示。

图 1-39 的解释：你的快递存放在货物架上，上面贴着写有你名字的标签。当你来取快递时，并不需要知道它们存放在这个大型货架的具体位置，只需要提供你的名字，快递员就会把你的快递交给你。实际上，变量也一样，你不需要知道信息存储在内存中的准确位置，只需要记住存储变量时所用的名字，再调用这个名字就可以了。

图 1-39　货物架中贴着标签的快递

2. 变量的定义与使用

在 Python 中，不需要先声明变量名及其类型，直接赋值即可创建各种类型的变量。但是变量的命名并不是任意的，应遵循以下几条规则：

（1）变量名必须是一个有效的标识符。

（2）变量名不能使用 Python 中的保留字。

（3）慎用小写字母 l 和大写字母 O。

（4）应选择有意义的单词作为变量名。

为变量赋值可以通过等号（=）来实现。语法格式为：

变量名 = value

例如，创建一个整型变量，并为其赋值为 1024，可以使用下面的语句：

number = 1024 # 创建变量 number 并赋值为 1024，该变量为数值型

这样创建的变量就是数值型的变量。如果直接为变量赋值一个字符串值，那么该变量即为字符串类型。例如下面的语句：

nickname = " 碧海苍梧 " # 字符串类型的变量

另外，Python 是一种动态类型的语言，也就是说，变量的类型可以随时变化。例如，在 IDLE 中，创建变量 nickname，并赋值为字符串"碧海苍梧"，然后输出该变量的类型，可以看到该变量为字符串类型。也可以将该变量赋值为数值 1024，并输出该变量的类型，可以看到该变量为整型。执行过程如下：

```
>>> nickname = " 碧海苍梧 " # 字符串类型的变量
>>> print(type(nickname))<class 'str'>
>>> nickname = 1024 # 整型的变量
>>> print(type(nickname))
<class 'int'>
```

说明：在 Python 语言中，使用内置函数 type() 可以返回变量类型。

在 Python 中，允许多个变量指向同一个值。例如：将两个变量都赋值为数字 2048，再分别应用内置函数 id() 获取变量的内存地址，将得到相同的结果。执行过程如下：

```
>>> no = number = 2048
>>> id(no)
49364880
>>> id(number)49364880
```

说明：在 Python 语言中，使用内置函数 id() 可以返回变量所指的内存地址。

注意：常量就是程序运行过程中，值不能改变的量，比如现实生活中的居民身份证号码、数学运算中的 π 值等，这些都是不会发生改变的，它们都可以定义为常量。在 Python 中，并没有提供定义常量的保留字。不过在 PEP 8 规范中规定了常量由大写字母和下画线组成，但是在实际项目中，常量首次赋值后，还是可以被其他代码修改的。

1.5.5　运算符

在 Python 中，单个常量或变量可以看成最简单的表达式，使用算术运算符、关系运算符、集合运算符、逻辑运算符或其他运算符连接的式子也属于表达式，在表达式中还可以包含函数调用。

除了算术运算符、关系运算符、逻辑运算符等常见运算符，Python 还支持一些特有的运算符，如成员测试运算符、集合运算符、同一性测试运算符等。

在 Python 中，很多运算符具有多种不同的含义，作用于不同类型的操作数时含义并不完全相同，使用非常灵活。例如，加号在作用于整数、实数或复数时表示算术加法，而在作用于列表、字符串、元组时表示连接；乘号在作用于整数、实数或复数时表示算术乘法，而在列表、字符串或元组与整数相乘时表示序列重复；减号在作用于整数、实数或复数时表示算术减法，而在作用于集合时表示差集，在单个数字前面又表示负号。

常用的 Python 运算符如表 1-4 所示，运算符优先级遵循的规则是：算术运算符优先级最高，其次是位运算符、关系运算符、逻辑运算符、成员测试运算符等，算术运算符之间遵循"先乘除，后加减"的基本运算原则。虽然 Python 运算符有严格的优先级规则，但是强烈建议在编写复杂表达式时使用圆括号来明确说明其中的逻辑以提高代码可读性。

表 1-4　常用的 Python 运算符

运算符	功能说明
+	算术加法，列表、元组、字符串合并与连接，正号
-	算术减法，集合差集，负号
*	算术乘法，在列表、元组或字符串与整数相乘时表示序列重复
/	真除法，结果为实数
//	求整商，向下取整，如果操作数中有实数，那么结果为实数形式的整数
%	求余数，结果的符号与除数相同
**	幂运算
<、<=、>、>=、==、!=	关系运算符
and	逻辑与
or	逻辑或
not	逻辑非
in	成员测试
is	同一性测试，测试两个对象是否引用同一个对象
&、|、^	集合交集、并集、对称差集

1. 算术运算符

（1）+ 运算符除用于算术加法外，还可以用于列表、元组、字符串的连接。

>>> 3+5.0 # 实数相加
8.0
>>> (3+4j)+(5+6j) # 复数相加
(8+10j)
>>> [1, 2, 3]+[4，5，6] # 连接两个列表，得到新列表
[1, 2, 3, 4, 5，6]
>>> (1, 2, 3)+(4，) # 连接两个元组，得到新元组
(1, 2, 3，4)
>>>'abcd'+'1234' # 连接两个字符串，得到新字符串
'abcd1234'

（2）* 运算符除了表示算术乘法，还可用于列表、元组、字符串与整数的乘法，表示序列元素的重复。

>>> 3*5.0 # 实数乘法
15.0
>>> 5*(3+4j) # 实数与复数的乘法
(15+20j)
>>> (3+4j)*(5+6j) # 复数乘法
(-9+38j)
>>> [1, 2, 3]*3 # 列表元素重复，得到新列表
[1, 2, 3 1, 2, 3, 1, 2, 3]
>>> (1, 2, 3)*3 # 元组元素重复，得到新元组
(1, 2, 3 1, 2, 3, 1, 2, 3)
>>>'abc'*3 # 字符串元素重复，得到新字符串
'abcabcabc'

（3）运算符 / 和 // 分别表示算术除法和求整商。

>>> 3/2 # 数学意义上的除法，结果为实数
1.5
>>> 15 // 4 # 如果两个操作数都是整数，那么结果为整数
3
>>> 15.0 //4 # 操作数中有实数，得到实数形式的整数值
3.0
>>> -13//10 # 向下取整，返回小于等于商的最大整数
-2

说明：−13/10 的结果为 −1.3，在数轴上 −1.3 左边第一个整数为 −2，也就是小于等于 −1.3 的最大整数。

（4）% 运算符可以用于数字求余数运算。

```
>>> 789 % 23    #求余数
7
>>> 36%12    #余数为 0，表示 36 能被 12 整除
0

```

（5）** 运算符表示幂乘。

```
>>> 3**2    #3 的 2 次方
9
>>> 9**0.5    #9 的 0.5 次方，可以用来计算平方根
3.0
>>> (-9)**0.5    #可以对负数计算平方根，得到复数
(1.8369701987210297e-16+3j)
>>> 1.01**365    #每天多努力一点点，一年后的样子
37.78343433288728
>>> 1.02**365    #每天再多努力一点点，一年后的样子
1377.4082919660768
>>> 0.99**365    #每天少努力一点点，一年后的样子
0.025517964452291125
```

2. 关系运算符

使用关系运算符的一个最重要的前提是，操作数之间必须可比较大小。在 Python 中，关系运算符可以连用。

```
>>> 1<3<5    #等价于 1<3 and 3<5
True
>>> 3<5>2
True
>>> 1>6<8    #注意，这里实际上并不会计算 6<8 的值
False
>>> 'Hello'>'world'    #比较字符串大小
False
>>> [1, 2, 3]<[1, 2, 4]    #比较列表大小
True
>>> 'Hello'>3    #字符串和数字不能比较，抛出异常
TypeError: unorderable types: str()>int()
```

注意：Python 中的关系运算符可以连用，如上面的第一句 1<3<5，但在很多其他编程语言中是不允许这样使用的。

多学两招

当比较两个字符串大小时，先比较两个字符串的第一个字母，如果能够分出大小就结束，如果不能分出大小就继续比较第二个字母，一直到分出大小为止。如果一个字符串的所有字母都比较过了仍不能分出大小，而另一个字符串还没结束，那么认为另一个字符串大。在比较两个列表或元组大小时，也是同样的道理。例如：

```
>>>'abc'>'Abc'  #第一个字母就能分出大小
True
>>> 'abc'>'aBc'  #第二个字母才能分出大小
True
>>> 'abcd'>'abc'  #第二个字符串结束，第一个字符串还有字符
True
>>> [1, 2, 3]<[1, 2, 4]  #第3个元素才分出大小
True
>>> [1, 2, 3]<[2, 2, 4]  #第一个元素就能分出大小
True
>>> [1, 2]<[1, 2, 3]  #第一个列表结束，第二个列表还有元素
True
```

3. 成员测试运算符

成员测试运算符 in 的含义是"……在……里面"，用于成员测试，即测试一个对象是不是另一个对象的元素。对于表达式 A in B，如果 A 在 B 里面，那么表达式的值为 True；否则为 False。

```
>>> 3 in[1, 2, 3]  #测试3是否为列表 [1, 2, 3] 的元素
True
>>> 'abc' in 'abcdefg'  #子字符串测试
True
```

4. 逻辑运算符

逻辑运算符 and、or 和 not 分别表示"并且""或者"和"逻辑求反"，常用来组合多个算术表达式或关系表达式构成更加复杂的条件表达式。

在这三个运算符中，and 和 or 具有惰性求值的特点，当连接多个表达式时只计算必须要计算的值。例如，对于表达式"exp1 and exp2"，若表达式 exp1 等价于 True，则计算 exp2 的值并把 exp2 的值作为整个表达式的值；若 exp1 的值等价于 False，则不再计算 exp2 的值并把 exp1 的值作为整个表达式的值。同理，对于表达式"exp1 or exp2"，若表达式 exp1 的值等价于 True，则不再计算 exp2 的值并把 exp1 的值作为整个表达式

的值；若 exp1 的值等价于 False，则计算 exp2 的值并把 exp2 的值作为整个表达式的值。在编写复杂条件表达式时充分利用这个特点，合理安排不同条件的先后顺序，在一定程度上可以提高代码运行速度。

```
>>> 3 and 5   #最后一个计算的表达式的值作为整个表达式的值
5
>>> 3 or 5   #and 和 or 的结果不一定是 True 或 False
3
>>> 3 and 5>2   # 所有非 0 数值都等价于 True
True
>>> 3 not in[1, 2, 3]   #逻辑非运算 not
False
>>> 3 is not 5   #not 的计算结果只能是 True 或 False 之一
True
```

注意：由逻辑运算符 and 和 or 连接的表达式的值不一定是 True 或 False，但是由逻辑运算符 not 进行否定的表达式的值一定是 True 或 False。

逻辑运算符 and、or 和 not 在功能上可以与电路的连接方式进行简单类比：or 运算符类似于并联电路，只要有一个开关是通的，灯就是亮的；and 运算符类似于串联电路，必须所有开关都是通的，灯才会亮；not 运算符类似于短路电路，如果开关通了，灯就灭了，如图 1-40 所示。

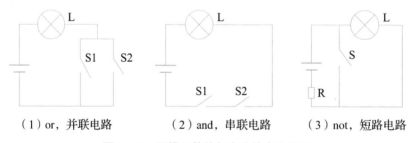

（1）or，并联电路　　　　　（2）and，串联电路　　　　　（3）not，短路电路

图 1-40　逻辑运算符与电路的类比关系

说明：前面介绍的关系运算符在连用时也具有惰性求值的特点。

5. 集合运算符

集合是 Python 的内置容器类对象之一，其中可以存放多个不可变类型的数据，并且同一个集合中所有元素不重复。关系运算符在作用于集合时表示集合之间的包含关系。集合的交集、并集、差集和对称差集等运算分别使用 &、|、- 和 ^ 运算符来实现。

```
>>> {1, 2, 3} & {3, 4, 5}   # 交集
{3}
>>> {1, 2, 3}|{3, 4, 5}   #并集，自动去除重复元素
{1, 2, 3, 4, 5}
```

```
>>> {1, 2, 3}-{3, 4, 5}   # 差集
{1, 2}
>>> {1, 2, 3}^{3, 4, 5}   # 对称差集
{1, 2, 4, 5}
>>> {1 ,2, 3}<{1, 2, 3, 4}    # 测试是否子集
True
>>> {1, 2, 3}=={3, 2, 1}   # 测试两个集合是否相等
True
>>> {1, 2, 4}>{1, 2, 3}    # 集合之间的包含测试
False
>>> {1, 2, 4}<{1, 2, 3}
False
```

注意：上边最后三行代码的结果，当关系运算符作用于集合时，会出现一个集合既不大于、又不小于或等于另一个集合的情况。对于大多数内置类型的对象而言，如果 a>b 不成立，那么 a ≤ b 必然成立，但这一点不适用于集合和字典。

在图 1-41 中，按从左往右、从上往下的顺序，依次展示了差集 A-B、差集 B-A、并集 A|B、交集 A&B 和对称差集 A^B 这几种集合运算。

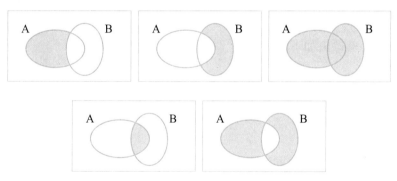

图 1-41 集合运算示意图

注意：集合中的元素是无序的。在使用集合时，不用关心其中元素的先后顺序。

1.5.6 程序的语句元素

1. 表达式

产生或计算新数据值的代码片段称为表达式。表达式类似数学中的计算公式，以表达单一功能为目的，运算产生运算结果，运算结果的类型由操作符或运算符决定。

```
>>> 1024*32
32768
>>> " 对酒当歌，人生几何？" +" 譬如朝暮，去日苦多。"
' 对酒当歌，人生几何？譬如朝暮，去日苦多。'
```

```
>>> 1024>32
True
```

表达式一般由数据和操作符等构成，是构成 Python 语句的重要部分。

2. 赋值语句

对变量进行赋值的代码被称为赋值语句。Python 中的变量不需要声明，每个变量在使用前都必须赋值，变量赋值以后该变量才会被创建。在 Python 中，变量就是变量，变量并没有类型，而平时提到的"类型"是变量所指的内存中对象的类型。这种变量本身类型不固定的语言被称为动态语言，与之对应的是静态语言。

等号（=）用来给变量赋值。等号（=）运算符左边为变量名，等号（=）运算符右边为存储在变量中的值。赋值语句的一般形式如下：

```
<变量> = <表达式>
counter=100  # 整型变量
miles=1000.0  # 浮点型变量
name="runoob"  # 字符串
print(counter)
print(miles)
print(name)
```

执行以上程序会输出如下结果：

```
100
1000.0
runoob
```

Python 允许出现单个对象同时为多个变量赋值的情况。例如：

```
a=b=c=11
```

以上实例中仅创建一个整型对象，值为 1，从后向前赋值，三个变量均指向同一个内存地址。

Python 也允许出现多个对象指定多个变量的情况，我们把这种情况称为同步赋值。同步赋值会同时运算等号右侧的所有表达式，并一次性且同时将右侧表达式结果分别赋值给左侧的对应变量。同步赋值的一个应用是同时给多个变量赋值，基本格式如下：

```
<变量 1>, …, <变量 N> = <表达式 1>, …, <表达式 N>
>>> n=3
>>> x,y=n+1,n+2
>>> x
```

```
4
>>> y
5
```

同步赋值的另一个应用是互换变量的值。例如：互换两个变量 x 和 y 的值，代码如下：

```
>>> x,y=y,x
```

同步赋值语句可以使赋值过程变得更简洁，通过减少变量使用，简化语句表达，增加程序的可读性。但是，应尽量避免将多个无关的单一赋值语句组合成同步赋值语句，否则会降低程序可读性。那么，如何判断多个单一赋值语句是否相关呢？一般来说，如果多个单一赋值语句在功能上表达了相同或相关的含义，或者在程序中属于相同的功能，都可以采用同步赋值语句。

3. 引用

Python 程序会经常使用当前程序之外已有的功能代码，这个过程叫"引用"。Python 语言使用 import 保留字引用当前程序以外的功能库，使用方式如下：

```
import < 功能库名称 >
```

引用功能库之后，采用 < 功能库名称 >.< 函数名称 >() 方式调用具体功能，这种方式简称 A.B() 方式。

```
# 调用 turtle 库进行绘图操作
import turtle
turtle.fd(-200)    #fd() 是 turtle 库中的函数
turtle.right(90)   #right() 是 turtle 库中的函数
turtle.circle(200) #circle() 是 turtle 库中的函数
```

上述代码运行后效果如图 1-42 所示。

图 1-42　Python turtle 库绘图实例效果

4. 其他语句

除了赋值语句外，Python 程序还包括一些其他的语句类型，例如分支语句和循环语句等。更多的分支和循环内容将在后面的内容中介绍。这里仅介绍这两类语句的基本使用。

分支语句是控制程序运行的一种语句，它的作用是根据判断条件选择程序执行路径。分支语句包括单分支、二分支和多分支语句。

单分支语句是最简单的分支语句，使用方式如下：

```
if  <条件>:
    <语句块>
```

任何能够产生 True 或 False 的语句都可以作为条件，当条件为 True（真）时，则执行语句块中的内容。

```
# 判断输入整数是否在 [0,100] 之间
num=eval(input(" 请输入一个整数："))
if 0<=num<=100:   # 判断 [0,100]
    print(" 输入整数在 0 到 100 之间 ")
```

二分支语句是覆盖单个条件所有路径的一种分支语句，使用方式如下：

```
if <条件>:
    <语句块 1>
else:
    <语句块 2>
```

当条件为 True 时，执行语句块 1；当条件为 False 时，执行语句块 2。其中，if、else 都是保留字。

```
num=eval(input(" 请输入一个数字："))
if num>100:
    print(" 输入的数字大于 100。")
else:
    print(" 输入的数字小于等于 100。")
```

循环语句是控制程序运行的一类重要语句，与分支语句控制程序执行类似，它的作用是根据判断条件确定一段程序是否再执行一次或多次。多分支语句执行多次。循环语句包括遍历循环和条件循环。

条件循环的基本过程如下：

```
While (<条件>):
    <语句块 1>
<语句块 2>
```

当条件为 True 时，执行语句块 1，然后再次判断条件，当条件为 False 时，退出循环，执行语句块 2。

```
#输出 10 到 100 步长为 3 的全部整数
```

```
n=10
while n<=100:
    print(n,end= " ")
    n=n+3
```

1.5.7　内置函数

函数用来完成特定功能的一系列代码的封装，可以看成一个黑盒子。在使用时，不用关心函数的内部实现方法，只需要调用函数并传递参数即可。

内置函数是 Python 内置对象类型之一，不需要额外导入任何模块就可以直接使用。这些内置对象都封装在内置模块 ＿＿ builtins ＿＿ 中，用 C 语言编写和实现，并且进行了大量优化，具有非常快的运行速度，推荐优先使用。使用内置函数 dir() 可以查看所有内置函数和内置对象。

```
>>> dir(__ builtins __)    # 结果略
```

可以使用 help(函数名) 查看某个函数的详细用法。

```
>>> help(max)    # 查看内置函数 max() 的使用帮助，结果略
```

Python 常用的内置函数及其功能简要说明如表 1-5 所示，其中方括号内的参数可以省略。

表 1-5　**Python 常用的内置函数及其功能简要说明**

函数	功能简要说明
abs(x)	返回数字 x 的绝对值或复数 x 的模
bin(x)	返回整数 x 的二进制数表示形式
complex(real, [imag])	返回指定实部和虚部的复数
chr(x)	返回 Unicode 编码为 x 的字符
dir(obj)	返回指定对象或模块 obj 的成员列表，若不带参数，则返回包含当前作用域内所有标识符名字的列表
divmod(x, y)	返回包含整商和余数的元组 ((x-x%y)/y，x%y)
enumerate(iterable [,start])	返回包含元素形式为 (start, iterable[0]), (start+1, iterable[1]), (start+2, iterable[2]) … 的迭代器对象，start 默认值为 0，enumerate 对象中的元素只能使用一次
eval(s[, globals [,locals]])	计算并返回字符串 s 中表达式的值
filter(func, seq)	返回 filter 对象，其中包含序列 seq 中使得单参数函数 func 返回值等价于 True 的那些元素；若函数 func 为 None，则返回包含 seq 中等价于 True 的元素的 filter 对象，filter 对象中的元素只能使用一次
float (x)	返回把整数或字符串 x 转换成浮点数的结果
help(obj)	返回对象 obj 的帮助信息
hex(x)	返回整数 x 的十六进制数表示形式

续表

函数	功能简要说明
input([提示信息])	显示提示信息，接收键盘输入的内容，以字符串形式返回
int(x[, d])	返回数字 x 的整数部分，或把字符串 x 看成 d 进制数，将其转换为十进制数返回，d 默认为 10
isinstance (obj, class-or-type-or-tuple)	测试对象 obj 是否属于指定类型（若有多个类型则需要放到元组中），返回 True 或 False
len(obj)	返回对象 obj 包含的元素个数，适用于列表、元组、集合、字典、字符串及 range 对象，但不适用于 zip、map、ftiter、enumerate 或类似对象
list([x]), set([x]), tuple([x]), dict([x])	把可迭代对象 x 转换为列表、集合、元组或字典并返回，不带参数时用来生成空列表、空集合、空元组、空字典
map(func, *iterables)	返回包含若干 func 函数值的 map 对象，函数 func 的参数分别来自 iterables 指定的每个迭代对象，map 对象中的元素只能使用一次
max (…)，min(…)	返回多个值中或者包含有限个元素的可迭代对象中所有元素的最大值、最小值，要求所有元素之间可比较大小，允许使用 key 参数指定排序规则
next(iterator [,default])	返回迭代器对象 x 中的下一个元素，default 参数表示迭代结束之后继续迭代时返回的默认值
oct(x)	返回整数 x 的八进制数表示形式
ord(x)	返回单个字符 x 的 Unicode 编码
pow(x, y, z=None)	返回 x 的 y 次方，或该结果对 z 的余数，等价于 x**y 或 (x**y)%z
print(value, … sep=' ', end='\n', file=sys. stdout, flush=False)	基本输出函数，默认输出到屏幕上。多个数值之间使用空格分隔，以换行符结束所有数据的输出
range([start,] end [, step])	返回 range 对象，其中包含左闭右开区间 [start, end) 内以 step 为步长的整数
reduce(func, sequence[, initial])	将双参数函数 func 以迭代的方式从左到右依次应用至序列 seq 中每个元素上，每次的计算结果作为下一次计算的第一个操作数继续参与运算，最终返回单个值作为结果；在 Python 3.x 中需要先从标准库 functools 中导入 reduce() 函数再使用
reversed(seq)	返回 seq(可以是列表、元组、字符串、range 等对象) 中所有元素逆序后的迭代器对象，但不能作用于 zip、filter、map、enumerate、reversed 等对象，reversed 对象中的元素只能使用一次
round(x[, 小数位数])	返回对 x 进行四舍五入的结果。若不指定小数位数，则返回整数
sorted (iterable, key=None, reverse=False)	返回按指定规则对 iterable 排序后的列表，其中 iterable 表示要排序的序列或迭代对象，key 用来指定排序规则，reverse 用来指定升序 (False) 或降序 (True)；该函数不对 iterable 做任何修改
str(obj)	返回把对象 obj 直接转换为字符串的结果
sum(x, start=0)	返回序列 x 中所有元素之和，允许指定起始值 start(默认为 0)，返回 start+sum(x) 的结果
type(obj)	返回对象 obj 的类型
zip(seq1 [,seq2[…]])	返回 zip 对象，其中元素为 (seq1[i], seq2[i], …) 形式的元组，最终结果中包含的元素个数取决于所有参数序列或可迭代对象中最短的那个，zip 对象中的元素只能使用一次

1. 基本输入／输出函数

基本输入函数 input() 用来接收用户的键盘输入，基本输出函数 print() 用来把数据以指定的格式输出到标准控制台或指定的文件对象上。

（1）在 Python 3x 版本中，不论用户输入什么内容，函数 input() 都返回字符串，必要时可以使用内置函数 int()、float() 或 eval() 对用户输入的内容进行类型转换。

```
>>> x= input('Please input: ')
Please input: 345
>>> type(x)    # 返回字符串
<class 'str' >
>>> int(x)   # 转换为整数
345
>>> x=input ('Please input: ')
Please input: [1, 2, 3]
>>> type (x)
<class 'str' >
>>> eval (x)   # 对字符串进行求值，还原为列表
[1, 2, 3]
>>> x=input ('Please input:')    # 不论用户输入什么，都返回字符串
Please input: 'hello world'
>>> x    # 如果本来就想输入字符串，那么不用再输入引号
" 'hello world ' "
>>> eval (x)
'hello world '
```

注意：在 Python 3.x 中，不论输入什么内容，函数 input() 都作为字符串来接收。

（2）函数 print() 用于输出信息到标准控制台或指定文件中，语法格式为：

```
print (value1, value2,…, sep=' ', end='\n', file=sys. stdout, flush=False)
```

其中，sep 参数之前为需要输出的内容（可以有多个）；sep 参数用于指定数据之间的分隔符，默认为空格；end 参数用来指定输出完所有的值之后要输出的内容，默认为换行。

```
>>> print(1, 3, 5, 7, sep = '\t')    # 修改默认分隔符
1    3    5    7
>>> for i in range(10):
print(i, end=' ')    # 修改默认行尾结束符，不换行

0 1 2 3 4 5 6 7 8 9
```

2. 数字有关的函数

（1）函数 bin()、oct() 和 hex() 分别用来将整数转换为二进制数、八进制数和十六进制数的数字字符串，要求参数必须为整数。

```
>>> bin(555)    #将十进制整数转换为二进制数字字符串
'0b1000101011'
>>> oct(555)    #将十进制整数转换为八进制数字字符串
'0o1053 '
>>> hex(555)    #将十进制整数转换为十六进制数字字符串
'0x22b '
>>> bin(0x888)    #将十六进制整数直接转换为二进制数字字符串
'0b100010001000'
```

（2）函数 int() 用来将其他形式的数字转换为整数，参数可以为整数、实数、分数或合法的数字字符串，语法格式有 int([x]) 和 int(x，base=10) 两种。当参数为数字字符串时，允许指定第二个参数 base 来说明数字字符串的进制，默认是十进制。第二个参数 base 的取值应为 0 或 2 ～ 36 之间的整数，其中 0 表示按数字字符串所隐含的进制进行转换。例如，若数字字符串以 0x 开头则认为是十六进制整数，若以 0o 开头则认为是八进制整数，若以 0b 开头则认为是二进制整数。

```
>>> int(-3.2)    #将实数转换为整数
-3
>>> int('0x22b', 16)    #将十六进制数转换为十进制数
555
>>> int('22b', 16)    #与上一行代码等价
555
>>> int (bin(54321)，2)    #二进制数与十进制数之间的转换
54321
>>> int('0b111')    #非十进制数字字符串，必须指定第二个参数
ValueError: invalid literal for int() with base 10: '0b111'
>>> int('0b111', 0)    #第二个参数 0 表示使用字符串隐含的进制
7
>>> int('0b111', 6)    #第二个参数必须与隐含的进制一致
ValueError: invalid literal for int() with base 6: '0b111'
>>> int('111', 6)    #字符串没有隐含进制
                     #这时第二个参数可以为 2 ～ 36 之间的整数
43
```

注意：这三个函数都要求参数必须为整数，但并不必须是十进制整数，也可以为二进制、八进制或十六进制整数。

（3）函数 float() 用来将其他类型数据转换为实数，函数 complex() 用来生成复数。

```
>>> float(3)    # 把整数转换为实数
3.0
>>> float('5.5')    # 把数字字符串转换为实数
5.5
>>> float('inf')    # 无穷大，其中 inf 不区分大小写
inf
>>> complex(3)    # 只指定实部，虚部默认为 0
(3+0j)
>>> complex(4,5)    # 同时指定实部和虚部
(4+5j)
```

（4）函数 abs() 用来计算实数的绝对值或者复数的模，函数 divmod() 用来同时计算两个数的商和余数，函数 pow() 用来计算幂乘，函数 round() 用来对数字进行四舍五入。

```
>>> abs(-3)    # 绝对值
3
>>> abs(-3+4j)    # 复数的模
5.0
>>> divmod(60, 8)    # 返回商和余数组成的元组
(7, 4)
>>> pow(2, 3)    # 幂运算，2 的 3 次方，相当于 2**3
8
>>> pow(2, 3, 5)    # 相当于 (2**3)%5
3
>>> round(10/3, 2)    # 四舍五入，保留 2 位小数
3.33
```

3. 序列有关的函数

（1）函数 list()、tuple()、dict()、set() 和 str() 分别用来把其他类型的数据转换成为列表、元组、字典、集合和字符串，或者创建空列表、空元组、空字典、空集合和空字符串。

```
>>> list(range(5))    # 把 range 对象转换为列表
[0, 1, 2, 3，4]
>>> tuple(_)    # 一个下画线表示上一次正确输出结果
(0, 1, 2, 3, 4)
>>> dict (zip('1234', 'abcde'))    # 创建字典
{'4':'d', '2': 'b', '3': 'c', '1': 'a'}
>>> set('1112234')    # 创建集合
```

```
{'4', '2', '3','1'}
>>> str (1234)    # 直接转换为字符串
'1234'
>>> str ([1, 2, 3，4])    # 直接转换为字符串
'[1, 2, 3, 4] '
>>> list (str ([1, 2, 3, 4]))    # 注意这里的转换结果
['[', '1', ',', ' ', '2', ',', ' ', '3', ',', ' ', '4', ']']
```

（2）函数 max()、min()、sum() 分别用于计算列表、元组、字典、集合或其他可迭代对象中所有元素最大值、最小值及所有元素之和。另外，函数 len() 用来返回列表、元组、字符串、字典、集合、range 对象中元素的个数。下列代码先使用列表推导式生成包含 10 个随机数的列表，再分别计算该列表的最大值、最小值、所有元素之和及平均值。

```
>>> from random import randint
>>> scores=[randint (1,100) for i in range(10)]
                      # 包含 10 个 [i,iea] 之间随机数的列表
>>> scores
[15, 100, 59, 88, 74, 58, 56, 48, 74, 86]
>>> print (max (scores), min(scores), sum(scores))
                  # 最大值、最小值、所有元素之和
100 15 658
>>> sum(scores)/len (scores)    # 平均值
65.8
```

（3）函数 sorted() 可以对列表、元组、字典、集合、字符串或其他可迭代对象进行排序并返回新列表，而函数 reversed() 可以对可迭代对象进行翻转（首尾交换）并返回可迭代的 reversed 对象。

```
>>> x= list (range(11))
>>> import random
>>> random. shuffle(x)    # 随机打乱顺序
>>> x
[2, 4, 0, 6, 10, 7, 8, 3, 9, 1, 5]
>>> sorted(x)    # 以默认规则排序
[0, 1, 2, 3, 4, 5, 6, 7, 8, 9, 10]
>>> sorted (x, key=lambda item: len (str (item)), reverse=True)
                    # 按转换成字符串以后的长度降序排列
[10, 2, 4, 0, 6, 7, 8, 3, 9, 1, 5]
>>> sorted (x, key= str)    # 按转换为字符串以后的大小排序
[0, 1, 10, 2, 3, 4, 5, 6, 7, 8, 9]
```

```
>>> x   # 不影响原来列表的元素顺序
[2, 4, 0, 6, 10, 7, 8, 3, 9, 1, 5]
>>> list (reversed (x))   # 逆序，翻转
[5, 1, 9, 3, 8, 7, 10, 6, 0, 4, 2]
```

（4）函数 enumerate() 用来枚举可迭代对象中的元素，返回可迭代的 enumerate 对象，其中每个元素都是包含索引和值的元组。

```
>>> list (enumerate ('abcd'))   # 枚举字符串中的元素
[(0, 'a'), (1, 'b'), (2, 'c'), (3, 'd')]
>>> list (enumerate (['Python', 'Greate']))   # 枚举列表中的元素
[(0, 'Python'), (1, 'Greate')]
>>> for index, value in enumerate (range(10, 15)):
        print((index, value), end=' ')

(0, 10) (1,11) (2,12) (3,13) (4,14)
```

（5）函数 zip() 用来把多个可迭代对象中的元素压缩到一起，返回一个可迭代的 zip 对象，其中每个元素都是包含原来的多个可迭代对象对应位置上元素的元组，最终结果中包含的元素个数取决于所有参数中最短的那个。

可以这样理解这个函数：把多个序列或可迭代对象中的所有元素左对齐，然后像拉链一样向右拉，把经过的每个序列中的元素都放到一个元组中（见图 1-43）。只要有一个序列中的元素都被处理完了就不再拉拉链了，返回包含若干元组的 zip 对象。

图 1-43　函数 zip() 工作原理示意图

```
>>> list (zip ('abcd', [1, 2, 3]))   # 压缩字符串和列表
[('a', 1), ('b', 2), ('c', 3)]
>>> list (zip ('abcd'))   # 对一个序列也可以压缩
[('a',), ('b',), ('c',), ('d',)]
>>> list (zip ('123', 'abc', ', . ! '))   # 压缩三个序列
[('1', 'a', ','), ('2', 'b', '. '), ('3', 'c', ' ! ')]
>>> for item in zip ('abcd', range (3)):   # zip 对象是可迭代的
        print: (item)

('a', 0)
('b', 1)
('c', 2)
>>>x=zip ('abcd', '1234')
```

```
>>> list (x)
[('a', '1'), ('b', '2'), ('c', '3'), ('d', '4')]
>>> list(x)    # zip 对象中的元素只能使用一次
[]
```

4. 函数 map()、reduce()、filter()

函数 map()、reduce()、filter() 是 Python 支持函数式编程的重要体现。在 Python 3.x 中，reduce() 不是内置函数，而是被放到了标准库 functools 中，需要先导入再使用。

（1）函数 map() 把函数 func 依次映射到序列或迭代器对象的每个元素上，并返回一个可迭代的 map 对象作为结果，map 对象中每个元素是原序列中元素经过函数 func 处理后的结果，函数 map() 不对原序列或迭代器对象做任何修改。

```
>>> list (map (str, range (5)))    # 把列表中元素转换为字符串
['0', '1', '2', '3', '4']
>>> def add5(v):    # 单参数函数，把参数加 5 后返回
    return v+5

>>> list (map (add5, range (10)))    # 把单参数函数映射到序列的所有元素上
[5, 6, 7, 8, 9, 10, 11, 12, 13, 14]
>>> def add(x, y):    # 返回两个参数之和的函数
    return x+y

>>> list (map (add, range(5), range(5,10)))    # 把双参数函数映射到两个序列上
[5, 7, 9, 11, 13]
>>> import random
>>> x= random. randint (1, 1e30)    # 生成指定范围内的随机整数
>>> x
839746558215897242220046223150
>>> list (map (int, str(x)))    # 提取大整数每位上的数字
[8, 3 , 9 , 7, 4, 6, 5 , 5 , 8,2 , 1, 5, 8 , 9, 7 , 2 , 4,2, 2, 2 ,0, 0, 4, 6, 2 , 2, 3 , 1 , 5, 0]
>>> sum(map(int, str(x)))    # 大整数各位数字之和
122
```

（2）标准库 functools 中的函数 reduce() 可以将一个接收 2 个参数的函数以迭代的方式从左到右依次作用到一个序列或迭代器对象的所有元素上，并且允许指定一个初始值。例如，reduce(add, [1, 2, 3, 4, 5]) 在功能上等价于 sum([1, 2, 3, 4, 5])，计算过程为 ((((1+2)+3)+4)+5)，第一次计算时 x=1 而 y=2 得到 1+2，再次计算时 x=(1+2) 而 y=3 得到 (1+2)+3，再次计算时 x=((1+2)+3) 而 y= 得到 ((1+2)+3)+4，以此类推，最终完成计算并返回 ((((1+2)+3)+4)+5) 的值。

```
>>> from functools import reduce
>>> seq=list(range(1, 10))    #range(1, 10) 包含从 1 到 9 的整数
>>> reduce(add, seq)        #add 是上一段代码中定义的函数
45
```

上面实现数字累加的代码运行过程如图 1-44 所示。

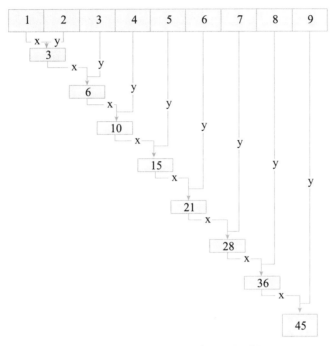

图 1-44　函数 reduce() 代码运行过程

（3）函数 filter() 按照指定的规则对序列中的元素进行过滤，将一个单参数函数作用到一个序列上，返回该序列中使得该函数返回值等价于 True 的那些元素组成的 filter 对象。若指定函数为 None，则返回序列中等价于 True 的元素组成的 filter 对象。

```
>>> seq=[ 'foo', 'x41', '?!', '***']
>>> def func(x):
        return x.isalnum()    # 测试是否为字母或数字

>>> filter (func, seq)   # 返回可迭代的 filter 对象
<filter object at 0x000000000305D898>
>>> list(filter(func, seq))    # 把 filter 对象转换为列表
['foo', 'x41']
>>> seq   # filter() 不对原列表做任何修改
['foo', 'x41 ', '?! ', '***']
>>> list (filter (None, [1, 2, 3, 0, 0, 4, 0, 5]))   # 指定函数为 None
[1, 2, 3, 4, 5]
```

5. 函数 range()

函数 range() 是 Python 中非常有用的一个函数，其语法格式为 range([start,]stop[,step])，有 range(stop)、range(start, stop) 和 range(start，stop，step) 三种用法，参数 start 默认为 0，step 默认为 1。该函数返回具有惰性求值特点的 range 对象，其中包含左闭右开区间 [start，end) 内以 step 为步长的整数。

```
>>> range(5)    #start 默认为 0，step 默认为 1
range(0, 5)
>>> list(range (1, 10, 2))    #指定步长，并转换为列表查看其中的内容
[1, 3, 5, 7, 9]
>>> list(range (9, 0, -2))    #步长可以为负数
[9, 7, 5, 3, 1]
```

在循环结构中，经常使用函数 range() 来控制循环次数，这也是函数 range() 最常见的用法。

```
>>> for i in range(4)：   #循环 4 次
    print(3, end=' ')    #循环体中不是必须使用循环变量
3 3 3 3
```

6. 精彩例题分析与解答

【例 1-4】编写程序，输入一个包含若干自然数的列表，输出一个新列表，要求新列表中只包含原来列表中各位数字之和等于 9 的自然数。

解析：本例主要演示内置函数 eval()、filter()、map() 的用法。

```
x= eval(input(' 请输入包含若干自然数的列表 : '))
result=list:(filter(lambda num: sum(map(int, str(num)))==9, x))
print(result)
```

运行结果：

```
请输入包含若干自然数的列表：[123, 126, 54, 111111111, 27, 18, 9, 11]
[126, 54, 111111111, 27, 18, 9]
```

说明：在 Python 中，lambda 表达式相当于一个简单函数。在左边的代码中，lambda num:sum (map (int, str (num)))==9 相当于这样一个函数，即接收 num 作为参数，然后返回表达式 um(map(int,str(num)))=9 的值。

【例 1-5】编写程序，输入两个字符串，统计第一个字符串中所有字符在第二个字符串中出现的总次数。

解析：本例主要演示内置函数 map() 的用法及 Python 函数式编程模式，用来输出字

符串 s1 中的所有字符在字符串 s2 中出现的总次数，其中 s2.count(ch) 的含义是统计字符 ch 在字符串 s2 中出现的次数。

```
s1=input(' 请输入一个字符串 s1：')
s2=input(' 请再输入一个字符串 s2：')
print('s1 中所有字符在 s2 中出现总次数为：', end=' ')
print(sum(map(lambda ch: s2.count(ch), s1)))
```

运行结果：

请输入一个字符串 S1: Readability counts.
请再输入一个字符串 S2: The Zen of Python.
s1 中所有字符在 s2 中出现总次数为：13

【例 1-6】随着经济的发展，居民存款逐年增长，某地区居民连续几年的年底储蓄总金额如表 1-6 所示。

表 1-6　年底储蓄总金额

	2014	2015	2016	2017	2018
第 t 年	1	2	3	4	5
储蓄总金额 y（亿元）	5	6	7	8	10

要求：计算 y 关于 t 的回归方程 $\hat{y}=\hat{k}t+\hat{b}$ 的斜率和截距，以及这些数据点的总离差，要求保留 3 位小数；用所求的回归方程预测该地区第 6 年的年底储蓄总金额。

解析：如果给定数据点大致分布在一条直线附近，就可以对其进行拟合得到回归直线，使得已知数据点与回归直线的总离差最小。对于所有观察点 t_i，其观察值 y_i 与回归直线上的点 $\hat{y}$ 的距离的平方和 $\sum(y_i-\hat{y})^2$ 称为总离差。这种使得总离差最小的方法称为最小二乘法。

如果使用最小二乘法，那么回归直线的斜率计算公式为：

$$\hat{k}=\frac{\sum_{i=1}^{n}(t_iy_i)-n\overline{t}\overline{y}}{\sum_{i=1}^{n}(t_i^2)-n\overline{t}^2}$$

其中，$\overline{t}$ 表示观察点 t_i 的平均值，$\overline{y}$ 表示观察值 y_i 的平均值；回归直线的截距计算公式为 $\hat{b}=\hat{y}-\hat{k}\overline{t}$。

```
t=(1, 2, 3, 4, 5)
y=(5, 6, 7, 8, 10)
```

```
n = len(t)
tAverage = sum(t)/n
yAverage = sum(y)/n
ly = sum(map(lambda x, y: x*y, t, y)) - n*tAverage*yAverage
lt = sum(map(lambda x:x*x, t)) - n*tAverage*tAverage
# 直线斜率
k= round(ly/lt,3)
# 直线截距
b= round(yAverage - k*tAverage, 3)
print(k,b)
# 计算已知点与回归直线的距离平方和
distance=sum(map(lambda x,y:(k*x+b-y)**2, t, y))
distance=round(distance, 3)
print (distance)
print (round(6*k+b, 3))
```

运行结果：

1.2 3.6

0.4

10.8

【例 1-7】有三个大小和材质完全相同且相距较远的金属球 A、B、C，已知 A 和 B 的电荷量，让不带电荷的 C 先与 A 接触后移开，然后再与 B 接触后移开，此时 C 携带的电荷量是多少？编写程序，输入 A 和 B 的电荷量，输出 C 的电荷量。

解析：当两个金属球接触时，电荷会发生转移，在物体之间重新分布。若接触的两个金属球材质和体积相同，则会平均分配原有的电荷量。注意，若接触的两个金属球携带的电荷异号，则平均分配中和后剩余的电荷量。

```
A= float (input(' 金属球 A 的电荷量：'))
B= float(input(' 金属球 B 的电荷量：'))
C= A/2
C= (B+C) / 2
print(' 金属球 C 的电荷量：', C)
```

运行结果：

金属球 A 的电荷量：10
金属球 B 的电荷量：−10
金属球 C 的电荷量：−2.5

1.5.8 基本输入输出

基本输入和输出是指我们平时从键盘上输入字符，然后在屏幕上显示，如图 1-45 所示。

图 1-45 输入与输出

从第一个 Python 程序开始，我们一直在使用 print() 函数向屏幕上输出一些字符，这就是 Python 的基本输出函数。除了 print() 函数，Python 还提供了一个用于进行标准输入的 input() 函数，用于接收用户从键盘上的输入内容。

1. 使用 input() 函数输入

在 Python 中，使用内置函数 input() 可以接收用户的键盘输入。input() 函数的基本用法如下：

```
variable = input(" 提示文字 ")
```

其中，variable 为保存输入结果的变量，双引号内的文字用于提示要输入的内容。例如，想要接收用户输入的内容，并保存到变量 tip 中，可以使用下面的代码：

```
tip = input(" 请输入文字：")
```

在 Python 3.x 中，无论输入的是数字还是字符，都将被作为字符串读取。如果想要接收数值，需要把接收到的字符串进行类型转换。例如，想要接收整型的数字并保存到变量 age 中，可以使用下面的代码：

```
age = int(input(" 请输入数字："))
```

说明：在 Python 2.x 中，input() 函数接收内容时，数值直接输入即可，并且接收后的内容作为数字类型，而如果要输入字符串类型的内容，需要将对应的字符串使用引号括起来，否则会报错。

【例1-8】根据身高、体重计算 BMI 指数。

代码如下：

```
01  height = float(input(" 请输入您的身高（单位为米）: ")) # 输入身高，单位：米
02  weight = float(input(" 请输入您的体重（单位为千克）: ")) # 输入体重，单位：千克
03  bmi=weight/(height*height) # 用于计算 BMI 指数，公式：BMI= 体重 / 身高的平方
04  print(" 您的 BMI 指数为: "+str(bmi)) # 输出 BMI 指数
05  # 判断身材是否合理
06  if bmi<18.5:
07      print(" 您的体重过轻 ~@_@~")
08  if bmi>=18.5 and bmi<24.9:
09      print(" 正常范围，注意保持 (-_-)")
10  if bmi>=24.9 and bmi<29.9:
11      print(" 您的体重过重 ~@_@~")
12  if bmi>=29.9:
13      print(" 肥胖 ^@_@^")
```

运行结果如图 1-46 所示。

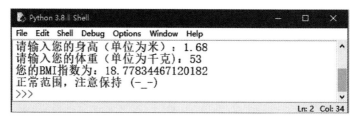

图 1-46　根据身高和体重计算 BMI 指数

2. 使用 print() 函数输出

在默认的情况下，在 Python 中，使用内置的 print() 函数可以将结果输出到 IDLE 或者标准控制台上，其基本语法格式如下：

print(输出内容)

其中，输出内容可以是数字和字符串（字符串需要使用引号括起来），此类内容将直接输出，也可以是包含运算符的表达式，此类内容将计算结果输出。例如：

```
a = 10 # 变量 a，值为 10
b = 6 # 变量 b，值为 6
print(6) # 输出数字 6
print(a*b) # 输出变量 a*b 的结果 60
print(a if a>b else b) # 输出条件表达式的结果 10
print(" 成功的唯一秘诀——坚持最后一分钟 ") # 输出字符串 "成功的唯一秘诀——坚持最后一分钟"
```

多学两招

在 Python 中，默认情况下，一条 print() 语句输出后会自动换行，如果想要一次输出多个内容，而且不换行，可以将要输出的内容使用英文半角的逗号分隔。例如下面的代码将在一行输出变量 a 和 b 的值：print(a,b) # 输出变量 a 和 b，结果为：106。

在输出时，也可以把结果输出到指定文件，例如，将一个字符串"命运给予我们的不是失望之酒，而是机会之杯。"输出到 D:\mot.txt 中，代码如下：

```
fp = open(r'D:\mot.txt','a+') # 打开文件
print(" 命运给予我们的不是失望之酒，而是机会之杯。",file=fp) # 输出到文件中
fp.close() # 关闭文件
```

执行上面的代码后，将在 D 盘根目录下生成一个名称为 mot.txt 的文件，该文件的内容为文字"命运给予我们的不是失望之酒，而是机会之杯。"，如图 1-47 所示。

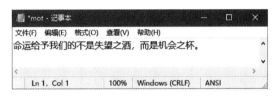

图 1-47　文件 mot.txt 文件的内容

3. 使用 eval() 函数输出

eval(s) 函数是 Python 语言中一个十分重要的函数，它的作用是去掉字符串 s 最外侧的引号，能够以 Python 表达式的方式解析并执行字符串，并将返回结果输出，使用方式如下：

< 变量 >=eval(< 字符串 >)

其中，变量用来保存对字符串内容进行 Python 运算的结果，例如：

```
>>> a=eval("1.2")
>>> a
1.2
```

eval() 函数去掉了字符串 "1.2" 最外侧引号，结果赋值给 a，a 表示一个浮点数 1.2。

```
>>> a=eval("1.2+3.4")
>>> a
4.6
```

eval() 函数去掉了字符串 "1.2+3.4" 最外侧引号，对其内容当中 Python 语句进行运算，运算结果为 4.6，保存到变量 a 中。

```
>>> x=1
>>> eval("x+1")
2
```

eval() 函数去掉了字符串 "x+1" 最外侧引号，对其内容当中 Python 语句进行运算，输出变量 x 和 1 的和，运算结果为 2。

再观察如下三个实例。

```
>>> a=eval("pybook")
Traceback (most recent call last):
  File "<pyshell#0>", line 1, in <module>
    a=eval("pybook")
  File "<string>", line 1, in <module>
NameError: name 'pybook' is not defined

>>> pybook=123
>>> a=eval("pybook")
>>> a
123

>>> a=eval("'pybook'")
>>> a
'pybook'
```

在第一个实例中，当 eval() 函数处理字符串 "pybook" 时，字符串去掉引号后，Python 语句将其解释为一个变量，由于之前没有定义过变量 pybook，因此解释器报错。

在第二个实例中，如果定义变量 pybook 并赋值为 123，则再运行这个语句将没有问题，a 的输出结果是 123。

第三个实例中，当 eval() 函数处理字符串 "'pybook'" 时，eval() 函数去掉最外侧双引号后，内部还有一个引号，'pybook' 被解释为字符串。

eval() 函数经常和 input() 函数一起使用，用来获取用户输入的数字，使用方式如下：

```
< 变量 > =eval(input([ 提示性文字 ]))
```

此时，用户输入的数字，包含小数和负数，input() 解析为字符串，经由 eval() 去掉字符串引号，将直接解析为数字保存到变量中。例如：

```
>>> a=eval(input(" 请输入："))
请输入：123.45
>>> print(a*2)
246.9
```

上述程序等价于：

```
>>> s= input(" 请输入：")
请输入：123.45
>>>a=eval(s)
>>> print(a*2)
246.9
```

1.6 综合案例：Python 小程序

为了让读者能更好地使用 IDLE 进行 Python 程序设计，下面给出三个 10 行内的 Python 小程序，供读者尝试编写练习。

请读者暂时忽略这些实例中程序的具体语法含义，这正是接下来要学习的内容，请使用 IDLE 编辑器编程并运行这些程序，确保它们输出正确结果。

注意：代码中 # 及以后的文字不影响程序执行，可以不用输入。# 后面的文字是注释，仅用来帮助读者理解程序。

【例 1-9】用 Python 程序绘制一个五角红星图形。绘制效果如图 1-48 所示。

图 1-48 Python 程序绘制的五角红星图形

```
#DrawStar.py
from turtle import *
color("red","red")
begin_fill()
for i in range(5):
        fd(200)
        rt(144)
end_fill()
done()
```

【例 1-10】用 Python 程序绘制正方形螺旋线。绘制效果如图 1-49 所示。

```
#Drawsquare.py
import turtle
n = 10
for i in range(1,10,1):
    for j in [90,180,-90,0]:
        turtle.seth(j)
        turtle.fd(n)
```

```
                n += 5      turtle.circle(50)
        turtle.end_fill()
turtle.done()
```

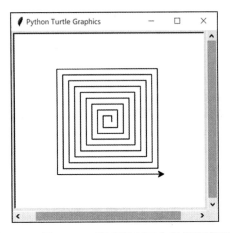

图 1-49　用 Python 程序绘制正方形螺旋线图案

【例 1-11】九九乘法表输出。工整打印输出常用的九九乘法表。

```
for i in range(1,10):
        for j in range(1,i+1):
                print("%d*%d=%d"%(j,i,i*j),end=" ")
        print("")
```

为了让读者更好地感受 Python 语言，这里给出操作示范，请读者打开 IDLE 交互式环境，完成如下操作。

```
>>>1+100
101
>>>2048/1024
2.0
>>>pi=3.1415
>>>2*pi*11
69.113
>>>[10,11]
[10, 11]
>>>10 in [10,11]
True
>>>9 in [10,11]
False
>>>" 这是一个字符串 "
' 这是一个字符串 '
```

```
>>>" 字符串 " in " 这是一个字符串 "
True
>>>print(1+100)
101
>>>print(" 这是一个字符串 ")
这是一个字符串
>>>list(range(5))
[0, 1, 2, 3, 4]
>>>list(range(1,6))
[1, 2, 3, 4, 5]
>>>Is=["a","b","c","d","e"]
>>>print(",".join(Is))
a,b,c,d,e
>>> for i in range(5):
        print(i)
0
1
2
3
4
>>> for i in range(5):
        print(i,end=",")
0,1,2,3,4,
>>>"{}->{}".format("a","l")
'a->l'
```

技能检测：模拟手机充值场景

编写 Python 程序，模拟以下场景：

计算机输出：欢迎使用 ××× 充值业务，请输入充值金额：

用户输入：100

计算机输出：充值成功，您本次充值 100 元。

效果如图 1-50 所示。

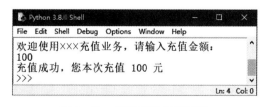

图 1-50　模拟手机充值场景

列表、元组、字典

内容导图

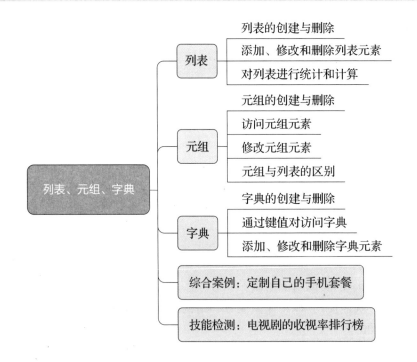

列表、元组、字典

列表
- 列表的创建与删除
- 添加、修改和删除列表元素
- 对列表进行统计和计算

元组
- 元组的创建与删除
- 访问元组元素
- 修改元组元素
- 元组与列表的区别

字典
- 字典的创建与删除
- 通过键值对访问字典
- 添加、修改和删除字典元素

综合案例：定制自己的手机套餐

技能检测：电视剧的收视率排行榜

学习目标

1. 掌握列表、元组、字典的创建与删除。

2. 能够添加、修改和删除相应元素。

3. 理解元组与列表的区别。

4. 能够简单应用列表、元组、字典。

5. 培养学生不怕苦、不怕难，勇于挑战并攻克难题的精神。

2.1 列表

2.1.1 列表的创建与删除

列表的创建可以使用赋值运算符"="：

```
>>> primeOfMersenne=[3,7,31,127,8191,524287]
>>> messageOfCollege=['STIEI'，8000，['Computer'，'Communication'，'Electronics']] # 列表嵌套
>>> emptyList=[]  # 创建空列表
```

也可以使用 list() 函数将元组、range 对象、字符串或其他类型的可迭代对象类型的数据转换来创建：

```
>>> binomialList=list((1，6，15，20，15，6，1))  # 元组类型在讲解
>>> binomialList
[1，6，15，20，15，6，1]
>> rangeList=(range(1,10,2))  #range 对象
>>> rangeList
[1，3，5，7，9]
>>> strList=（' 中业岛是中国领土 '）
>>> print(strList)
中业岛是中国领土
>>> emptyList=list()
```

说明：range() 函数是非常有用的函数，使用频率高，其语法为：

range([start,] stop[,step])

[ ] 为可选项。第一个参数表示起始值（默认为 0），第二个参数表示终止值（结果中不包括这个值），第三个参数表示步长（默认为 1）。Python 2.x 还提供了一个内置函数 xrange()，语法与 range() 函数一样，但返回 xrange 可迭代对象。

```
>>> range(8)
[0，1，2，3，4，5，6，7]
>>> xrange(8)  #xrange 对象
xrange(8)
>>> list(xrange(8))
[0，1，2，3，4，5，6，7]
```

使用 Python 2.x 处理大数据或较大循环时，建议使用 xrange() 函数来控制循环次数

或处理范围，以获得更高效率。

列表推导式也是一种常用的快速生成符合特定要求列表的方式，请参考内容，当不再使用时，使用 del 命令删除整个列表。

```
>>> del strList    # 删除对象
>>> strList
NameError: name 'strList' is not defined
```

2.1.2　添加、修改和删除列表元素

在 Python 中提供了多种创建列表的方法，下面分别进行介绍。

1. 使用赋值运算符直接创建列表

同其他类型的 Python 变量一样，创建列表时，也可以使用赋值运算符"="直接将一个列表赋值给变量，语法格式如下：

```
listname = [element 1,element 2,element 3,…,element n]
```

其中，listname 表示列表的名称，可以是任何符合 Python 命名规则的标识符；"element 1,element 2,element 3,…,element n"表示列表中的元素，个数没有限制，并且只要是 Python 支持的数据类型就可以。

例如，下面定义的列表都是合法的：

```
num = [7,14,21,28,35,42,49,56,63]
verse = [" 自古逢秋悲寂寥 "," 我言秋日胜春朝 "," 晴空一鹤排云上 "," 便引诗情到碧霄 "]
untitle = ['Python',28," 人生苦短，我用 Python",[" 爬虫 "," 自动化运维 "," 云计算 ","Web 开发 "]]
python = [' 优雅 '," 明确 ","' 简单 '"]
```

说明：在使用列表时，虽然可以将不同类型的数据放入到同一个列表中，但是通常情况下，我们不这样做，而是在一个列表中只放入一种类型的数据。这样可以提高程序的可读性。

2. 创建空列表

在 Python 中，也可以创建空列表，例如，要创建一个名称为 emptylist 的空列表，可以使用下面的代码：

```
emptylist = [ ]
```

3. 创建数值列表

在 Python 中，数值列表很常用。例如，在考试系统中记录学生的成绩，或者在游戏中记录每个角色的位置、各个玩家的得分情况等都可应用数值列表。在 Python 中，可以使用 list() 函数直接将 range() 函数循环出来的结果转换为列表。

list() 函数的基本语法如下：

list(data)

其中，data 表示可以转换为列表的数据，其类型可以是 range 对象、字符串、元组或者其他可迭代类型的数据。

例如，创建一个 10 ～ 20 之间（不包括 20）所有偶数的列表，可以使用下面的代码：

list(range(10, 20, 2))

运行上面的代码后，将得到下面的列表：

[10, 12, 14, 16, 18]

说明：使用 list() 函数不仅能通过 range 对象创建列表，还可以通过其他对象创建列表。

4. 删除列表

对于已经创建的列表，不再使用时，可以使用 del 语句将其删除。语法格式如下：

del listname

其中，listname 为要删除列表的名称。说明：del 语句在实际开发时，并不常用。因为 Python 自带的垃圾回收机制会自动销毁不用的列表，所以即使我们不手动将其删除，Python 也会自动将其回收。

例如，定义一个名称为 team 的列表，然后再应用 del 语句将其删除，可以使用下面的代码：

team = [" 皇马 "," 罗马 "," 利物浦 "," 拜仁 "]
del team

常见错误：在删除列表前，一定要保证输入的列表名称是已经存在的，否则将出现如图 2-1 所示的错误。

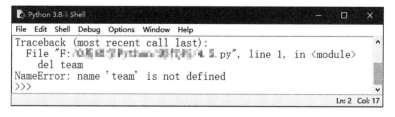

图 2-1 删除的列表不存在产生的异常信息

2.1.3 对列表进行统计和计算

Python 的列表提供了内置的一些函数来实现统计、计算的功能。下面介绍几种常用的功能。

1. 获取指定元素出现的次数

使用列表对象的 count() 方法可以获取指定元素在列表中的出现次数。基本语法格式如下：

listname.count(obj)

参数说明：

☆ listname：表示列表的名称。

☆ obj：表示要判断是否存在的对象，这里只能进行精确匹配，即不能是元素值的一部分。

☆返回值：元素在列表中出现的次数。

例如，创建一个列表，内容为听众点播的歌曲列表，然后应用列表对象的 count() 方法判断元素"云在飞"出现的次数，代码如下：

```
song = [" 云在飞 "," 我在诛仙逍遥涧 "," 送你一匹马 "," 半壶纱 "," 云在飞 "," 遇见你 "," 等你等了那么久 "]
num = song.count(" 云在飞 ")
print(num)
```

上面的代码运行后，结果将显示为 2，表示"云在飞"在 song 列表中出现了两次。

2. 获取指定元素首次出现的下标

使用列表对象的 index() 方法可以获取指定元素在列表中首次出现的位置（即索引）。基本语法格式如下：

listname.index(obj)

参数说明：

☆ listname：表示列表的名称。

☆ obj：表示要查找的对象，这里只能进行精确匹配。如果指定的对象不存在时，则抛出如图 2-2 所示的异常。

☆返回值：首次出现的索引值。

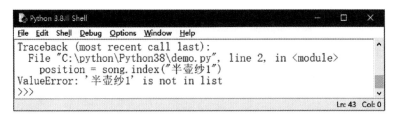

图 2-2　查找对象不存在时抛出的异常

例如，创建一个列表，内容为听众点播的歌曲列表，然后应用列表对象的 index() 方法判断元素"半壶纱"首次出现的位置，代码如下：

```
song = [" 云在飞 "," 我在诛仙逍遥涧 "," 送你一匹马 "," 半壶纱 "," 云在飞 "," 遇见你 "," 等你等了那么久 "]
position = song.index(" 半壶纱 ")
print(position)
```

上面的代码运行后，将显示 3，表示"半壶纱"在列表 song 中首次出现的索引位置是 3。

3. 统计数值列表的元素和

在 Python 中，提供了 sum() 函数用于统计数值列表中各元素的和。语法格式如下：

```
sum(iterable[,start])
```

参数说明：

☆ iterable：表示要统计的列表。

☆ start：表示统计结果是从哪个数开始（即将统计结果加上 start 所指定的数），是可选参数，如果没有指定，默认值为 0。

例如，定义一个保存 10 名学生语文成绩的列表，然后应用 sum() 函数统计列表中元素的和，即统计总成绩，然后输出，代码如下：

```
grade = [98,99,97,100,100,96,94,89,95,100] # 10 名学生的语文成绩列表
total = sum(grade) # 计算总成绩
print(" 语文总成绩为： ",total)
```

上面的代码执行后，将显示下面的结果：

```
语文总成绩为：968
```

2.2 元组

元组（tuple）是 Python 中另一个重要的序列结构，与列表类似，也是由一系列按特定顺序排列的元素组成，但是它是不可变序列。因此，元组也可以称为不可变的列表。在形式上，元组的所有元素都放在一对" ()"中，两个相邻元素间使用"，"分隔。在内容上，可以将整数、实数、字符串、列表、元组等任何类型的内容放入到元组中，并且在同一个元组中，元素的类型可以不同，因为它们之间没有任何关系。通常情况下，元组用于保存程序中不可修改的内容。

说明：从元组和列表的定义上看，这两种结构比较相似，二者之间的主要区别为：

元组是不可变序列，列表是可变序列，即元组中的元素不可以单独修改，而列表则可以任意修改。

2.2.1　元组的创建与删除

在 Python 中提供了多种创建元组的方法，下面分别进行介绍。

1. 使用赋值运算符直接创建元组

同其他类型的 Python 变量一样，创建元组时，也可以使用赋值运算符" ＝"直接将一个元组赋值给变量。语法格式如下：

tuplename = (element 1,element 2,element 3,…,element n)

其中，tuplename 表示元组的名称，可以是任何符合 Python 命名规则的标识符；element 1、element 2、element 3、element n 表示元组中的元素，个数没有限制，并且只要为 Python 支持的数据类型就可以。

注意：创建元组的语法与创建列表的语法类似，只是创建列表时使用的是" []"，而创建元组时使用的是"()"。

例如，下面定义的都是合法的元组：

num = (7,14,21,28,35,42,49,56,63)
ukguzheng = (" 渔舟唱晚 "," 高山流水 "," 出水莲 "," 汉宫秋月 ")
untitle = ('Python',28,(" 人生苦短 "," 我用 Python"),[" 爬虫 "," 自动化运维 "," 云计算 ","Web 开发 "])
python = (' 优雅 '," 明确 ","' 简单 '")

在 Python 中，元组使用一对小括号将所有的元素括起来，但是小括号并不是必需的，只要将一组值用逗号分隔开来，Python 就可以视其为元组。例如，下面的代码定义的也是元组：

ukguzheng = " 渔舟唱晚 "," 高山流水 "," 出水莲 "," 汉宫秋月 "

在 IDLE 中输出该元组后，将显示以下内容：

(' 渔舟唱晚 ',' 高山流水 ',' 出水莲 ',' 汉宫秋月 ')

如果要创建的元组只包括一个元素，则需要在定义元组时，在元素的后面加一个逗号" ，"。例如，下面的代码定义的就是包括一个元素的元组：

verse1 = (" 一片冰心在玉壶 ",)

在 IDLE 中输出 verse1，将显示以下内容：

(' 一片冰心在玉壶 ',)

而下面的代码，则表示定义一个字符串：

verse2 = (" 一片冰心在玉壶 ")

在 IDLE 中输出 verse2，将显示以下内容：

一片冰心在玉壶

说明：在 Python 中，可以使用 type() 函数测试变量的类型，如下面的代码：

verse1 = (" 一片冰心在玉壶 ",)print("verse1 的类型为 ",type(verse1))
verse2 = (" 一片冰心在玉壶 ")print("verse2 的类型为 ",type(verse2))

在 IDLE 中执行上面的代码，将显示以下内容：

verse1 的类型为 <class 'tuple'>
verse2 的类型为 <class 'str'>

2. 创建空元组

在 Python 中，也可以创建空元组，例如，创建一个名称为 emptytuple 的空元组，可以使用下面的代码：

emptytuple = ()

空元组可以应用在为函数传递一个空值或者返回空值时。例如，定义一个函数必须传递一个元组类型的值，而我们还不想为它传递一组数据，那么就可以创建一个空元组传递给它。

3. 创建数值元组

在 Python 中，可以使用 tuple() 函数直接将 range() 函数循环出来的结果转换为数值元组。

tuple() 函数的基本语法如下：

tuple(data)

其中，data 表示可以转换为元组的数据，其类型可以是 range 对象、字符串、元组或者其他可迭代类型的数据。

例如，创建一个 10 ～ 20（不包括 20）所有偶数的元组，可以使用下面的代码：

tuple(range(10, 20, 2))

运行上面的代码后，将得到下面的列表：

(10, 12, 14, 16, 18)

说明：使用 tuple() 函数不仅能通过 range 对象创建元组，还可以通过其他对象创建元组。

4. 删除元组

对于已经创建的元组，不再使用时，可以使用 del 语句将其删除。语法格式如下：

del tuplename

其中，tuplename 为要删除元组的名称。

说明：del 语句在实际开发时，并不常用。因为 Python 自带的垃圾回收机制会自动销毁不用的元组，所以即使我们不手动将其删除，Python 也会自动将其回收。

例如，定义一个名称为 verse 的元组，然后再应用 del 语句将其删除，可以使用下面的代码：

```
verse = (" 春眠不觉晓 ","Python 不得了 "," 夜来爬数据 "," 好评知多少 ")
del verse
```

【例 2-1】使用元组保存咖啡馆里提供的咖啡名称。

假设有一家伊米咖啡馆，只提供 6 种咖啡，并且不会改变。请使用元组保存该咖啡馆里提供的咖啡名称。

在 IDLE 中创建一个名称为 cafe_coffeename.py 的文件，然后在该文件中定义一个包含 6 个元素的元组，内容为伊米咖啡馆里的咖啡名称，并且输出该元组，代码如下：

```
01  coffeename = (' 蓝山 ',' 卡布奇诺 ',' 曼特宁 ',' 摩卡 ',' 麝香猫 ',' 哥伦比亚 ') # 定义元组
02  print(coffeename) # 输出元组
```

运行结果如图 2-3 所示。

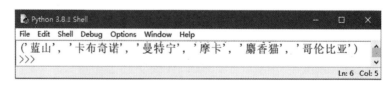

图 2-3　使用元组保存咖啡馆里提供的咖啡名称

2.2.2　访问元组元素

在 Python 中，如果想将元组的内容输出也比较简单，可以直接使用 print() 函数即可。例如，要想打印上面元组中的 untitle 元组，可以使用下面的代码：

untitle = ('Python',28,(" 人生苦短 "," 我用 Python"),[" 爬虫 "," 自动化运维 "," 云计算 ","Web 开发 "])
print(untitle)

执行结果如下：

('Python', 28, (' 人生苦短 ', ' 我用 Python'), [' 爬虫 ', ' 自动化运维 ', ' 云计算 ', 'Web 开发 '])

从上面的执行结果中可以看出，在输出元组时，是包括左右两侧的小括号的。如果不想要输出全部的元素，也可以通过元组的索引获取指定的元素。例如，要获取元组 untitle 中索引为 0 的元素，可以使用下面的代码：

print(untitle[0])

执行结果如下：

Python

从上面的执行结果中可以看出，在输出单个元组元素时，不包括小括号，如果是字符串，还不包括左右的引号。

另外，对于元组也可以采用切片方式获取指定的元素。例如，要访问元组 untitle 中前 3 个元素，可以使用下面的代码：

print(untitle[:3])

执行结果如下：

('Python', 28, (' 人生苦短 ', ' 我用 Python'))

同列表一样，元组也可以使用 for 循环进行遍历。下面通过一个具体的实例演示如何通过 for 循环遍历元组。

【例 2-2】使用 for 循环列出咖啡馆里的咖啡名称。

伊米咖啡馆，这时有客人到了，服务员向客人介绍该店提供的咖啡。在 IDLE 中创建一个名称为 cafe_coffeename.py 的文件，然后在该文件中，定义一个包含 6 个元素的元组，内容为伊米咖啡馆里的咖啡名称，然后应用 for 循环语句输出每个元组元素的值，即咖啡名称，并且在后面加上"咖啡"二字，代码如下：

```
01  coffeename = (' 蓝山 ',' 卡布奇诺 ',' 曼特宁 ',' 摩卡 ',' 麝香猫 ',' 哥伦比亚 ')  # 定义元组
02  print(" 您好，欢迎光临 ~ 伊米咖啡馆 ~\n\n 我店有 :\n")
03  for name in coffeename:  # 遍历元组
04      print(name + " 咖啡 ",end = " ")
```

运行结果如图 2-4 所示。

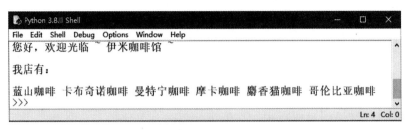

图 2-4　使用元组保存咖啡馆里提供的咖啡名称

另外，元组还可以使用 for 循环和 enumerate() 函数结合进行遍历。下面通过一个具体的实例演示如何在 for 循环中通过 enumerate() 函数遍历元组。

说明：enumerate() 函数用于将一个可遍历的数据对象（如列表或元组）组合为一个索引序列，同时列出数据和数据下标，一般在 for 循环中使用。

2.2.3　修改元组元素

【例 2-3】将麝香猫咖啡替换为拿铁咖啡。

伊米咖啡馆，由于麝香猫咖啡需求量较大，库存不足，店长想把它换成拿铁咖啡。在 IDLE 中创建一个名称为 cafe_replace.py 的文件，然后在该文件中，定义一个包含 6 个元素的元组，内容为伊米咖啡馆里的咖啡名称，然后修改其中的第 5 个元素的内容为"拿铁"，代码如下：

```
01  coffeename = (' 蓝山 ',' 卡布奇诺 ',' 曼特宁 ',' 摩卡 ',' 麝香猫 ',' 哥伦比亚 ') # 定义元组
02  coffeename[4] = ' 拿铁 ' # 将"麝香猫"替换为"拿铁"
03  print(coffeename)
```

运行结果如图 2-5 所示。

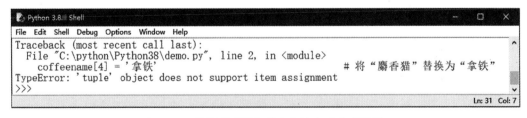

图 2-5　替换麝香猫咖啡为拿铁咖啡出现异常

元组是不可变序列，所以我们不能对它的单个元素值进行修改。但是元组也不是完全不能修改。我们可以对元组进行重新赋值。例如，下面的代码是允许的：

```
01  coffeename = (' 蓝山 ',' 卡布奇诺 ',' 曼特宁 ',' 摩卡 ',' 麝香猫 ',' 哥伦比亚 ') # 定义元组
02  coffeename = (' 蓝山 ',' 卡布奇诺 ',' 曼特宁 ',' 摩卡 ',' 拿铁 ',' 哥伦比亚 ') # 对元组进行重新赋值
03  print(" 新元组 ",coffeename)
```

执行结果如下：

新元组 ('蓝山','卡布奇诺','曼特宁','摩卡','拿铁','哥伦比亚')

从上面的执行结果可以看出，元组 coffeename 的值已经改变。

另外，还可以对元组进行连接组合。例如，可以使用下面的代码实现在已经存在的元组结尾处添加一个新元组。

```
01  ukguzheng = ('蓝山','卡布奇诺','曼特宁','摩卡')
02  print("原元组：",ukguzheng)
03  ukguzheng = ukguzheng + ('麝香猫','哥伦比亚')
04  print("组合后：",ukguzheng)
```

执行结果如下：

原元组：('蓝山','卡布奇诺','曼特宁','摩卡')
组合后：('蓝山','卡布奇诺','曼特宁','摩卡','麝香猫','哥伦比亚')

注意：在进行元组连接时，连接的内容必须都是元组。不能将元组和字符串或者列表进行连接。例如，下面的代码就是错误的。

ukguzheng = ('蓝山','卡布奇诺','曼特宁','摩卡')
ukguzheng = ukguzheng + ['麝香猫','哥伦比亚']

常见错误：在进行元组连接时，如果要连接的元组只有一个元素时，一定不要忘记后面的逗号。例如，使用下面的代码将产生如图 2-6 所示的错误。

ukguzheng = ('蓝山','卡布奇诺','曼特宁','摩卡')
ukguzheng = ukguzheng + ('麝香猫')

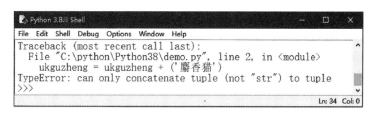

图 2-6　在进行元组连接时产生的异常

2.2.4　元组与列表的区别

元组和列表都属于序列，而且它们又都可以按照特定顺序存放一组元素，类型又不受限制，只要是 Python 支持的类型都可以。那么它们之间有什么区别呢？

列表类似于我们用铅笔在纸上写下自己喜欢的歌词，写错了还可以擦掉；而元组则类似于用钢笔写下的歌词，写错了就擦不掉了，除非换一张纸重写。

列表和元组的区别主要体现在以下几个方面：

（1）列表属于可变序列，它的元素可以随时修改或者删除；元组属于不可变序列，其中的元素不可以修改，除非整体替换。

（2）列表可以使用 append()、extend()、insert()、remove() 和 pop() 等方法实现添加和修改列表元素，而元组没有这几个方法，所以不能向元组中添加和修改元素。同样，元组也不能删除元素。

（3）列表可以使用切片访问和修改列表中的元素。元组也支持切片，但是它只支持通过切片访问元组中的元素，不支持修改。

（4）元组比列表的访问和处理速度快，所以当只是需要对其中的元素进行访问，而不进行任何修改时，建议使用元组。

（5）列表不能作为字典的键，而元组则可以。

2.3　字典

在 Python 中，字典与列表类似，也是可变序列，不过与列表不同，它是无序的可变序列，保存的内容是以"键 - 值对"的形式存放的。这类似于《新华字典》，它可以把拼音和汉字关联起来，通过音节表可以快速找到想要的汉字。其中《新华字典》里的音节表相当于键（key），而对应的汉字，相当于值（value）。键是唯一的，而值可以有多个。字典在定义一个包含多个命名字段的对象时，很有用。

字典的主要特征如下：

（1）通过键而不是通过索引来读取。

字典有时也称为关联数组或者散列表（hash）。它是通过键将一系列的值联系起来的，这样就可以通过键从字典中获取指定项，但不能通过索引来获取。

（2）字典是任意对象的无序集合。

字典是无序的，各项是从左到右随机排序的，即保存在字典中的项没有特定的顺序，这样可以提高查找效率。

（3）字典是可变的，并且可以任意嵌套。

字典可以在原处增长或者缩短（无须生成一个副本），并且它支持任意深度的嵌套（即它的值可以是列表或者其他的字典）。

（4）字典中的键必须唯一。

不允许同一个键出现两次，如果出现两次，则后一个值会被记住。

（5）字典中的键必须不可变。

字典中的键是不可变的，所以可以使用数字、字符串或者元组，但不能使用列表。

说明：Python 中的字典相当于 Java 或者 C++ 中的 Map 对象。

2.3.1 字典的创建与删除

定义字典时，每个元素都包含两个部分"键"和"值"。以水果名称和价格的字典为例，键为水果名称，值为水果价格，如图 2-7 所示。

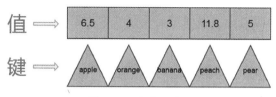

图 2-7　字典示意图

创建字典时，在"键"和"值"之间使用冒号分隔，相邻两个元素使用逗号分隔，所有元素放在一对"{}"中。语法格式如下：

dictionary = {'key1':'value1', 'key2':'value2', …, 'keyn':'valuen',}

参数说明：

☆ dictionary：表示字典名称。

☆ key1、key2…keyn：表示元素的键，必须是唯一的，并且不可变，例如，可以是字符串、数字或者元组。

☆ value1、value2…valuen：表示元素的值，可以是任何数据类型，不是必须唯一的。

例如，创建一个保存通讯录信息的字典，可以使用下面的代码：

dictionary = {'qq':'84978981',' 海林科技 ':'84978982',' 无语 ':'0431-84978981'}print(dictionary)

执行结果如下：

{'qq': '84978981', ' 海林科技 ': '84978982', ' 无语 ': '0431-84978981'}

同列表和元组一样，也可以创建空字典。在 Python 中，可以使用下面两种方法创建空字典：

dictionary = {}

或者：

dictionary = dict()

Python 中的 dict() 方法除可以创建一个空字典外，还可以通过已有数据快速创建字典。主要表现为以下两种形式：

1. 通过映射函数创建字典

通过映射函数创建字典的语法如下：

dictionary = dict(zip(list1,list2))

参数说明：

☆ dictionary：表示字典名称。

☆ zip() 函数：用于将多个列表或元组对应位置的元素组合为元组，并返回包含这些内容的 zip 对象。如果想获取元组，可以将 zip 对象使用 tuple() 函数转换为元组；如果想获取列表，则可以使用 list() 函数将其转换为列表。

说明：在 Python 2.x 中，zip() 函数返回的内容为包含元组的列表。

☆ list1：一个列表，用于指定要生成字典的键。

☆ list2：一个列表，用于指定要生成字典的值。如果 list1 和 list2 的长度不同，则与最短的列表长度相同。

【例 2-4】创建一个保存女同学星座的字典。

某大学的寝室里住着 4 位女同学，将她们的名字保存在一个列表中，将她们每个人的星座对应保存在另一个列表中。

在 IDLE 中创建一个名称为 sign_create.py 的文件，然后在该文件中，定义两个包括 4 个元素的列表，再应用 dict() 函数和 zip() 函数将前两个列表转换为对应的字典，并且输出该字典，代码如下：

```
01  name = [' 绮梦 ',' 冷伊一 ',' 香凝 ',' 黛兰 '] # 作为键的列表
02  sign = [' 水瓶座 ',' 射手座 ',' 双鱼座 ',' 双子座 '] # 作为值的列表
03  dictionary = dict(zip(name,sign)) # 转换为字典
04  print(dictionary) # 输出转换后字典
```

运行实例后，将显示如图 2-8 所示的结果。

图 2-8　创建一个保存女同学星座的字典

2. 通过给定的关键字参数创建字典

通过给定的关键字参数创建字典的语法如下：

dictionary = dict(key1=value1,key2=value2,…,keyn=valuen)

参数说明：

☆ dictionary：表示字典名称。

☆ key1,key2,…,keyn：表示参数名，必须是唯一的，并且符合 Python 标识符的命名规则。该参数名会转换为字典的键。

☆ value1,value2,…,valuen：表示参数值，可以是任何数据类型，不必须唯一。该参数值将被转换为字典的值。

例如，将例 2-4 中的名字和星座以关键字参数的形式创建一个字典，可以使用下面的代码：

```
dictionary =dict( 绮梦 =' 水瓶座 ',冷伊一 =' 射手座 ',香凝 =' 双鱼座 ',黛兰 =' 双子座 ')print(dictionary)
```

在 Python 中，还可以使用 dict 对象的 fromkeys() 方法创建值为空的字典，语法如下：

```
dictionary = dict.fromkeys(list1)
```

参数说明：

☆ dictionary：表示字典名称。

☆ list1：作为字典的键的列表。

例如，创建一个只包括名字的字典，可以使用下面的代码：

```
name_list = [' 绮梦 ',' 冷伊一 ',' 香凝 ',' 黛兰 '] # 作为键的列表
dictionary = dict.fromkeys(name_list)
print(dictionary)
```

执行结果如下：

```
{' 绮梦 ': None, ' 冷伊一 ': None, ' 香凝 ': None, ' 黛兰 ': None}
```

另外，还可以通过已经存在的元组和列表创建字典。例如，创建一个保存名字的元组和保存星座的列表，通过它们创建一个字典，可以使用下面的代码：

```
name_tuple = (' 绮梦 ',' 冷伊一 ',' 香凝 ',' 黛兰 ') # 作为键的元组
sign = [' 水瓶座 ',' 射手座 ',' 双鱼座 ',' 双子座 '] # 作为值的列表
dict1 = {name_tuple:sign} # 创建字典
print(dict1)
```

执行结果如下：

```
{(' 绮梦 ',' 冷伊一 ',' 香凝 ',' 黛兰 '): [' 水瓶座 ',' 射手座 ',' 双鱼座 ',' 双子座 ']}
```

如果将作为键的元组修改为列表，再创建一个字典，代码如下：

```
name_list = [' 绮梦 ',' 冷伊一 ',' 香凝 ',' 黛兰 '] # 作为键的列表
```

```
sign = [' 水瓶座 ',' 射手座 ',' 双鱼座 ',' 双子座 '] # 作为值的列表
dict1 = {name_list:sign} # 创建字典
print(dict1)
```

执行结果如图 2-9 所示。

```
Traceback (most recent call last):
  File "E:\program\Python\Code\test.py", line 16, in <module>
    dict1 = {name_list:sign}          # 创建字典
TypeError: unhashable type: 'list'
>>>
```

图 2-9 将列表作为字典的键产生的异常

同列表和元组一样，不再需要的字典也可以使用 del 命令删除整个字典。例如，通过下面的代码即可将已经定义的字典删除。

```
del dictionary
```

另外，如果只是想删除字典的全部元素，可以使用字典对象的 clear() 方法实现。执行 clear() 方法后，原字典将变为空字典。例如，下面的代码将清除字典的全部元素。

```
dictionary.clear()
```

除了上面介绍的方法可以删除字典元素，还可以使用字典对象的 pop() 方法删除并返回指定"键"的元素，以及使用字典对象的 popitem() 方法删除并返回字典中的一个元素。

2.3.2 通过键值对访问字典

在 Python 中，如果想将字典的内容输出也比较简单，可以直接使用 print() 函数。例如，要想打印例 2-4 中定义的 dictionary 字典，则可以使用下面的代码：

```
print(dictionary)
```

执行结果如下：

```
{' 绮梦 ':' 水瓶座 ',' 冷伊一 ':' 射手座 ',' 香凝 ':' 双鱼座 ',' 黛兰 ':' 双子座 '}
```

但是，在使用字典时，很少直接输出它的内容。一般需要根据指定的键得到相应的结果。在 Python 中，访问字典的元素可以通过下标的方式实现，与列表和元组不同，这里的下标不是索引号，而是键。例如，想要获取"冷伊一"的星座，可以使用下面的代码：

```
print(dictionary[' 冷伊一 '])
```

执行结果如下：

射手座

在使用该方法获取指定键的值时，如果指定的键不存在，就会抛出如图 2-10 所示的异常。

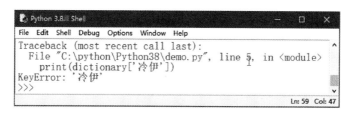

图 2-10　获取指定键不存在时抛出异常

在实际开发中，我们可能不知道当前存在什么键，所以需要避免该异常的产生。具体的解决方法是使用 if 语句对不存在的情况进行处理，即设置一个默认值。例如，可以将上面的代码修改为以下内容：

print(" 冷伊的星座是：",dictionary[' 冷伊 '] if ' 冷伊 ' in dictionary else ' 我的字典里没有此人 ')

当"冷伊"不存在时，将显示以下内容：

冷伊的星座是：我的字典里没有此人

另外，Python 中推荐的方法是使用字典对象的 get() 方法获取指定键的值，语法格式如下：

dictionary.get(key[,default])

参数说明：
☆ dictionary：为字典对象，即要从中获取值的字典。
☆ key：为指定的键。
☆ default：为可选项，用于指定当指定的"键"不存在时，返回一个默认值，如果省略，则返回 None。
例如，通过 get() 方法获取"冷伊一"的星座，可以使用下面的代码：

print(" 冷伊一的星座是：",dictionary.get(' 冷伊一 '))

执行结果如下：

冷伊一的星座是：射手座

说明：为了解决在获取指定键的值时，因不存在该键而导致抛出异常，可以为 get() 方法设置默认值，这样当指定的键不存在时，得到结果就是指定的默认值。例如，将上面的代码修改为以下内容：

print(" 冷伊的星座是：",dictionary.get(' 冷伊 ',' 我的字典里没有此人 '))

将得到以下结果：

冷伊的星座是：我的字典里没有此人

【例 2-5】根据星座测试性格特点。

将某大学寝室里的 4 位女同学的名字和星座保存在一个字典里，然后再定义一个保存各个星座性格特点的字典，根据这两个字典获取某位女同学的性格特点。

在 IDLE 中创建一个名称为 sign_get.py 的文件，然后在该文件中创建两个字典，一个保存名字和星座，另一个保存星座和性格特点，最后从这两个字典中取出相应的信息组合出想要的结果，并输出，代码如下：

```
01  name = [' 绮梦 ',' 冷伊一 ',' 香凝 ',' 黛兰 '] # 作为键的列表
02  sign_person = [' 水瓶座 ',' 射手座 ',' 双鱼座 ',' 双子座 '] # 作为值的列表
03  person_dict = dict(zip(name,sign_person)) # 转换为个人字典
04  sign_all =[' 白羊座 ',' 金牛座 ',' 双子座 ',' 巨蟹座 ',' 狮子座 ',' 处女座 ',' 天秤座 ',' 天蝎座 ',' 射手座 ',' 摩羯座 ',' 水瓶座 ',' 双鱼座 ']
05  nature = [' 有一种让人看见就觉得开心的感觉，阳光、乐观、坚强，性格直来直去，就是有点小脾气。',
06          ' 很保守，喜欢稳定，一旦有什么变动就会觉得心里不踏实，性格比较慢热，是个理财高手。',
07          ' 喜欢追求新鲜感，有点小聪明，耐心不够，因你的可爱性格会让很多人喜欢和你做朋友。',
08          ' 情绪容易敏感，缺乏安全感，做事情有坚持到底的毅力，为人重情重义，对朋友和家人特别忠实。',
09          ' 有着远大的理想，总想靠自己的努力成为人上人，总是期待被仰慕被崇拜的感觉。',
10          ' 坚持追求自己的完美主义者。',
11          ' 追求平等、和谐，交际能力强，因此朋友较多。最大的缺点就是面对选择总是犹豫不决。',
12          ' 精力旺盛，占有欲强，对于生活很有目标，不达目的誓不罢休，复仇心重。',
13          ' 崇尚自由，勇敢、果断、独立，身上有一股勇往直前的劲儿，只要想做，就能做。',
14          ' 是最有耐心的，做事最小心。做事脚踏实地，比较固执，不达目的不罢休，而且非常勤奋。',
15          ' 人很聪明，最大的特点是创新，追求独一无二的生活，个人主义色彩很浓重的星座。',
16          ' 集所有星座的优缺点于一身。最大的优点是有一颗善良的心，愿意帮助别人。']
17  sign_dict = dict(zip(sign_all,nature)) # 转换为星座字典
18  print("【香凝】的星座是 ",person_dict.get(" 香凝 ")) # 输出星座
19  print("\n 她的性格特点是 :\n\n",sign_dict.get(person_dict.get(" 香凝 "))) # 输出性格特点
```

运行例 2-5 后，将显示如图 2-11 所示的结果。

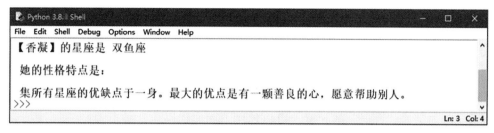

图 2-11　输出某个人的星座和性格特点

2.3.3　添加、修改和删除字典元素

由于字典是可变序列，所以可以随时在字典中添加"键－值对"。向字典中添加元素的语法格式如下：

dictionary[key] = value

参数说明：

☆ dictionary：表示字典名称。

☆ key：表示要添加元素的键，必须是唯一的，并且不可变，例如可以是字符串、数字或者元组。

☆ value：表示元素的值，可以是任何数据类型，不是必须唯一的。

例如，还以保存 4 位女同学星座的场景为例，在创建的字典中添加一个元素，并显示添加后的字典，代码如下：

```
dictionary =dict((('绮梦 ',' 水瓶座 '),(' 冷伊一 ',' 射手座 '), (' 香凝 ',' 双鱼座 '), (' 黛兰 ',' 双子座 ')))
dictionary[" 碧琦 "] = " 巨蟹座 " # 添加一个元素 print(dictionary)
```

执行结果如下：

```
{'绮梦 ':' 水瓶座 ',' 冷伊一 ':' 射手座 ',' 香凝 ':' 双鱼座 ',' 黛兰 ':' 双子座 ',' 碧琦 ':' 巨蟹座 '}
```

从上面的结果中可以看到，字典中又添加了一个键为"碧琦"的元素。

由于在字典中，"键"必须是唯一的，如果新添加元素的"键"与已经存在的"键"重复，那么将使用新的"值"替换原来该"键"的值，这也相当于修改字典的元素。例如，再添加一个"键"为"香凝"的元素，设置她的星座为"天蝎座"。可以使用下面的代码：

```
dictionary =dict((('绮梦 ',' 水瓶座 '),(' 冷伊一 ',' 射手座 '), (' 香凝 ',' 双鱼座 '), (' 黛兰 ',' 双子座 ')))
dictionary[" 香凝 "] = " 天蝎座 " # 添加一个元素，当元素存在时，则相当于修改功能
print(dictionary)
```

执行结果如下：

{'绮梦':'水瓶座','冷伊一':'射手座','香凝':'天蝎座','黛兰':'双子座'}

从上面的结果可以看到，字典中并没有添加一个新的"键"—"香凝"，而是直接对"香凝"进行了修改。

当字典中的某一个元素不需要时，可以使用 del 命令将其删除。例如，要删除字典 dictionary 中的键为"香凝"的元素，可以使用下面的代码：

```
dictionary =dict((('绮梦','水瓶座'),('冷伊一','射手座'), ('香凝','双鱼座'), ('黛兰','双子座')))
del dictionary[" 香凝 "] # 删除一个元素
print(dictionary)
```

执行结果如下：

{'绮梦':'水瓶座','冷伊一':'射手座','黛兰':'双子座'}

从上面的执行结果中可以看到，在字典 dictionary 中只剩下 3 个元素了。

注意：当删除一个不存在的键时，将抛出如图 2-12 所示的异常。

```
Traceback (most recent call last):
  File "E:\program\Python\Code\test.py", line 7, in <module>
    del dictionary["香凝1"]     # 删除一个元素
KeyError: '香凝1'
>>>
```

图 2-12　异常效果

因此，为防止删除不存在的元素时抛出异常，可将上面的代码修改成如下内容：

```
dictionary =dict((('绮梦','水瓶座'),('冷伊一','射手座'), ('香凝','双鱼座'), ('黛兰','双子座')))
if " 香凝 1" in dictionary: # 如果存在
    del dictionary[" 香凝 1"] # 删除一个元素
print(dictionary)
```

2.4　综合案例：定制自己的手机套餐

假设我们可以根据需求定制自己的手机套餐，可选项为话费、流量和短信。假设有如下设置：

话费：0 分钟、50 分钟、100 分钟、300 分钟、不限量。

流量：0M、500M、1G、5G、不限量。

短信：0 条、50 条、100 条。

最后将用户选择的内容搭配为一个套餐输出，效果如图 2-13 所示。

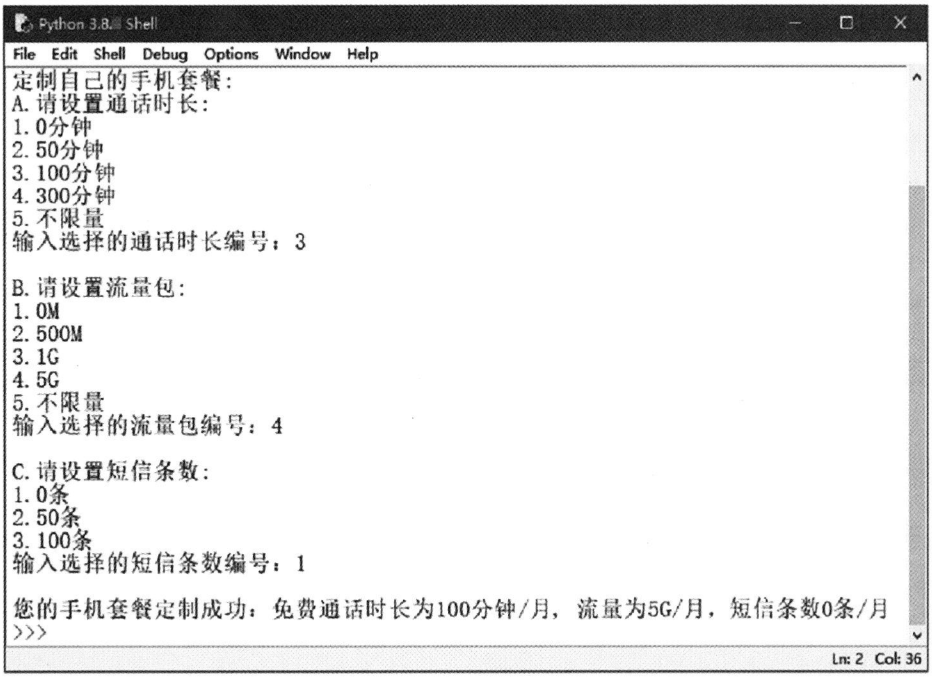

图 2-13　定制自己的手机套餐效果示意

```
print(" 定制自己的手机套餐：")
timer = ["0 分钟 ", "50 分钟 ", "100 分钟 ", "300 分钟 ", " 不限量 "]
flow = ["0M", "500M", "1G", "5G", " 不限量 "]
message = ["0 条 ", "50 条 ", "100 条 "]
print("A. 请设置通话时长：")
for index,item in enumerate(timer):
    print(str(index + 1) + '.', item)
charges_num = input(" 输入选择的通话时长编号：")
if charges_num == "1":
    timer_c = timer[0]
if charges_num == "2":
    timer_c = timer[1]
if charges_num == "3":
    timer_c = timer[2]
if charges_num == "4":
    timer_c = timer[3]
if charges_num == "5":
    timer_c = timer[4]
print("B. 请设置流量包：")
```

```
for index,item in enumerate(flow):
    print(str(index + 1) + '.', item)
flow_num = input(" 输入选择的流量包编号：")
if flow_num == "1":
    flow_c = flow[0]
if flow_num == "2":
    flow_c = flow[1]
if flow_num == "3":
    flow_c = flow[2]
if flow_num == "4":
    flow_c = flow[3]
if flow_num == "5":
    flow_c = flow[4]
print("C. 请设置短信条数：")
for index,item in enumerate(message):
    print(str(index + 1) + '.', item)
message_num = input(" 输入选择的短信条数编号：")
if message_num == "1":
    message_c = message[0]
if message_num == "2":
    message_c = message[1]
if message_num == "3":
    message_c = message[2]
print(" 您的手机套餐定制成功：免费通话时长为 " + timer_c + 3"/ 月，流量为 " + flow_c +4"/ 月，
短信条数 " + message_c +1"/ 月 ")
```

技能检测：电视剧的收视率排行榜

应用列表和元组将以下电视剧按收视率由高到低进行排序：

《Give up,hold on to me》，收视率：1.4%

《The private dishes of the husbands》，收视率：1.343%

《My father-in-law will do martiaiarts》，收视率：0.92%

《North Canton still believe in love》，收视率：0.862%

《Impossible task》，收视率：0.553%

《Sparrow》，收视率：0.411%

《East of dream Avenue》，收视率：0.164%

《The prodigal son of the new frontier town》，收视率：0.259%

《Distant distance》，收视率：0.394%

《Music legend》，收视率：0.562%

效果如图 2-14 所示。

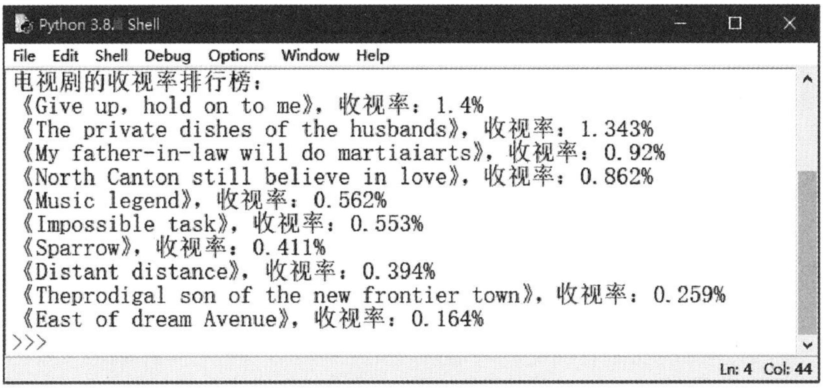

图 2-14 运行效果

单元 3

选择与循环

内容导图

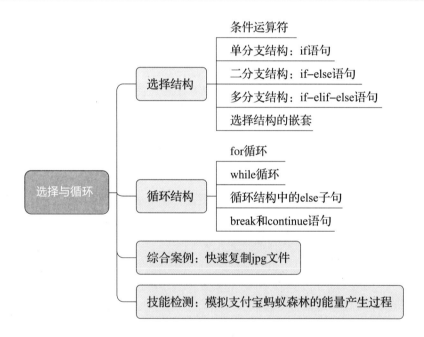

```
                                      条件运算符
                                      单分支结构：if语句
                      选择结构 ———————— 二分支结构：if-else语句
                                      多分支结构：if-elif-else语句
                                      选择结构的嵌套

                                      for循环
                                      while循环
选择与循环 ———————————— 循环结构 ———————— 循环结构中的else子句
                                      break和continue语句

                      综合案例：快速复制jpg文件

                      技能检测：模拟支付宝蚂蚁森林的能量产生过程
```

学习目标

1. 了解条件运算符的语法格式。

2. 掌握选择结构的几种类型。

3. 掌握循环结构并会运用。

4. 能够设计简单的程序结构。

5. 培养学生团结互助的职业素养。

3.1 选择结构

3.1.1 条件运算符

Python 可通过 if 语句来实现条件运算符的功能，因此可以近似地把这种 if 语句当成条件运算符。作为条件运算符的 if 语句的语法格式如下：

```
True_statements if expression
else False_statements
```

条件运算符的规则是：先对逻辑表达式 expression 求值，如果逻辑表达式返回 True，则执行并返回 True_statements 的值；如果逻辑表达式返回 False，则执行并返回 False_statements 的值。代码如下：

```
a = 5
b = 3
st = "a 大于 b" if a > b else  "a 不大于 b"
# 输出 "a 大于 b"
print(st)
```

实际上，如果只是为了在控制台输出提示信息，还可以将上面的条件运算符表达式改为如下形式：

```
# 输出 "a 大于 b"
print("a 大于 b") if a > b else print("a 不大于 b")
```

Python 允许在条件运算符的 True_statements 或 False_statements 中放置多条语句。Python 主要支持以下两种放置方式：

多条语句以英文逗号隔开：每条语句都会执行，程序返回多条语句的返回值组成的元组。

多条语句以英文分号隔开：每条语句都会执行，程序只返回第一条语句的返回值。

先看第一种情形，使用如下代码：

```
# 第一个返回值部分使用两条语句，逗号隔开
st = print("crazyit"), 'a 大于 b' if a > b else  "a 不大于 b"
print(st)
```

上面程序中 True_statements 为 print("crazyit")，'a 大于 b'，这两条语句都会执行，程序将会返回这两条语句的返回值组成的元组。由于 print() 函数没有返回值，相当于它的返回值是 None。运行上面代码，将看到如下结果：

crazyit

(None,'a 大于 b')

如果将上面语句中的逗号改为分号，将逗号之后的语句改为赋值语句，即写成如下形式：

```python
# 第一个返回值部分使用两条语句，分号隔开
st = print("crazyit"); x = 20 if a > b else "a 不大于 b"
print(st)
print(x)
```

此时虽然 True_statements 包含两条语句，但程序只会返回第一条语句 print("crazyit") 的返回值，该语句同样返回 None，因此相当于 str 的返回值为 None。运行上面代码，将看到如下结果：

crazyit

None

20

需要指出的是，条件运算符支持嵌套，通过嵌套条件运算符，可以执行更复杂的判断。例如，下面代码需要判断 c、d 两个变量的大小关系：

```python
c = 5
d = 5
# 下面将输出 c 等于 d
print("c 大于 d") if c > d else (print("c 小于 d") if c < d else print("c 等于 d"))
```

上面代码首先对 c>d 求值，如果该表达式为 True，程序将会执行并返回第一个表达式：print("c 大于 d")；否则系统将会计算 else 后面的内容：(print("c 小于 d") if c < d else print("c 等于 d"))，这个表达式又是一个嵌套的条件运算符表达式。注意，进入该表达式时只剩下" c 小于 d "或" c 等于 d "两种情况，因此该条件运算符再次判断 c<d，如果该表达式为 True，将会输出" c 小于 d "；否则只剩下" c 等于 d "一种情况，自然就输出该字符串了。

3.1.2 单分支结构：if 语句

Python 的单分支结构使用 if 保留字对条件进行判断，使用方式如下：

```
if  < 条件 >:
    < 语句块 >
```

其中，if、: 和 < 语句块 > 前的缩进都是语法的一部分。

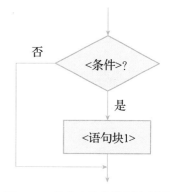

图 3-1　单分支结构控制流程图

＜语句块＞是 if 条件满足后执行的一个或多个语句序列，语句块中语句通过与 if 所在行形成缩进表示包含关系。if 语句首先评估＜条件＞的结果值，如果结果为 True，则执行＜语句块＞中的语句序列，然后控制转向程序的下一条语句。如果结果为 False，＜语句块＞中的语句会被跳过。单分支结构控制过程的流程图如图 3-1 所示。

if 语句中＜语句块＞执行与否依赖于条件判断，但无论什么情况，控制都会转到 if 语句后与该语句同级别的下一条语句。

if 语句中＜条件＞部分可以使用任何能够产生 True 或 False 的语句或函数。形成判断条件中最常用的方式是采用关系操作符。Python 语言共有 6 个关系操作符，如表 3-1 所示。

表 3-1　Python 的关系操作符（共 6 个）

操作符	数学符号	操作符含义
<	<	小于
<=	≤	小于或等于
>=	≥	大于或等于
>	>	大于
==	=	等于
!=	≠	不等于

特别注意，Python 使用 "=" 表示赋值语句，使用 "==" 表示等于。

【例 3-1】偶数判断。编写程序，从键盘上输入一个任意整数，判断这个数是不是偶数。如果是偶数，则输出 "这是个偶数"；如果不是偶数，则不做任何处理。

```
# 判断用户输入的一个整数是不是偶数
n=eval(input(" 请输入一个整数："))
if n%2==0:
    print(" 这是个偶数 ")
print(" 输入数字是：",n)
```

```
>>>（运行结果）
请输入一个整数：123
输入数字是：123
>>>（运行结果）
请输入一个整数：1234
这是个偶数
输入数字是：1234
```

<条件>是一个或多个条件，多个条件间采用 and 或 or 进行逻辑组合。and 表示多个条件"与"的关系，or 表示多个条件"或"的关系。

【例 3-2】判断输入数字的特定。编写程序，从键盘上输入一个任意整数，判断这个数是不是既能被 3 整除又能被 5 整除。如果是，则输出"这个整数既能被 3 整除，又能被 5 整除"；如果不是，则不做任何处理。

```
# 判断用户输入数字的特定。
n=eval(input(" 请输入一个整数："))
if n%3==0 and n%5==0:
    print(" 这个整数既能被 3 整除，又能被 5 整除 ")
print(" 输入数字是： ",n)

>>>（运行结果）
请输入一个整数：123
输入数字是：123
>>>（运行结果）
请输入一个整数：150
这个整数既能被 3 整除，又能被 5 整除
输入数字是：150
```

3.1.3 二分支结构：if-else 语句

Python 的二分支结构使用 if-else 保留字对条件进行判断，语法格式如下：

```
if   <条件>:
    <语句块 1>
else:
    <语句块 2>
```

其中，if、else、: 和 <语句块> 前的缩进都是语法的一部分。

<语句块 1> 是在 if 条件满足后执行的一个或多个语句序列，<语句块 2> 是 if 条件不满足后执行的语句序列。二分支语句用于区分条件的两种可能，即 True 或者 False，分别形成执行路径。二分支结构的流程图见图 3-2。

【例 3-3】判断输入数字的奇偶性。编写程序，从键盘上输入一个任意整数，判断这个数的奇偶性。如果是偶

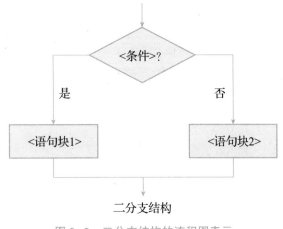

图 3-2　二分支结构的流程图表示

数，则输出该数是偶数；如果是奇数，则输出该数是奇数。

```
n=eval(input(" 请输入一个整数："))
if n%2==0:
    print(n," 是偶数 ")
else:
    print(n," 是奇数 ")


>>>（运行结果）
请输入一个整数：23
23 是奇数
>>>（运行结果）
请输入一个整数：22
22 是偶数
```

【例 3-4】判断输入数字的属性。编写程序，从键盘上输入一个任意整数，判断这个数能否同时被 3 和 5 整除。如果能，则输出该数能同时被 3 和 5 整除；如果不能，则输出该数不能同时被 3 和 5 整除。

```
n=eval(input(" 请输入一个整数："))
if n%3==0 and n%5==0:
    print(n," 能同时被 3 和 5 整除 ")
else:
    print(n," 不能同时被 3 和 5 整除 ")
>>>（运行结果）
请输入一个整数：130
130 不能同时被 3 和 5 整除
>>>（运行结果）
请输入一个整数：150
150 能同时被 3 和 5 整除
```

二分支结构还有一种更简洁的表达方式，适合 < 语句块 1> 和 < 语句块 2> 都只包含简单表达式的情况，语法格式如下：

< 表达式 1> if < 条件 > else < 表达式 2>

对于简洁表达方式，要使用表达式而不是语句。
【例 3-5】用二分支结构的简洁表达方式，改写【例 3-4】的代码。

```
n=eval(input(" 请输入一个整数："))
token="" if n % 3 ==0 and n % 5 ==0 else " 不 "
```

```
print(" 数字 {}{} 能同时被 3 和 5 整除 ".format(n,token))
```

>>>（运行结果）
请输入一个整数：130
数字 130 不能同时被 3 和 5 整除
>>>（运行结果）
请输入一个整数：150
数字 150 能同时被 3 和 5 整除

表达式是产生或计算新数据值的代码片段，它并不是完整语句。例如，99+1 是表达式，a=99+1 则是语句。

3.1.4 多分支结构：if-elif-else 语句

Python 的多分支结构使用 if-elif-else 保留字对多个相关条件进行判断，并根据不同条件的结果按照顺序选择执行路径，语法格式如下：

```
if < 条件 1>:
    < 语句块 1>
elif < 条件 2>:
    < 语句块 2>
    …
else:
    < 语句块 N>
```

多分支结构控制流程图如图 3-3 所示。

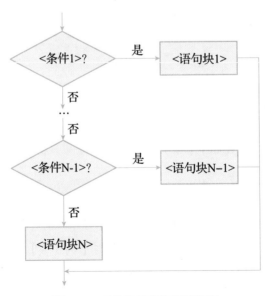

图 3-3　多分支结构控制流程图

　　多分支结构是二分支结构的扩展，这种形式通常用于设置同一个判断条件的多条执行路径。Python 依次评估寻找第一个结果为 True 的条件，执行该条件下的 <语句块>，结束后跳过整个 if-elif-else 结构，执行后面的语句。如果没有任何条件成立，else 下面的 <语句块 N> 将被执行。else 子句是可选的。

　　利用多分支结构编写代码时要注意多个逻辑条件的先后关系。

　　【例 3-6】获取用户输入的一个百分制成绩，转换成五分制，给出对应的 A、B、C、D、E 等级。请阅读如下代码，观察代码运行结果。

```python
# 将百分制成绩转换成五分制
score=eval(input(" 请输出一个百分制成绩："))
if score>=60.0:
    grade="D"
elif score>=70.0:
    grade="C"
elif score>=80.0:
    grade="B"
elif score>=90.0:
    grade="A"
else:
    grade="E"
print(" 对应的五分制成绩是：{}".format(grade))
```

运行程序，输入 80，观察输出结果。

```
>>>
请输出一个百分制成绩：80
对应的五分制成绩是：D
```

显然，百分制 80 分不应该是等级 D，上述代码运行正确但逻辑存在错误，弄错了多个逻辑条件的先后关系，修改后代码如下。

```python
# 将百分制成绩转换成五分制
score=eval(input(" 请输出一个百分制成绩："))
if score>=90.0:
    grade="A"
elif score>=80.0:
    grade="B"
elif score>=70.0:
    grade="C"
elif score>=60.0:
    grade="D"
```

```
else:
    grade="E"
print(" 对应的五分制成绩是：{}".format(grade))
```

运行程序，输入 80，观察输出结果。

```
>>>
请输出一个百分制成绩：80
对应的五分制成绩是：B
```

3.1.5　选择结构的嵌套

当一个 if 语句的语句块中又包含另外一个完整的 if 语句时，就构成了嵌套的 if 语句格式。例如下面的语句形式就是双分支 if-else 语句内嵌了两个双分支 if-else 语句。

```
if　<表达式 1>:
    if　<表达式 2>:
        <语句块 1>
    else:
        <语句块 2>
else:
    if　<表达式 3>:
        <语句块 3>
    else:
        <语句块 4>
```

使用嵌套的 if 语句通常可以实现更为复杂的多条件逻辑判断功能，如上面的 if 嵌套形式实际上实现了四个分支的功能。在 Python 语言中，if 语句有单分支、二分支、多分支三种常见形式，这三种形式的 if 语句可以互相嵌套。读者在编程时可以根据问题的需要选择某种嵌套形式。

【例 3-7】设计一个 "计算器"，输入两个运算数 x 和 y 和运算符，实现加、减、乘、除四则运算，当进行除法运算时，若除数为 0，则显示 "除数不能为 0！"。

```
#计算器
x=eval(input(" 请输入运算数 x："))
y=eval(input(" 请输入运算数 y："))
f=input(" 请输入运算符：")
if f=="+":
    print("{}+{}={}".format(x,y,x+y))
elif f=="-":
    print("{}-{}={}".format(x,y,x-y))
```

```
    elif f=="*":
        print("{}*{}={}".format(x,y,x*y))
    elif f=="/":
        if(y==0):
            print("除数不能为 0！")
        else:
            print("{}/{}={}".format(x,y,x/y))
```

>>>（运行结果）

请输入运算数 x：5

请输入运算数 y：3

请输入运算符：+

5+3=8

>>>（运行结果）

请输入运算数 x：55

请输入运算数 y：23

请输入运算符：-

55-23=32

>>>（运行结果）

请输入运算数 x：23

请输入运算数 y：3

请输入运算符：*

23*3=69

>>>（运行结果）

请输入运算数 x：4

请输入运算数 y：3

请输入运算符：/

4/3=1.3333333333333333

>>>（运行结果）

请输入运算数 x：5

请输入运算数 y：0

请输入运算符：/

除数不能为 0！

【例 3-8】某网店根据客户类别和客户订单金额给予客户不同的优惠折扣。对于会员客户，订单金额在 500 元以下，折扣为 2%；订单金额在 500 元及以上，折扣为 5%。对于非会员客户，订单金额在 1 000 元以下，没有折扣；订单金额在 1 000 元及以上，折扣为 3%。编写程序，从键盘输入客户类别（0：会员，1：非会员）、订单金额，由程序自动计算贷款及优惠额 [贷款 = 订单金额 ×（1- 折扣）]。当输入的数据非法时，程序提示"输入数据错误！"

```
# 计算贷款
member,amount=eval(input(" 请输入会员标志（ 0：会员，1：非会员），订单金额（元）: "))
if member not in {0,1} or amount<=0:
    print(" 输入数据错误！ ")
else:
    if member==0:              # 会员
        if amount<500:
            discount=0.02
        else:
            discount=0.05
    else:
        if amount<1000:
            discount=0
        else:
            discount=0.03
payment=amount*(1-discount)
print(" 应付贷款：{:.2f} 元。共优惠 {:.2f} 元。".format(payment,amount-payment))
```

```
>>>（运行结果）
请输入会员标志（ 0：会员，1：非会员），订单金额（元）: 0,650
应付贷款：617.50 元。共优惠 32.50 元。
>>>（运行结果）
请输入会员标志（ 0：会员，1：非会员），订单金额（元）: 1,1600
应付贷款：1552.00 元。共优惠 48.00 元。
>>>（运行结果）
请输入会员标志（ 0：会员，1：非会员），订单金额（元）: 2,200

输入数据错误！
```

3.2 循环结构

Python 语言的循环结构包括两种：遍历循环和无限循环。遍历循环使用保留字 for 依次提取遍历结构各元素进行处理；无限循环使用保留字 while 根据判断条件执行程序。

3.2.1 for 循环

Python 通过保留字 for 实现遍历循环，使用方式如下：

```
for  < 循环变量 > in < 遍历结构 >:
    < 语句块 >
```

for 循环之所以称为"遍历循环"，是因为 for 语句的循环执行次数是根据遍历结构中元素个数确定的。遍历循环可以理解为从遍历结构中逐一提取元素，放在循环变量中，对于所提取的每个元素执行一次 < 语句块 >。

遍历循环的控制流程图如图 3-4 所示。

遍历结构可以是字符串、文件、range() 函数或组合数据类型等。

对于字符串，可以逐一遍历字符串中的每个字符，基本使用方式如下：

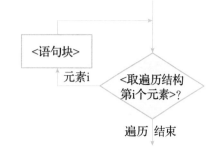

图 3-4　遍历循环的控制流程图

```
for < 循环变量 > in < 字符串变量 >:
    < 语句块 >
>>> for c in "Python":
    print(c)


P
y
t
h
o
n
```

【例 3-9】编写程序，从键盘输入一个字符串，统计并输出该字符串中包含英文字符、数字、空格和其他字符各有多少个。

```
# 统计输入字符串中包含的各类字符个数
n=input(" 请输入一行字符串 :")
n1=n2=n3=n4 =0
for i in n:
    if 'a'<=i<='z' or 'A'<=i<='Z':
        n1=n1+1
    elif '0'<=i<='9':
        n2=n2+1
    elif i==' ':
        n3=n3+1
    else:
        n4=n4+1
print(" 这一行字符中字母的数量是：{}\n 数字的数量是：{}\n 空格数量是：{}\n 其他字符的数量是：{}".format(n1,n2,n3,n4))


>>>（运行结果）
```

请输入一行字符串 :adUIERP345%%$　??SD

这一行字符中字母的数量是：9

数字的数量是：3

空格数量是：3

其他字符的数量是：5

使用 range() 函数，可以指定 < 语句块 > 的循环次数，基本使用方式如下：

```
for   < 循环变量 >  in  range(< 循环次数 >):
     < 语句块 >
>>> for i in range(5):
     print(i)


0
1
2
3
4
>>> for i in range(1,5):
     print(i)


1
2
3
4


>>> for i in range(1,5,2):
     print(i)


1
3
```

【例 3-10】编写程序，计算 15！（用 for 语句实现）。

```
# 计算 15！
sum=1
for n in range(1,16):
          sum *=n
print("15!={}".format(sum))


>>>（运行结果）
15!=1307674368000
```

3.2.2　while 循环

很多应用无法在执行之初确定遍历结构，这需要编程语言提供根据条件进行循环语法，称为无限循环，又称条件循环。无限循环一直保持循环操作，直到循环条件不满足才结束，不需要提前确定循环次数。

Python 通过保留字 while 实现无限循环，基本使用方法如下：

```
while < 条件 >:
    < 语句块 >
```

无限循环的控制流程图如图 3-5 所示。

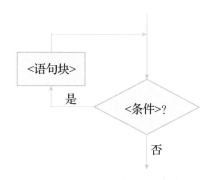

图 3-5　无限循环的控制流程图

图 3-5 中，< 条件 > 与 if 语句中的判断条件一样，结果为 True 或 False。while 语义很简单，当条件判断为 True 时，循环体重复执行 < 语句块 > 中语句；当条件为 False 时，循环终止，执行与 while 同级别缩进的后续语句。

```
>> n=0
>>> while n<10:
    print(n)
    n=n+3


0
3
6
9
```

【例 3-11】编写程序，对用户输入的数据求和，直到输入数据等于 0 时，结束求和。
求用户输入的数字之和，遇到输入为 0 结束。

```
a=1
sum = 0
```

```
while(a!=0):
    a = eval(input(" 请输入 a 的值： "))
    sum += a
print(" 总和为： ",sum)
>>>（运行结果）
请输入 a 的值： 3
请输入 a 的值： 12
请输入 a 的值： 45
请输入 a 的值： 3
请输入 a 的值： 0
总和为： 63
```

3.2.3　循环结构中的 else 子句

Python 语言中 while 语句和 for 语句还可以带有 else 子句扩展部分。

带 else 子句的 while 语句语法格式如下：

```
while < 条件 >:
    < 语句块 >
else:
    <else 语句块 >
```

带 else 子句的 for 语句语法格式如下：

```
for < 循环变量 > in < 遍历结构 >:
    < 语句块 >
else:
    < else 语句块 >
```

在这两种循环语句中，else 子句的功能相同。含义是：对于 while 语句，如果循环是因为循环条件表达式不成立而自然结束（对于 for 语句则是循环遍历完序列中的所有元素而自然结束），不是因为执行了循环体内的 break 语句而提前结束循环，则程序在循环结束后会继续执行 else 语句块中的各条语句；如果循环是因为执行了循环体内的 break 语句而导致提前结束，则程序不会执行 else 语句块中的各条语句。

【例 3-12 】编写程序，输出 100 ～ 500 之间的所有素数，要求每行输出 10 个数据。

```
输出 100-500 之间的所有素数
c=0                        # 素数计数器
for i in range(101,500,2):         # 过滤掉偶数
    for j in range(2,i):       # 从 2 开始试除到 i-1
        if i%j==0: # 找到一个能整除 i 的 j，i 不是素数，跳到外层循环遍历下一项
            break
    else:                  # 内层循环正常结束，说明 i 是素数
```

```
        c+=1
        print("{:>4d} ".format(i),end="")
        if c%10==0:        #控制每行输出 10 项
            print()
```
>>>（运行结果）

```
101   103   107   109   113   127   131   137   139   149
151   157   163   167   173   179   181   191   193   197
199   211   223   227   229   233   239   241   251   257
263   269   271   277   281   283   293   307   311   313
317   331   337   347   349   353   359   367   373   379
383   389   397   401   409   419   421   431   433   439
443   449   457   461   463   467   479   487   491   499
```

本程序由内外两层遍历循环结构嵌套构成。内层循环带有 else 子句扩展部分。程序的执行过程是：首先外层循环变量 i 遍历 101 ~ 500 之间的奇数，i 每取得一个值，内层循环变量 j 就从 2 开始遍历到 i-1，用取得的每一个 j 值试除变量 i。

这里有两种情况。一种是如果找到了一个 j 值能整除 i，则 i 不是素数；程序就执行 break 语句，跳出内层循环。由于内层循环不是自然结束，所以这时程序不会执行其中的 else 子句，而是直接返回外层循环中，取序列中下一个元素给变量 i，然后重复刚才的过程。另一种情况是试遍了 j 的所有取值都没找到一个 j 能整除 i，这说明 i 是一个素数。这时内层循环的循环体正常循环结束，程序会接着执行内循环的 else 子句，把变量 i 的值按输出格式要求输出。至此，内层循环全部执行一遍，程序返回外层循环。之后，外层循环变量 i 从遍历序列中获取下一个元素值，继续重复前面的判断过程，直至程序全部执行结束。

3.2.4 break 和 continue 语句

循环结构有两个保留字：break 和 continue，它们用来辅助控制循环执行。

break 用来跳出最内层 for 或 while 循环，脱离该循环后程序从循环代码后继续执行，例如：

```
for s in "BIT":
    for i in range(10):
        print(s,end="")
        if s=="I":
            break
```
>>>（运行结果）

BBBBBBBBBBBITTTTTTTTTT

其中，break 语句跳出了最内层 for 循环，但仍然继续执行外层循环。每个 break 语句只有能力跳出当前层次循环。

continue 用来结束当前当次循环，即跳出循环体中下面尚未执行的语句，但不跳出当前循环。对于 while 循环，继续求解循环条件。而对于 for 循环，程序流程接着遍历循环列表。对比 continue 和 break 语句，如下：

```
for s in "PYTHON":
    if s=="T":
        continue
    print(s,end="")
>>>（运行结果）
PYHON
```

```
for s in "PYTHON":
    if s=="T":
        break
    print(s,end="")
>>>（运行结果）
PY
```

continue 语句和 break 语句的区别是，continue 语句只结束本次循环，而不终止整个循环的执行；而 break 语句则是结束整个循环过程，不再判断执行循环的条件是否成立。

3.3　综合案例：快速复制 jpg 文件

新建文件 task2_2_1_file.py，按下述目标和分析编写代码，完成案例。

目标：将当前文件夹下所有 jpg 图片文件复制到一个新文件夹下。

分析：首先，列出当前文件夹下的所有文件（夹）；然后，由键盘输入想要创建的文件夹名称，并在当前文件夹下创建这个新文件夹；接着，针对当前文件夹下的所有文件（夹），逐个判断是否为 jpg 图片文件，如果是 jpg 图片文件，就将该文件复制到新建的文件夹下；最后，列出新建文件夹下的内容，以便查看操作结果。

代码解析：案例的源代码如图 3-6 所示。

代码行 2～3：导入 os 和 shutil 库，用于文件夹和文件操作。

代码行 5：典型用法——os.listdir(os.getcwd())，变量 dir_files 用于存放当前文件夹内容（所有文件和文件夹名所组成的序列）。

代码行 6：在屏幕上显示（print）文件夹内容（dir_files），以及其中所包含的文件（夹）的总个数（len）。

代码行 8：变量 new_dir 表示新文件夹名，通过 input 函数为其赋值，实现由用户从键盘自行输入所希望创建的文件夹名；这里的 \n 是转义符，表示换行，这样就与前面的内容之间有了空隙，便于查看。

代码行 9：在当前文件夹下创建（os. mkdir）一个文件夹，命名为变量 new_dir 的值。

代码行 11：在屏幕上显示提示信息。

代码行 12～15：混合结构，即循环中包含单分支选择，用于对文件夹内容（dir_files）中的每一个文件（夹）名进行判断。

```
task2_2_1_file.py

1    # 图片文件快速整理
2
3    import os
4    import shutil
5
6    dir_files = os.listdir (os.getcwd())
7    print('当前文件夹下共有', len(dir_files), '个文件(夹): ', dir_files)
8
9    new_dir = input(' \n请输入要新建的文件夹名: ')
10   os.mkdir (new_dir)
11
12   print(' \图片文件开始复制')
13   for file in dir_files:
14       if file.endswith('. jpg'):
15           shutil.copyfile(file, new_dir + '/' + file)
16           print(file, '已复制')
17
18
19   print('\n',new_dir,'文件夹中的文件: ', os.listdir (new_dir))
20
```

图 3-6　案例的源代码

多学两招

☆代码行 12：这是 for-in 语句的另一种使用方法，不是与 range 函数配合使用，而是遍历一个现成的序列（dir_files）。file 是遍历这个序列的变量，也就是一个文件（夹）名，它依次从序列中取值，而这个过程就是将 for 控制下的单分支 if 语句重复执行。

☆代码行 13～15：这是一个单分支 if 语句。对文件名（file）是否以 .jpg 结尾（file.endswith）进行判断，只针对判断结果是 True 的情况进行处理，即如果是 jpg 图片文件，就将它复制（shutil.copyfle）到新建的文件夹（new_dir）下，文件名不变。

在这里要注意以下几点：①if 语句是单分支结构，只针对文件是 jpg 图片文件的情况进行处理；②new_dir+' / '+file 中的 ' / ' 表示层次结构，也就是说，将文件复制到新建的文件夹（new_dir）下，但文件名（file）不改变；③使用 for 循环就是要对文件夹下的每一个文件进行处理，从而保证所有的 jpg 文件都会被复制。

代码行 17：在屏幕上显示新建文件夹（new_dir）下的所有文件名（os.listdir），从而查看复制了所有 jpg 文件之后的结果。

案例程序运行后的结果如图 3-7 所示。

```
当前文件夹下共有 5 个文件(夹): ['sfbjsafdb33784567676hhj.jpg', 'task2_2_1_file.py', 'test1.py', '截

请输入要新建的文件夹名: newjpg
 \图片文件开始复制
sfbjsafdb33784567676hhj.jpg 已复制

 newjpg 文件夹中的文件: ['sfbjsafdb33784567676hhj.jpg']

Process finished with exit code 0
```

图 3-7　案例的程序运行结果

技能检测：模拟支付宝蚂蚁森林的能量产生过程

支付宝的蚂蚁森林通过日常的走步、生活缴费、线下支付、网络购票、共享单车等低碳、环保行为可以积攒能量，当能量达到一定数量后，可以种一棵真正的树。编写程序，模拟支付宝蚂蚁森林的能量产生过程。效果如图 3-8 所示。

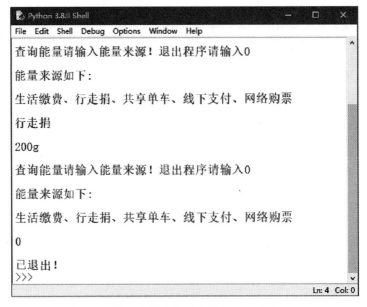

图 3-8　模拟支付宝蚂蚁森林的能量产生过程

字符串与正则表达式

内容导图

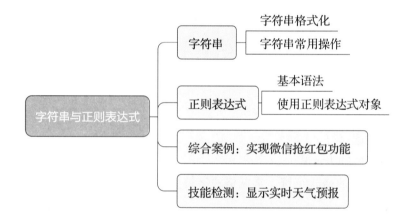

字符串与正则表达式
- 字符串
  - 字符串格式化
  - 字符串常用操作
- 正则表达式
  - 基本语法
  - 使用正则表达式对象
- 综合案例：实现微信抢红包功能
- 技能检测：显示实时天气预报

学习目标

1. 了解字符串格式化。
2. 掌握字符串常用操作。
3. 掌握正则表达式基本语法。
4. 掌握使用正则表达式处理字符串的技术。
5. 掌握字符串的简单应用。
6. 培养学生的社会责任感、使命感与荣誉感，引导学生不断提高专业素养。

4.1 字符串

4.1.1 字符串格式化

1. % 方法

Python 字符串格式化的完整格式如图 4-1 所示。% 符号之前的部分为格式字符串，之后的部分为需要进行格式化的内容。

图 4-1 字符串格式化

其中：

（1）——格式标志，表示格式开始。

（2）——指定左对齐输出。

（3）——对正数加正号。

（4）——指定空位填 0。

（5）——指定最小宽度。

（6）——指定精度。

（7）——指定类型，见表 4-1。

（8）——格式运算符。

（9）——待转换的表达式。

Python 支持大量的格式字符，常见格式字符如表 4-1 所示。

表 4-1 格式字符

格式字符	含义	格式字符	含义
%s	字符串 (采用 str() 的显示)	%x	十六进制整数
%r	字符串 (采用 repr() 的显示)	%e	指数（基底为 e）
%c	单个字符	%E	指数（基底为 E）
%b	二进制整数	%f、%F	浮点数
%d,%i	有符号的十进制整数	%g	指数 (e) 或浮点数（根据显示长度）
%u	无符号的十进制整数	%G	指数 (E) 或浮点数（根据显示长度）
%o	八进制整数	%%	字符 %

例如：

```
>>> y= 2025        #y 为十进制
>>> yo="%o"%y        # 转化为八进制
```

```
>>> print yo
3751
>>> yx="%x"%y        # 化为十六进制
>>> print yx
7e9
>>> ye="%e" %y        # 以基底 e 表示
>>> print ye
2.025000e+03
>>> "%s, %d, %c"%(65，65，65) # 分别将 65 转化为字符串、十进制整数和对应 ASCII 字符
65,65,A
>>>"%s"%[1，2，3]    # 将列表转化为字符串
'[1，2，3]'
>>>str([1，2，3])      # 将列表转化为字符串
'[1，2，3]'
```

说明：通过"%s"和 str() 可以把元组、集合、字典等数据类型转化为字符串。

2. format() 方法

Python 的 format() 方法也可进行格式化。该方法不仅可以使用位置进行格式化，还支持使用与位置无关的参数名字来进行格式化，并且支持序列解包格式化字符串，非常方便。例如：

```
>>> print("{0:,}in hex is:{o:#x},[1]in oct is{1:#o}".format(1001,101))
1,001 in hex is:ox3e9,101 in oct is 0o145
#{0}、{1} 分别表示第 1、2 个数，冒号"："后面的逗号"，"为千分位分隔符
>>> print("{1:,}in hex is:{1:#x},{o}  in oct is {0:#o}".format(1001, 101))
101 in hex is: ox65,1001 in oct is 0o1751
#{0}、{1} 分别表示第 1、2 个数，与顺序无关
>>> print("my name is{n},my office is{o}".format(n="huguosheng" ,o='304'))
my name is huguosheng, my office is 304
>>> name=('huguosheng', 'Huanghe', 'Wuxingxin')
>>> print("first:{ 0[0]} ,second: {0[1]},third:{ 0[2]}".format(name))
first: huguosheng, second: Huanghe, third: Wuxingxin
#{0} 表示元组 name, {0[i]} 表示元组 name 的第 i+1 个元素
```

提示：如果上次命令改为：>>> print("first:{0}，second：{1}，third：{2}".format(name))，则出现下面错误信息：IndexError:tuple index out of range。

再看下面较为复杂点的例子。

```
>>>weather=[('Sunday','breezy'),('Monday','rain'),('Tuesday','sunny'),('Wednesday','clod),
        ('Thursday','clear to overcast'),('Friday', 'foggy'),('Saturday', 'shower')]
```

```
>>> weatherFormat="Weather of{0[0]}'is'{0[1]}".format
>>> for each in map(weatherFormat, weather):
…        print(each)
```

或：

```
>>> for each in weather:
…        print(weatherFormat(each))
```

运行结果：

Weather of 'Sunday' is 'breezy'

Weather of 'Monday' is 'rain'

Weather of 'Tuesday' is 'sunny'

Weather of 'Wednesday' is 'cloud'

Weather of 'Thursday' is 'clear to overcast'

Weather of 'Friday' is 'foggy'

Weather of 'Saturday' is 'shower'

提示：内置函数 map() 接收两个参数，一个是函数，一个是序列，map 将传入的函数依次作用到序列的每个元素，并把结果作为新的 list 返回。例如：map(lambda x : x * x，range(4))，返回为值列表 [0，1，4，9]。再比如：

```
>>>l=[1，2，3，4，5，6，7]
>>> def odd(n):
…        return 2 * n-l

>>> print map(odd,l)
[1,3,5,7,9,11,13]
```

4.1.2　字符串常用操作

在 Python 开发过程中，为了实现某项功能，经常需要对某些字符串进行特殊处理，如拼接字符串、截取字符串、格式化字符串等。下面对 Python 中常用的字符串操作方法进行介绍。

1. 拼接字符串

使用"＋"运算符可完成对多个字符串的拼接，"＋"运算符可以连接多个字符串并产生一个字符串对象。

例如，定义两个字符串，一个保存英文版的名言，另一个用于保存中文版的名言，然后使用"＋"运算符连接，代码如下：

```
mot_en = 'Remembrance is a form of meeting. Forgetfulness is a form of freedom.'
mot_cn = ' 记忆是一种相遇。遗忘是一种自由。'
print(mot_en + '——' + mot_cn)
```

上面代码执行后，将显示以下内容：

Remembrance is a form of meeting. Forgetfulness is a form of freedom.——记忆是一种相遇。遗忘是一种自由。

字符串不允许直接与其他类型的数据拼接，例如，使用下面的代码将字符串与数值拼接在一起，将产生如图 4-2 所示的异常。

```
str1 = ' 我今天一共走了 ' # 定义字符串
num = 12098 # 定义一个整数
str2 = ' 步 ' # 定义字符串
print(str1 + num + str2) # 对字符串和整数进行拼接
```

```
Traceback (most recent call last):
  File "E:\program\Python\Code\test.py", line 19, in <module>
    print(str1 + num + str2)
TypeError: must be str, not int
>>>
```

图 4-2　字符串和整数拼接时抛出的异常

解决该问题，可以将整数转换为字符串，然后以拼接字符串的方法输出该内容。将整数转换为字符串，可以使用 str() 函数，修改后的代码如下：

```
str1 = ' 今天我一共走了 ' # 定义字符串
num = 12098 # 定义一个整数
str2 = ' 步 ' # 定义字符串
print(str1 + str(num) + str2) # 对字符串和整数进行拼接
```

上面代码执行后，将显示以下内容：

今天我一共走了 12098 步

【例 4-1】使用字符串拼接输出一个关于程序员的笑话。

一天，两名程序员坐在一起聊天，于是产生了下面的笑话：程序员甲认为程序开发枯燥而辛苦，想换行，询问程序员乙该怎么办。而程序员乙让其敲一下回车键。试着用程序输出这一笑话。

在 IDLE 中创建一个名称为 programmer_splice.py 的文件，然后在该文件中定义两个字符串变量，分别记录两名程序说的话，再将两个字符串拼接到一起，并且在中间拼接一个转义字符串（换行符），最后输出，代码如下：

```
01 programmer_1 = '程序员甲：搞 IT 太辛苦了，我想换行……怎么办？'
02 programmer_2 = '程序员乙：敲一下回车键'
03 print(programmer_1 + '\n' + programmer_2)
```

运行结果如图 4-3 所示。

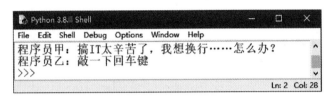

图 4-3　输出一个关于程序员的笑话

2. 计算字符串的长度

由于不同的字符所占字节数不同，想计算字符串的长度，需要先了解各字符所占的字节数。在 Python 中，数字、英文、小数点、下画线和空格占一个字节；一个汉字可能会占 2 ～ 4 个字节，占几个字节取决于采用的编码。汉字在 GBK/GB2312 编码中占 2 个字节，在 UTF-8/unicode 编码中一般占用 3 个字节（或 4 个字节）。下面以 Python 默认的 UTF-8 编码为例进行说明，即一个汉字占 3 个字节，如图 4-4 所示。

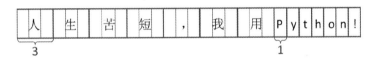

图 4-4　汉字和英文所占字节个数

在 Python 中，提供了 len() 函数计算字符串的长度，语法格式如下：

```
len(string)
```

其中，string 用于指定要进行长度统计的字符串。例如，定义一个字符串，内容为"人生苦短，我用 Python!"，然后应用 len() 函数计算该字符串的长度，代码如下：

```
str1 = '人生苦短，我用 Python!' # 定义字符串
length = len(str1) # 计算字符串的长度
print(length)
```

上面的代码在执行后，将输出结果"14"。

从上面的结果中可以看出，在默认的情况下，通过 len() 函数计算字符串的长度时，不区分英文、数字和汉字，所有字符都按一个字符计算。

在实际开发时，有时需要获取字符串实际所占的字节数，即如果采用 UTF-8 编码，

汉字占 3 个字节，采用 GBK 或者 GB2312 时，汉字占 2 个字节。例如，如果要获取采用 UTF-8 编码的字符串的长度，可以使用下面的代码：

```
str1 = ' 人生苦短，我用 Python!' # 定义字符串
length = len(str1.encode()) # 计算 UTF-8 编码的字符串的长度
print(length)
```

上面的代码在执行后，将显示 "28"。这是因为汉字加中文标点符号共 7 个，占 21 个字节，英文字母和英文的标点符号占 7 个字节，共 28 个字节。

如果要获取采用 GBK 编码的字符串的长度，可以使用下面的代码。

```
str1 = ' 人生苦短，我用 Python!' # 定义字符串
length = len(str1.encode('gbk')) # 计算 GBK 编码的字符串的长度
print(length)
```

上面的代码在执行后，将显示 "21"。这是因为汉字加中文标点符号共 7 个，占 14 个字节，英文字母和英文标点符号占 7 个字节，共 21 个字节。

3. 截取字符串

由于字符串也属于序列，所以要截取字符串，可以采用切片方法实现。通过切片方法截取字符串的语法格式如下：

```
string[start : end : step]
```

参数说明：

☆ string：表示要截取的字符串。

☆ start：表示要截取的第一个字符的索引（包括该字符），如果不指定，则默认为 0。

☆ end：表示要截取的最后一个字符的索引（不包括该字符），如果不指定则默认为字符串的长度。

☆ step：表示切片的步长，如果省略，则默认为 1，当省略该步长时，最后一个冒号也可以省略。

说明：字符串的索引同序列的索引是一样的，也是从 0 开始，并且每个字符占一个位置。如图 4-5 所示。

图 4-5　字符串的索引示意图

例如，定义一个字符串，然后应用切片方法截取不同长度的子字符串，并输出，代码如下：

```
str1 = ' 人生苦短，我用 Python!' # 定义字符串
substr1 = str1[1] # 截取第 2 个字符
substr2 = str1[5:] # 从第 6 个字符截取
substr3 = str1[:5] # 从左边开始截取 5 个字符
substr4 = str1[2:5] # 截取第 3 个到第 5 个字符
print(' 原字符串： ',str1)
print(substr1 + '\n' + substr2 + '\n' + substr3 + '\n' + substr4)
```

上面的代码执行后，将显示以下内容：

原字符串：人生苦短，我用 Python!
生
我用 Python!
人生苦短，
苦短，

注意：在进行字符串截取时，如果指定的索引不存在，则会抛出如图 4-6 所示的异常。

```
Traceback (most recent call last):
  File "E:\program\Python\Code\test.py", line 19, in <module>
    substr1 = str1[15]    # 截取第15个字符
IndexError: string index out of range
>>>
```

图 4-6　指定的索引不存在时抛出的异常

要解决该问题，可以采用 try…except 语句捕获异常。例如，下面的代码在执行后将不抛出异常。

```
str1 = ' 人生苦短，我用 Python!' # 定义字符串
try:
    substr1 = str1[15] # 截取第 15 个字符
except IndexError:
    print(' 指定的索引不存在 ')
```

【例 4-2】截取身份证号码中的出生日期。

在 IDLE 中创建一个名称为 idcard.py 的文件，然后在该文件中定义 3 个字符串变量，分别记录两名程序说的话，再从程序员甲说的身份证号中截取出出生日期，并组合成 "YYYY 年 MM 月 DD 日" 格式的字符串，最后输出截取到的出生日期和生日，代码如下：

```
01  programer_1 = ' 你知道我的生日吗？ ' # 程序员甲问程序员乙的台词
02  print(' 程序员甲说： ',programer_1) # 输出程序员甲的台词 03 programer_2 = ' 输入你的身份证号码。' # 程序员乙的台词
04  print(' 程序员乙说： ',programer_2) # 输出程序员乙的台词
```

05 idcard = '123456199006277890' # 定义保存身份证号码的字符串

06 print(' 程序员甲说： ',idcard) # 程序员甲说出身份证号码

07 birthday = idcard[6:10] + ' 年 ' + idcard[10:12] + ' 月 ' + idcard[12:14] + ' 日 ' # 截取生日

08 print(' 程序员乙说： ',' 你是 ' + birthday + ' 出生的，所以你的生日是 ' + birthday[5:])

运行结果如图 4-7 所示。

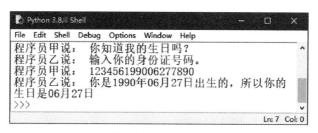

图 4-7　截取身份证号码中的出生日期

4. 分割、合并字符串

在 Python 中，字符串对象提供了分割和合并字符串的方法。分割字符串是把字符串分割为列表，而合并字符串是把列表合并为字符串，分割字符串和合并字符串可以看作是互逆操作。

（1）分割字符串。

字符串对象的 split() 方法可以实现字符串分割，也就是把一个字符串按照指定的分隔符切分为字符串列表。该列表的元素中，不包括分隔符。split() 方法的语法格式如下：

str.split(sep, maxsplit)

参数说明：

☆ str：表示要进行分割的字符串。

☆ sep：用于指定分隔符，可以包含多个字符，默认为 None，即所有空字符（包括空格、换行 "\n"、制表符 "\t" 等）。

☆ maxsplit：可选参数，用于指定分割的次数，如果不指定或者为 -1，则分割次数没有限制，否则返回结果列表的元素个数，个数最多为 maxsplit+1。

☆ 返回值：分隔后的字符串列表。该列表的元素为以分隔符为界限分割的字符串（不含分隔符），当该分隔符前面（或与前一个分隔符之间）无内容时，将返回一个空字符串元素。说明：在 split() 方法中，如果不指定 sep 参数，那么也不能指定 maxsplit 参数。

例如，定义一个保存海林学院网址的字符串，然后应用 split() 方法根据不同的分隔符进行分割，代码如下：

str1 = ' 海 林 学 院 官 网 >>> www.hailinsoft.com'

print(' 原字符串： ',str1)

list1 = str1.split() # 采用默认分隔符进行分割

```
list2 = str1.split('>>>') # 采用多个字符进行分割
list3 = str1.split('.') # 采用 . 号进行分割
list4 = str1.split(' ',4) # 采用空格进行分割，并且只分割前 4 个
print(str(list1) + '\n' + str(list2) + '\n' + str(list3) + '\n' + str(list4))
list5 = str1.split('>') # 采用 > 进行分割
print(list5)
```

上面的代码在执行后，将显示以下内容：

原字符串：海 林 学 院 官 网 >>> www.hailinsoft.com
[' 海 ',' 林 ',' 学 ',' 院 ',' 官 ',' 网 ', '>>>', 'www.hailinsoft.com']
[' 海 ',' 林 ',' 学 ',' 院 ',' 官 ',' 网 ', '>>>', 'www.hailinsoft.com']
[' 海 林 学 院 官 网 ', ' www.hailinsoft.com']
[' 海 林 学 院 官 网 >>> www', 'hailinsoft', 'com']
[' 海 ',' 林 ',' 学 ',' 院 ',' 官 网 >>> www.hailinsoft.com']
[' 海 林 学 院 官 网 ', ' ', ' ', ' www.hailinsoft.com']

说明：在使用 split() 方法时，如果不指定参数，默认采用空白符进行分割，这时无论有几个空格或者空白符都将作为一个分隔符进行分割。例如，上面示例中，在"网"和">"之间有两个空格，但是分割结果（第二行内容）中两个空格都被过滤掉了。如果指定一个分隔符，那么当这个分隔符出现多个时，就会每个分隔一次，没有得到内容的，将产生一个空元素。例如，上面结果中的最后一行，就出现了两个空元素。

【例 4-3】输出被 @ 的好友名称。

微博的 @ 好友栏目中，输入"@ 海林科技 @ 扎克伯格 @ 俞敏洪"（好友名称之间用一个空格区分），同时 @ 三个好友。

在 IDLE 中创建一个名称为 atfriend.py 的文件，然后在该文件中定义一个字符串，内容为" @ 海林科技 @ 扎克伯格 @ 俞敏洪"，然后使用 split() 方法对该字符串进行分割，从而获取好友名称，并输出，代码如下：

```
01  str1 = '@ 海林科技 @ 扎克伯格 @ 俞敏洪 '
02  list1 = str1.split(' ') # 用空格分割字符串
03  print(' 您 @ 的好友有：')
04  for item in list1:
05      print(item[1:]) # 输出每个好友名时，去掉 @ 符号
```

运行结果如图 4-8 所示。

（2）合并字符串。

合并字符串与拼接字符串不同，它会将多个字符串采用固定的分隔符连接在一起。例如，字符串"绮梦 * 冷伊一 * 香凝 * 黛兰"，就可以看作是通过分隔符" * "将 [' 绮梦 ',' 冷伊一 ',' 香凝 ',' 黛兰 '] 列表合并为一个字符串的结果。

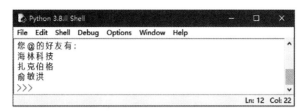

图 4-8　输出被 @ 的好友

合并字符串可以使用字符串对象的 join() 方法实现，语法格式如下：

strnew = string.join(iterable)

参数说明：

☆ strnew：表示合并后生成的新字符串。

☆ string：字符串类型，用于指定合并时的分隔符。

☆ iterable：可迭代对象，该迭代对象中的所有元素（字符串表示）将被合并为一个新的字符串。string 作为边界点分割出来。

5. 检索字符串

在 Python 中，字符串对象提供了很多应用于字符串查找的方法，这里主要介绍以下几种方法。

（1）count() 方法。

count() 方法用于检索指定字符串在另一个字符串中出现的次数。如果检索的字符串不存在，则返回 0，否则返回出现的次数，其语法格式如下：

str.count(sub[, start[, end]])

参数说明：

☆ str：表示原字符串。

☆ sub：表示要检索的子字符串。

☆ start：可选参数，表示检索范围的起始位置的索引，如果不指定，则从头开始检索。

☆ end：可选参数，表示检索范围的结束位置的索引，如果不指定，则一直检索到结尾。

例如，定义一个字符串，然后应用 count() 方法检索该字符串中 " @" 符号出现的次数，代码如下：

```
str1 = '@ 海林科技 @ 扎克伯格 @ 俞敏洪 '
print(' 字符串 "',str1,'" 中包括 ',str1.count('@'),' 个 @ 符号 ')
```

上面的代码执行后，将显示以下结果：

字符串 " @ 海林科技 @ 扎克伯格 @ 俞敏洪 " 中包括 3 个 @ 符号

（2）find() 方法。

该方法用于检索是否包含指定的子字符串。如果检索的字符串不存在，则返回 −1，否则返回首次出现该子字符串时的索引，其语法格式如下：

```
str.find(sub[, start[, end]])
```

参数说明：

☆ str：表示原字符串。

☆ sub：表示要检索的子字符串。

☆ start：可选参数，表示检索范围的起始位置的索引，如果不指定，则从头开始检索。

☆ end：可选参数，表示检索范围的结束位置的索引，如果不指定，则一直检索到结尾。

例如，定义一个字符串，然后应用 find() 方法检索该字符串中首次出现"@"符号的位置索引，代码如下：

```
str1 = '@ 海林科技 @ 扎克伯格 @ 俞敏洪 '
print(' 字符串"',str1,'"中 @ 符号首次出现的位置索引为：',str1.find('@'))
```

上面的代码执行后，将显示以下结果：

字符串"@ 海林科技 @ 扎克伯格 @ 俞敏洪"中 @ 符号首次出现的位置索引为：0

说明：如果只是想要判断指定的字符串是否存在，可以使用 in 关键字实现。例如，上面的字符串 str1 中是否存在 @ 符号，可以使用 print('@' in str1)，如果存在就返回 True，否则返回 False。另外，也可以根据 find() 方法的返回值是否大于 −1 来确定指定的字符串是否存在。

如果输入的子字符串在原字符串中不存在，将返回 −1。例如下面的代码：

```
str1 = '@ 海林科技 @ 扎克伯格 @ 俞敏洪 '
print(' 字符串"',str1,'"中 * 符号首次出现的位置索引为：',str1.find('*'))
```

上面的代码执行后，将显示以下结果：

字符串"@ 海林科技 @ 扎克伯格 @ 俞敏洪"中 * 符号首次出现的位置索引为：−1

说明：Python 的字符串对象还提供了 rfind() 方法，其作用与 find() 方法类似，只是从字符串右边开始查找。

（3）index() 方法。

index() 方法同 find() 方法类似，也是用于检索是否包含指定的子字符串。只不过如果使用 index() 方法，当指定的字符串不存在时会抛出异常。其语法格式如下：

```
str.index(sub[, start[, end]])
```

参数说明：

☆ str：表示原字符串。

☆ sub：表示要检索的子字符串。

☆ start：可选参数，表示检索范围的起始位置的索引，如果不指定，则从头开始检索。

☆ end：可选参数，表示检索范围的结束位置的索引，如果不指定，则一直检索到结尾。

例如，定义一个字符串，然后应用 index() 方法检索该字符串中首次出现"@"符号的位置索引，代码如下：

```
str1 = '@ 海林科技 @ 扎克伯格 @ 俞敏洪 '
print(' 字符串 "',str1,'" 中 @ 符号首次出现的位置索引为：',str1.index('@'))
```

上面的代码执行后，将显示以下结果：

字符串"@海林科技 @扎克伯格 @俞敏洪"中 @符号首次出现的位置索引为：0

如果输入的子字符串在原字符串中不存在，将会产生异常，例如下面的代码：

```
str1 = '@ 海林科技 @ 扎克伯格 @ 俞敏洪 '
print(' 字符串 "',str1,'" 中 * 符号首次出现的位置索引为：',str1.index('*'))
```

上面的代码执行后，将显示如图 4-9 所示的异常。

```
Traceback (most recent call last):
  File "E:\program\Python\Code\test.py", line 7, in <module>
    print('字符串 "',str1,'" 中*符号首次出现位置索引为：',str1.index('*'))
ValueError: substring not found
>>>
```

图 4-9 index 检索不存在元素时出现的异常

说明：Python 的字符串对象还提供了 rindex() 方法，其作用与 index() 方法类似，只是从右边开始查找。

（4）startswith() 方法。

startswith() 方法用于检索字符串是否以指定子字符串开头。如果是则返回 True，否则返回 False。该方法语法格式如下：

```
str.startswith(prefix[, start[, end]])
```

参数说明：

☆ str：表示原字符串。

☆ prefix：表示要检索的子字符串。

☆ start：可选参数，表示检索范围的起始位置的索引，如果不指定，则从头开始检索。

☆ end：可选参数，表示检索范围的结束位置的索引，如果不指定，则一直检索到结尾。

例如，定义一个字符串，然后应用 startswith() 方法检索该字符串是否以"@"符号开头，代码如下：

```
str1 = '@ 海林科技 @ 扎克伯格 @ 俞敏洪 '
print(' 判断字符串 "',str1,'" 是否以 @ 符号开头，结果为：',str1.startswith('@'))
```

上面的代码执行后，将显示以下结果：

判断字符串"@ 海林科技 @ 扎克伯格 @ 俞敏洪"是否以 @ 符号开头，结果为：True

（5）endswith() 方法。

endswith() 方法用于检索字符串是否以指定子字符串结尾。如果是则返回 True，否则返回 False。该方法语法格式如下：

```
str.endswith(suffix[, start[, end]])
```

参数说明：

☆ str：表示原字符串。

☆ suffix：表示要检索的子字符串。

☆ start：可选参数，表示检索范围的起始位置的索引，如果不指定，则从头开始检索。

☆ end：可选参数，表示检索范围的结束位置的索引，如果不指定，则一直检索到结尾。

例如，定义一个字符串，然后应用 endswith() 方法检索该字符串是否以".com"结尾，代码如下：

```
str1 = ' http://www.mingrisoft.com'
print(' 判断字符串 "',str1,'" 是否以 .com 结尾，结果为：',str1.endswith('.com'))
```

上面的代码执行后，将显示以下结果：

判断字符串"http://www.mingrisoft.com"是否以 .com 结尾，结果为：True

6. 字母的大小写转换

在 Python 中，字符串对象提供了 lower() 方法和 upper() 方法进行字母的大小写转换，即可用于将大写字母转换为小写字母或者将小写字母转换为大写字母，如图 4-10 所示。

（1）lower() 方法。

lower() 方法用于将字符串中的大写字母转换为小写字母。如果字符串中没有需要被转换的字符，则将原字符串返回；否则将返回一个新的字符串，将原字符串中每个需要进行小写转换的字符都转换成等价的小写字符。字符长度与原字符长度相同。lower() 方法的语法格式如下：

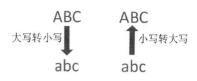

图 4-10　字母大小写转换示意图

```
str.lower()
```

其中，str 为要进行转换的字符串。

例如，使用 lower() 方法后，下面定义的字符串将全部显示为小写字母。

```
str1 = 'WWW.Mingrisoft.com'
print(' 原字符串：',str1)
print(' 新字符串：',str1.lower()) # 全部转换为小写字母输出
```

（2）upper() 方法。

upper() 方法用于将字符串中的小写字母转换为大写字母。如果字符串中没有需要被转换的字符，则将原字符串返回；否则返回一个新字符串，将原字符串中每个需要进行大写转换的字符都转换成等价的大写字符。新字符长度与原字符长度相同。upper() 方法的语法格式如下：

```
str.upper()
```

其中，str 为要进行转换的字符串。

例如，使用 upper() 方法后，下面定义的字符串将全部显示为大写字母。

```
str1 = 'WWW.Mingrisoft.com'
print(' 原字符串：',str1)
print(' 新字符串：',str1.upper()) # 全部转换为大写字母输出
```

【例 4-4】不区分大小写验证会员名是否唯一。

在海林学院的会员注册模块中，要求会员名必须是唯一的，并且不区分字母的大小写，即 hl 和 HL 被认为是同一用户。

在 IDLE 中创建一个名称为 checkusername.py 的文件，然后在该文件中定义一个字符串，内容为已经注册的会员名称，以"｜"进行分隔，然后使用 lower() 方法将字符串全部转换为小写字母，接下来再应用 input() 函数从键盘获取一个输入的注册名称，也将其全部转换为小写字母，再应用 if…else 语句和 in 关键字判断转换后的会员名是否存在

转换后的会员名称字符串中，并输出不同的判断结果，代码如下：

```
01  # 假设已经注册的会员名称保存在一个字符串中，以 " | " 进行分隔
02  username_1 = '|MingRi|mr|mingrisoft|WGH|MRSoft|'
03  username_2 =username_1.lower() # 将会员名称字符串全部转换为小写
04  regname_1 = input(' 输入要注册的会员名称：')
05  regname_2 = '|' + regname_1.lower() + '|' # 将要注册的会员名称全部转换为小写
06  if regname_2 in username_2: # 判断输入的会员名称是否存在
07      print(' 会员名 ',regname_1,' 已经存在！')
08  else:
09      print(' 会员名 ',regname_1,' 可以注册！')
```

运行实例，输入 mrsoft 后，将显示如图 4-11 所示的结果；输入 python，将显示如图 4-12 所示的结果。

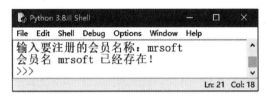

图 4-11　输入的名称已经注册

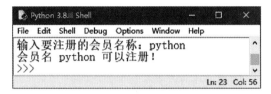

图 4-12　输入的名称可以注册

7. 去除字符串中的空格和特殊字符

用户在输入数据时，可能会无意中输入多余的空格，或在一些情况下，字符串前后不允许出现空格和特殊字符，此时就需要去除字符串中的空格和特殊字符。例如，图 4-13 中 " HELLO " 这个字符串前后都有一个空格。可以使用 Python 中提供的 strip() 方法去除字符串左右两边的空格和特殊字符，也可以使用 lstrip() 方法去除字符串左边的空格和特殊字符，使用 rstrip() 方法去除字符串中右边的空格和特殊字符。

图 4-13　前后包含空格的字符串

说明：这里的特殊字符是指制表符 \t、回车符 \r、换行符 \n 等。

（1）strip() 方法。

strip() 方法用于去掉字符串左、右两侧的空格和特殊字符，语法格式如下：

str.strip([chars])

参数说明：

☆ str：为要去除空格的字符串。

☆ chars：为可选参数，用于指定要去除的字符，可以指定多个。如果设置 chars 为
"@."，则去除左、右两侧包括的"@"或"."。如果不指定 chars 参数，默认将去除空
格、制表符"\t"、回车符"\r"、换行符"\n"等。

例如，先定义一个字符串，首尾包括空格、制表符、换行符和回车符等，然后去
除空格和这些特殊字符；再定义一个字符串，首尾包括"@"或"."字符，最后去掉
"@"和"."，代码如下：

```
str1 = ' http://www.mingrisoft.com \t\n\r'
print('原字符串 str1：' + str1 + '。')
print('字符串：' + str1.strip() + '。') # 去除字符串首尾的空格和特殊字符
str2 = '@ 海林科技 .@.'
print('原字符串 str2：' + str2 + '。')
print('字符串：' + str2.strip('@.') + '。') # 去除字符串首尾的"@""."
```

上面的代码运行后，将显示如图 4-14 所示的结果。

```
原字符串str1：       http：//www.hailinsoft.com。
字符串：http：//www.hailinsoft.com。
原字符串str2：@海林科技.@.。
字符串：海林科技。
>>>
```

图 4-14　strip() 方法示例

（2）lstrip() 方法。

lstrip() 方法用于去掉字符串左侧的空格和特殊字符，语法格式如下：

```
str.lstrip([chars])
```

参数说明：

☆ str：为要去除空格的字符串。

☆ chars：为可选参数，用于指定要去除的字符，可以指定多个，如果设置 chars 为
"@."，则去除左侧包括的"@"或"."。如果不指定 chars 参数，默认将去除空格、制
表符"\t"、回车符"\r"、换行符"\n"等。

例如，先定义一个字符串，左侧包括一个制表符和一个空格，然后去除空格和制表
符；再定义一个字符串，左侧包括一个 @ 符号，最后去掉 @ 符号，代码如下：

```
str1 = '\t http://www.mingrisoft.com'
print('原字符串 str1：' + str1 + '。')
print('字符串：' + str1.lstrip() + '。') # 去除字符串左侧的空格和制表符
str2 = '@ 海林科技 'print('原字符串 str2：' + str2 + '。')
print('字符串：' + str2.lstrip('@') + '。') # 去除字符串左侧的 @
```

上面的代码运行后，将显示如图 4-15 所示的结果。

```
原字符串strl：      http：//www.hailinsoft.com。
字符串：http：//www.hailinsoft.com。
原字符串str2：@海林科技。
字符串：海林科技。
>>>
```

图 4-15　lstrip() 方法示例

（3）rstrip() 方法。

rstrip() 方法用于去掉字符串右侧的空格和特殊字符，语法格式如下：

str.rstrip([chars])

参数说明：

☆ str：为要去除空格的字符串。

☆ chars：为可选参数，用于指定要去除的字符，可以指定多个，如果设置 chars 为 "@."，则去除右侧包括的 "@" 或 "."。如果不指定 chars 参数，默认将去除空格、制表符 "\t"、回车符 "\r"、换行符 "\n" 等。

例如，先定义一个字符串，右侧包括一个制表符和一个空格，然后去除空格和制表符；再定义一个字符串，右侧包括一个 ","，最后去掉 ","，代码如下：

```
str1 = ' http://www.mingrisoft.com\t '
print(' 原字符串 str1：' + str1 + '。')
print(' 字符串：' + str1.rstrip() + '。') # 去除字符串右侧的空格和制表符
str2 = '海林科技 ,'
print(' 原字符串 str2：' + str2 + '。')
print(' 字符串：' + str2.rstrip(',') + '。') # 去除字符串右侧的逗号
```

上面的代码运行后，将显示如图 4-16 所示的结果。

```
原字符串str1：http://www.mingrisoft.com     。
字符串：http://www.mingrisoft.com。
原字符串str2：海林科技，。
字符串：海林科技。
>>>
```

图 4-16　rstrip() 方法示例

8.格式化字符串

格式化字符串是指先制定一个模板，在这个模板中预留几个空位，然后再根据需要填上相应的内容。这些空位需要通过指定的符号标记（也称为占位符），而这些符号还不会显示出来。在 Python 中，格式化字符串有以下两种方法：

（1）使用 "%" 操作符。

在 Python 中，要实现格式化字符串，可以使用 "%" 操作符，语法格式如下：'%[-]

[+][0][m][.n] 格式化字符 '%exp。

参数说明：

☆ -：可选参数，用于指定左对齐，正数前方无符号，负数前面加负号。

☆ +：可选参数，用于指定右对齐，正数前方加正号，负数前方加负号。

☆ 0：可选参数，表示右对齐，正数前方无符号，负数前方加负号，用 0 填充空白处（一般与 m 参数一起使用）。

☆ m：可选参数，表示占有宽度。

☆ .n：可选参数，表示小数点后保留的位数。

☆格式化字符：用于指定类型，其值如表 4-2 所示。

表 4-2　常用的格式化字符

格式化字符	说明	格式化字符	说明
%s	字符串（采用 str() 显示）	%r	字符串（采用 repr() 显示）
%c	单个字符	%o	八进制整数
%d 或者 %i	十进制整数	%e	指数（基底写为 e)
%x	十六进制整数	%E	指数（基底写为 E)
%f 或者 %F	浮点数	%%	字符 %

☆ exp：要转换的项。如果要指定的项有多个，需要通过元组的形式进行指定，但不能使用列表。

例如，格式化输出一个保存公司信息的字符串，代码如下：

```
template = ' 编号：%09d\t 公司名称：%s \t 官网：http://www.%s.com' # 定义模板
context1 = (7,' 百度 ','baidu') # 定义要转换的内容 1
context2 = (8,' 海林学院 ','mingrisoft') # 定义要转换的内容 2
print(template%context1) # 格式化输出
print(template%context2) # 格式化输出
```

上面的代码运行后将显示如图 4-17 所示的效果，即按照指定模板格式输出两条公司信息。

```
编号：000000007    公司名称：百度        官网：http://www.baidu.com
编号：000000008    公司名称：海林学院     官网：http://www.hailinsoft.com
>>>
```

图 4-17　格式化输出公司信息

说明：由于使用 % 操作符是早期 Python 中提供的方法，从 Python 2.6 版本开始，字符串对象提供了 format() 方法对字符串进行格式化。现在一些 Python 社区也推荐使用这种方法。所以建议大家重点学习 format() 方法的使用。

（2）使用字符串对象的 format() 方法。

字符串对象提供了 format() 方法用于进行字符串格式化，语法格式如下：

str.format(args)

参数说明：

☆ str：用于指定字符串的显示样式（即模板）。

☆ args：用于指定要转换的项，如果有多项，则用逗号进行分隔。

下面重点介绍创建模板。在创建模板时，需要使用"{}"和":"指定占位符，语法格式如下：

{[index][:[[fill]align][sign][#][width][.precision][type]]}

参数说明：

☆ index：可选参数，用于指定要设置格式的对象在参数列表中的索引位置，索引值从 0 开始。如果省略，则根据值的先后顺序自动分配。

☆ fill：可选参数，用于指定空白处填充的字符。

☆ align：可选参数，用于指定对齐方式（值为"<"时表示内容左对齐；值为">"时表示内容右对齐；值为"="时表示内容右对齐，只对数字类型有效，即将数字放在填充字符的最右侧，值为"^"时表示内容居中），需要配合 width 一起使用。

☆ sign：可选参数，用于指定有无符号数（值为"+"表示正数加正号，负数加负号；值为"-"表示正数不变；负数加负号，值为空格表示正数加空格，负数加负号）。

☆ #：可选参数，对于二进制数、八进制数和十六进制数，如果加上 #，表示会显示 0b/0o/0x 前缀，否则不显示前缀。

☆ width：可选参数，用于指定所占宽度。

☆ .precision：可选参数，用于指定保留的小数位数。

☆ type：可选参数，用于指定类型。

format() 方法中常用的格式化字符如表 4-3 所示。

表 4-3　format() 方法中常用的格式化字符

格式化字符	说明	格式化字符	说明
s	对字符串类型格式化	b	将十进制整数自动转换成二进制表示再格式化
d	十进制整数	o	将十进制整数自动转换成八进制表示再格式化
c	将十进制整数自动转换成对应的 Unicode 字符	x 或者 X	将十进制整数自动转换成十六进制表示再格式化
e 或者 E	转换为科学计数法表示再格式化	f 或者 F	转换为浮点数（默认小数点后保留 6 位）再格式化
g 或者 G	自动在 e 和 f 或者 E 和 F 中切换	%	显示百分比（默认显示小数点后 6 位）

说明：当一个模板中出现多个占位符时，指定索引位置的规范需统一，即全部采用手动指定，或者全部采用自动。例如，定义"'我是数值：{:d}，我是字符串：{1:s}'"模板是错误的。会抛出如图 4-18 所示的异常。

```
Traceback (most recent call last):
  File "E:\program\Python\Code\test.py", line 17, in <module>
    print(template.format(7,'海林学院'))
ValueError: cannot switch from automatic field numbering to manual field specification
>>>
```

图 4-18　字段规范不统一抛出的异常

例如，定义一个保存公司信息的字符串模板，然后应用该模板输出不同公司的信息，代码如下：

template = ' 编号：{0:>9s}\t 公司名称：{:s} \t 官网：http://www.{:s}.com' # 定义模板
context1 = template.format('7',' 百度 ','baidu') # 转换内容 1
context2 = template.format('8',' 海林学院 ','hailinsoft') # 转换内容 2
print(context1) # 输出格式化后的字符串
print(context2) # 输出格式化后的字符串

上面的代码运行后将显示如图 4-19 所示的效果，即按照指定模板格式输出两条公司信息。

```
编号：000000007    公司名称：百度      官网：http://www.baidu.com
编号：000000008    公司名称：海林学院   官网：http://www.hailinsoft.com
>>>
```

图 4-19　格式化输出公司信息

在实际开发中，数值类型有多种显示方式，比如货币形式、百分比形式等，使用 format() 方法可以将数值格式化为不同的形式。下面通过一个具体的实例进行说明。

【例 4-5】格式化不同的数值类型数据。

在 IDLE 中创建一个名称为 formatnum.py 的文件，然后在该文件中将不同类型的数据进行格式化并输出，代码如下：

```
01  import math # 导入 Python 的数学模块
02  # 以货币形式显示
03  print('1251+3950 的结果是（以货币形式显示）：￥{:,.2f} 元 '.format(1251+3950))
04  print('{0:.1f} 用科学计数法表示：{0:E}'.format(120000.1)) # 用科学计数法表示
05  print('π 取 5 位小数：{:.5f}'.format(math.pi)) # 输出小数点后五位
06  print('{0:d} 的 16 进制结果是：{0:#x}'.format(100)) # 输出十六进制数
07  # 输出百分比，并且不带小数
08  print(' 天才是由 {:.0%} 的灵感，加上 {:.0%} 的汗水。'.format(0.01,0.99))
```

运行实例，将显示如图 4-20 所示的结果。

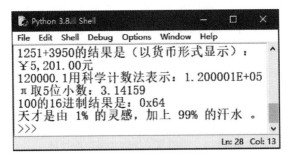

图 4-20　格式化不同的数值类型数据

4.2　正则表达式

4.2.1　基本语法

正则表达式由元字符（特殊符号和字符）及其不同组合来构成，通过巧妙地构造正则表达式可以匹配任意字符串，并完成复杂的字符串处理任务。常用的正则表达式元字符如表 4-4 所示。

表 4-4　正则表达式常用元字符

元字符	功能
.	匹配除换行符 (\n) 以外的任意单个字符
*	匹配 0 次或多次前面出现的正则表达式，如 [A-Z]、[a-z]、[0-9]
+	匹配 1 次或多次前面出现的正则表达式，如 [a-z]+\.com
-	用在 [] 之内用来表示范围，如 [0-9]、[a-z]、[A-Z]
|	匹配位于 | 之前或之后的字符，如 rel | re2
^	匹配行首，匹配以 ^ 后面的字符开头的字符串，如 ^Mr.
$	匹配行尾，匹配以 $ 之前的字符结束的字符串，如 /bin/ * sh $
?	匹配位于 "?" 之前的 0 次或 1 次前面出现的正则表达式，如 goo?
\	表示位于 \ 之后的为转义字符
\num	num 为正整数，如 "(.)\1" 匹配两个连续的相同字符
\f	换页符匹配
\n	换行符匹配
\r	匹配一个回车符
\b	匹配单词头或单词尾
\B	与 \b 含义相反
\d	匹配任何数字，相当于 [0-9]
\D	与 \d 含义相反，相当于 [^0-9]
\s	匹配任何空白字符，包括空格、制表符、换页符，与 [\f\n\r\t、v] 等效

续表

元字符	功能
\S	与 \s 含义相反
\w	匹配任何字母、数字以及下画线，相当于 [a-zA-Z0-9]
\W	与 \w 含义相反，与 [^a-zA-Z0-9] 等效
()	将位于 () 内的内容作为一个整体来对待
{}	按 {} 中的次数进行匹配
[]	匹配位于 [] 中的任意一个字符
[^xyz]	反向字符集，匹配除 x，y，z 之外的任意字符
[a-z]	字符范围，匹配指定范围内的任意字符
[^a-z]	反向范围字符，匹配除小写英文字母之外的任意字符

说明：①元字符"?"匹配位于"?"之前的 0 个或 1 个字符，如果紧随任何其他限定符（*、+、？、{n}、{n，}、{n,m}，之后时，匹配模式是"非贪心的"，"非贪心的"模式匹配搜索到的、尽可能短的字符串，而默认的"贪心的"模式匹配搜索到的、尽可能长的字符串。如在字符串"oooooo"中，"o+?"只匹配单个 o，而 o+ 匹配所有 o。

②如果以"\"开头的元字符与转义字符相同，则需要使用"\\"或者原始字符串，在字符串前加上字符"r"或"R"。原始字符串可以减少用户的输入，主要用于正则表达式和文件路径字符串，如果字符以一个斜线"\"结束，则需要多写一个斜线，以"\\"结束。

下面列举基本的正则表达式元字符组合，例如：

1. 选择一个匹配符号匹配多个正则表达式

（1）Python|Pearl 或 P(ython | erl)：匹配"Python"或"Pearl"。

（2）Mr.| Sir | Mrs.| Miss | Madam：匹配"Mr.""Sir""Mrs.""Miss"或"Madam"。

（3）(a | b)*c：匹配多个（包含 0 个）a 或 b，后面紧跟一个字母 c。

2. 匹配任意单个字符

（1）f.r：匹配在字母"f""r"之间的任意一个字符。如 fur、far、for。

（2）..：匹配任意两个字符。

（3）.end：匹配在字符串之前的任意一个字符。

3. 从字符串起始或者结尾匹配

（1）^http：匹配所有以"http"开头的字符串。

（2）^[a-zA-Z]{l}（[a-zA-Z0-9._]）{4，19}$：匹配长度为 5~20，以字母开头，可带数字、"_""."的字符串。

（3）* / $$：匹配以美元符号结束的字符串。

（4）^(\w)(6，20)$：匹配长度为 6 ～ 20 的字符串，可以包含字母、数字或下画线。

（5）^（\-）?\d+(\.\d{1，2})?$：检查给定字符串是否为最多带有 2 位小数的正数或负数。

（6）^[a-zA-Z]+$：检查给定字符串是否只包含大小写英文字母。

4. 创建字符集

（1）[PIW]ython：匹配"Python""Iython"或"Wython"。

（2）[a-zA-Z0-9]：匹配一个任意大、小写字母或数字。

（3）[^abc]：匹配一个除"a""b"和"c"之外的任意字符。

（4）b[aeiu]t：匹配"bat""bet""bit""but"。

（5）[ab][te][12]：匹配一个包含 3 个字符的字符串，第 1 个字符是"a"或"b"，第 2 个字符是"t"或"e"，第 3 个字符是"1"或"2"。

5. 限定范围和否定

（1）z.[0-9]：字母"z"后面跟任何一个字符，然后跟着一个数字。

（2）[^aeiou]：一个非元音字符（不一定是"辅音"）。

（3）[r-u][env-y][us]：字母"r""s""t"或者"u"后面跟"e""n""v""w""x"或者"y"，然后跟着"u"或"s"。

（4）[^\t\n]：不匹配制表符或者 \n。

（5）["-a]：在 ASCII 表中，所有字符都位于""和"a"之间，即 34~97。

（6）[\u4e00-\u9fa5]：匹配给定字符串中所有汉字。

6. 表示字符集的特殊字符

（1）\d{4}-\d{1, 2} -\d{1, 2}：匹配指定格式的日期，例如 2017-4-29。"^[a-zA-Z]{3}\.-(\0)?\d{1-2}-\d{4}"包含 Apr. -01-2017。

（2）(?!.*'\'"\ / ; =%?]).+"：如果给定字符串中包含 '、"、/、;、=、%、？，则匹配失败。

（3）(.)\\1+：匹配任意字符的一次或多次重复出现。

（4）ab{l,}：等价于"ab+"，匹配以字母 a 开头后面带 1 个或多个字母 b 的字符串。

（5）^\d{1, 3}\.\d{1, 3}\.\d{1, 3}\.\d{1, 3}：检查给定字符串是否为合法 IP 地址。

（6）^(13[4-9]\d{8})| 15[01289] \d{8})：检查给定字符串是否为合法手机号。

（7）^\w+@(\w+\.)+\w+：检查给定字符串是否为合法电子邮件地址。

（8）^\d{18}|\d{15}：检查给定字符串是否为合法身份证格式。

（9）^(?=.*[a-z])(?=.*[A-Z])(?=.*\d)(?=.*[, ._]) .{8,}：检查给定的字符串是否为强密码，必须同时包含英语小写字母、大写字母、数字或特殊符号，并且长度至少 8 位。

7. 使用 () 指定分组

（1）子模式后面加上？：可选。如"(http://)?(www\.)?python\.org"匹配"http://www. python. org""http://python. org""www. python. org""python. org"。

（2）\d+ (\.\d*) ?：匹配简单浮点数的字符串，即任意十进制数字，后面可接一个小数点、零个或多个十进制数字，如"3. 14159""123"等。

（3）(Mr?s?\.)?[A-Z][a-z]*[A-Za-z-]+：匹配名字和姓氏，以及对名字的限制（如果有，首字母必须大写，后续字母小写），全名前可以有可选的"Mr.""Mrs.""Ms."或"M."作为称谓，以及灵活可选的姓氏，可以有多个单词、横线以及大写字母。

（4）(pattern)*：允许模式重复 0 次或多次。

（5）(pattern)+：允许模式重复 1 次或多次。

（6）(pattern){m, n}：允许模式重复 m~n 次。

8. 扩展表示法

（1）(?:\w+\.)* ：以点作为结尾的字符串，例如"google.""twitter.""facebook."，但是这些匹配不会保存下来供后续使用和数据检索。

（2）(?#comment)：此处并不做匹配，只是作为注释。

（3）(?-.com)：如果一个字符串后面跟着".com"才能匹配操作，并不使用任何目标字符串。

（4）(?!.net)：如果一个字符串后面紧跟着的不是".net"才做匹配操作。

（5）(?<=86-)：如果字符串之前为"86-"才做匹配，假定为电话号码，同样，并不使用任何输入字符串。

（6）(?<! 192\ 168\)：如果一个字符串之前不是"192.168"才做匹配操作，假定用于过滤掉一组 C 类 IP 地址。

（7）(?(1)y | x)：如果一个匹配组 1(\1) 存在，就与 y 匹配，否则，就与 x 匹配。

构造正则表达式时，要注意到可能会发生的错误，尤其是涉及特殊字符时，例如下面这段代码作用是用来匹配 Python 程序中的运算符，但是因为有些运算符与正则表达式的元字符相同而引起歧义，如果处理不当则会造成理解错误，需要进行必要的转义处理。

```
>>> import re
>>> symbols=[', ', '+', '-', '*', ' / ', '//', '**', '>>', '<<', '+=', '-=', '*=',' / =']
>>> for i in symbols：
…        patter=re.compile(r'\s*'+i+r'\s*')
error：multiple repeat
>>> for i in symbols：
…        petter= re.compile(r'\s*'+re.escape(i)+r'\s*')    # 生成正则表达式
```

4.2.2　使用正则表达式对象

Python 代码最终会被编译成字节码，然后在解释器上执行，或者说解释器在执行字符串代码前都必须把字符串编译成代码对象。因此使用预编译的代码对象比直接使用字符串要快。同样，对正则表达式来说，在模式匹配发生前，正则表达式模式必须编译成正则表达式对象。由于正则表达式在执行过程中将进行多次比较操作，因此强烈建议使用预编译。re. compile() 提供预编译功能，它将正则表达式编译生成正则表达式对象，然后再使用正则表达式对象提供的方法进行字符串处理，使用编译后的正则表达式对象可提高字符串处理速度。

模块函数会对已编译的对象进行缓存，因此不是所有使用相同正则表达式模式的 earch() 和 match() 都需要编译，这既节省了缓存查询时间，又不必对于相同的字符串反复进行函数调用。purge() 函数能够用于清除这些缓存。

1. 正则表达式对象的 match()、search() 和 findall() 方法

正则表达式对象的 match(string[，pos[，endpos]]) 方法在字符开头或指定位置进行搜索，模式必须出现在字符串开头或指定位置；search(string[，pos[，endpos]]) 方法在整

个字符串或指定范围中进行搜索；findall(string[，pos[，endpos]]) 方法在字符串中查找所有符合正则表达式的字符串并以列表形式返回。例如：

```
>>> import re
>>> permanentFive='United State of America, British Empire ,The French Republic,'\
                  'The Russian Federation, Peoples Republic of China'
>>> pattern= re.compile(r'\bR\w+\b')    # 以 'R' 开头的单词
>>> patterm. findall(permanentFive)
['Republic','Russian','Republic']
>>> patteen=re.compile(r'\w+a\b')    # 以 'a' 结尾的单词
>>> pattern. findall(permanentFive)
['America',  'China']
>>> pattern=re.compile(r'\b[a-zA-Z]{3}\b')  # 字母个数为 3 的单词
>>> pattern. findall(permanentFive)
['The']
>>> pattem.match（permanentFive）  # 从字符串开头开始匹配，不成功，没有返回值
>>> pattern. search(permanentFive)    # 在整个字符串中搜索，成功
<_sre. SRE_Match object at 0x000000000305CE68>
>>> patterm=re.compile(r'\b\w* n\w*\b')   # 所有含有字母 'n' 的单词
>>> patterm. fimdall(permanentFive)
['United','French','Russian','Federation','China']
>>>re.findall(r"\w+tion", permanentFive)   # 所有以 'tion' 结尾的单词
['Federation']
>>>re.purge()            # 清空正则表达式模式缓存
```

2. 正则表达式对象的 sub() 和 subn() 方法

正则表达式对象的 sub(repl，string，count) 方法根据正则表达式的模式将 repl 替换 string 中相应的 count 个字符；而 subn(repl，string) 方法根据正则表达式的模式将 repl 替换 string 中相应的字符，并返回替换次数。例如：

```
>>> str='The nineteen Congress of the Communist Party of China was held at the'\
        'Great Hall of the people in Beijing in October 8,2017.'
>>> pattern =re. compile(r'\\ba\w*\b', re.I)   # 将以字母 'a' 或 'A' 开头的单词替换为 *
>>> print(pattern. sub('*',str)
* nineteen Congress of * Communist Party of China was held at*Great Hall of peoplein
Beijing in October 8, 2017.
>>> print(pattern. sub('*', str, 1))   # 只替换 1 次
* nineteen Congress of the Communist Party of China was held at the Great Hall of the
people in Beijing in October 8.2017.
>>> print(pattern. subn('*', str))   # 替换并显示次数
('* nineteen Congress of * Communist Party of China was held at * Great Hall of *
```

people in Beijing in October 8,2017.',4)

```
>>> print(pattern. subn('*'，str)[1])     # 只显示替换次数
4
```

3. 正则表达式对象的 split() 方法

正则表达式对象的 split(string) 方法按照正则表达式的模式规定的分隔符将字符串 string 进行分割，返回列表。例如：

```
>>> number=r' one, two three. four/five\six? seven[eight%nine | ten'
>>> pattern=re.compile(r'[,. ／ \\?\[|%~]')
>>> pattern. split(number)
['one', 'twothree', 'four','five', 'six', 'seven', 'eight','nine', 'ten']
>>> number=r'1.one2. two3. three4. four5. five6. six7. seven8. eight9. ninel0. ten'
>>> pattern=re.compile(r'\d\.+')
>>> pattern. split(number)
['one', 'two', 'three', 'four','five','six', 'seven', 'eight', 'ninel', 'ten']
>>> number=r' one  two, three4. four/five[ six%seven, eight, nine, ten'
>>> pattern=re.compile(r'[\s,.\d\ ／ [%]+')
>>> pattern. split(number)
['one', 'two', 'three', 'four','five', 'six', 'seven', 'eight','nine', 'ten']
```

4.3 综合案例：实现微信抢红包功能

模拟微信抢红包（提示：本实例实现时需要应用生成随机数的 random 模块和支持十进制浮点运算的 decimal 模块），效果如图 4-21 所示。

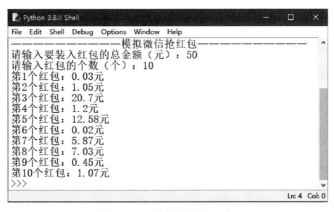

图 4-21 模拟微信抢红包

模拟微信抢红包，输入红包总金额和红包个数，随机生成红包，每个红包的额度控制在 0.01 和剩余平均值 ×2 即（所剩金额 / 红包个数）×2 之间。请编辑程序，打印输出每个红包的金额。

```
import random
# 主程序
def main():
    i = int(input(" 请输入红包金额："))
    l = i  # 复制一个变量内存
    s = int(input(" 红包个数："))
    g = 1
    while g != s:
        t = float(random.uniform(0,l))
        if 0.01<t<(i-t)/s*2: # 题目要求
            print(round(t,2),end=" ")
            i = i - t # 每打印一个红包就重新计算剩余红包额度
            g += 1
        else:
            pass
    print(round(i,2))
if __name__ == "__main__":
    main()
```

运行结果见图 4-22。

```
Microsoft Windows [版本 6.3.9600]
(c) 2013 Microsoft Corporation. 保留所有权利。

F:\爬虫> cmd /C "C:\Users\Administrator\AppData\Local\Programs\Python\Python38\python.exe c:\Users\Administrator\.vscode\extensions\ms-python.p
ython-2020.11.358366026\pythonFiles\lib\python\debugpy\launcher 51305 -- f:\爬虫\aaa.py "
请输入红包金额：50
红包个数：15
0.42  1.52  3.13  4.71  4.36  2.59  0.63  0.01  0.6  1.36  2.83  0.37  1.75  2.42  23.3
```

图 4-22　运行结果

技能检测：显示实时天气预报

应用字符串的 format() 方法格式化输出实时天气预报，效果如图 4-23 所示。

图 4-23　显示实时天气预报

函 数

内容导图

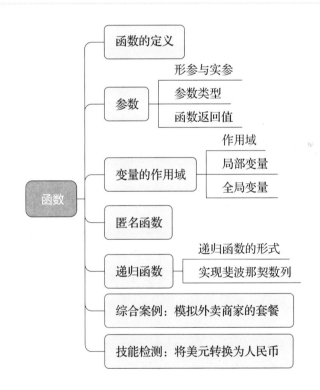

函数
- 函数的定义
- 参数
  - 形参与实参
  - 参数类型
  - 函数返回值
- 变量的作用域
  - 作用域
  - 局部变量
  - 全局变量
- 匿名函数
- 递归函数
  - 递归函数的形式
  - 实现斐波那契数列
- 综合案例：模拟外卖商家的套餐
- 技能检测：将美元转换为人民币

学习目标

1. 理解函数的定义。
2. 掌握参数的类型及返回值。
3. 了解变量的作用域。
4. 理解匿名函数。

5. 能够运用递归函数解决复杂问题。

6. 引导学生树立远大的理想信念，确立正确的人生观、价值观。

5.1 函数的定义

在实际开发中，当我们需要在程序中多次执行相同任务时，可以把需要反复执行的代码抽象为一个函数，这样可提高代码的可靠性，并且可以实现代码的复用。在程序设计时把大任务拆分成多个函数分而治之，有利于复杂问题简单化。通过使用函数，程序的编写、阅读、测试和修复都将变得更加轻松。

函数是已组织的、具有特定功能的、可重复使用的单一或相关联功能的代码段，通过函数名来表示和调用，能够提高模块化和代码的复用。Python 提供了很多内置函数，如 print() 函数等，还可以自己创建函数，也就是自定义函数。

在 Python 中，通过保留字 def 来定义函数，基本语法如下：

```
def < 函数名 >(< 参数列表 >):
    < 函数体 >
    return < 返回值列表 >
```

在函数定义时，要注意以下要求：

（1）函数名的命名规则与变量的命名规则相同，只能由字母、数字和下画线组成，不能以数字开头，避免用保留字作函数名。

（2）参数列表中的参数，可以有零个、一个或多个，当传递多个参数时各参数由逗号分隔，当没有参数时也要保留圆括号。

（3）函数头部末尾的冒号必不可少。

（4）函数体是函数每次被调用时执行的代码，由一行或多行语句组成。

（5）return 语句结束函数，返回值到调用方，函数也可以没有 return 语句。

（6）函数代码块以 def 开头，函数体相对于 def 必须保持缩进。

【例 5-1】定义一个函数，求自然数 1 到 n 的和。

```
def sum(n):
    s=0
    for i in range(1,n+1):
        s=s+i
    return s
```

【例 5-2】定义一个函数，输出对学生信息操作的菜单说明。

```
def menu():
    print("*"*6+"1. 添加学生信息 "+"*"*6)
```

```
print("*"*6+"2.删除学生信息 "+"*"*6)
print("*"*6+"3.修改学生信息 "+"*"*6)
```

注意：该函数不需要返回值，所以省略了 return 语句。

5.2　参数

在调用函数时，大多数情况下，主调函数和被调用函数之间有数据传递关系，这就是有参数的函数形式。函数参数的作用是传递数据给函数使用，函数利用接收的数据进行具体的操作处理。

函数参数在定义函数时放在函数名称后面的一对小括号中，如图 5-1 所示。

图 5-1　函数参数

5.2.1　形参与实参

在使用函数时，经常会用到形式参数和实际参数，二者都叫作参数，它们的区别先通过形式参数与实际参数的作用来进行讲解，再通过一个比喻和实例进行深入探讨。

1.通过作用理解

形式参数和实际参数在作用上的区别如下：

☆形式参数：在定义函数时，函数名后面括号中的参数为"形式参数"。

☆实际参数：在调用一个函数时，函数名后面括号中的参数为"实际参数"，也就是将函数的调用者提供给函数的参数称为实际参数。通过图 5-2 可以更好地理解。

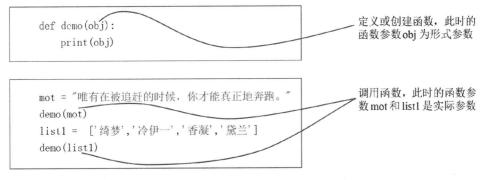

图 5-2　形式参数与实际参数

根据实际参数的类型不同，可以分为将实际参数的值传递给形式参数和将实际参数的引用传递给形式参数两种情况。其中，当实际参数为不可变对象时，进行值传递；当实际参数为可变对象时，进行的是引用传递。实际上，值传递和引用传递的基本区别就是，进行值传递后，改变形式参数的值，实际参数的值不变；而进行引用传递后，改变形式参数的值，实际参数的值也一同改变。

例如，定义一个名称为 demo 的函数，然后为 demo() 函数传递一个字符串类型的变

量作为参数（代表值传递），并在函数调用前后分别输出该字符串变量，再为 demo() 函数
传递一下列表类型的变量作为参数（代表引用传递），并在函数调用前后分别输出该列表。
代码如下：

```
# 定义函数
def demo(obj):
    print(" 原值： ",obj)
    obj += obj
# 调用函数 print("========= 值传递 ========")
mot = " 唯有在被追赶的时候，你才能真正地奔跑。"
print(" 函数调用前： ",mot)
demo(mot) # 采用不可变对象——字符串
print(" 函数调用后： ",mot)
print("========= 引用传递 ========")
list1 = [' 绮梦 ',' 冷伊一 ',' 香凝 ',' 黛兰 ']
print(" 函数调用前： ",list1)
demo(list1) # 采用可变对象——列表
print(" 函数调用后： ",list1)
```

上面代码的执行结果如下：

```
========= 值传递 ========
函数调用前：唯有在被追赶的时候，你才能真正地奔跑。
原值：唯有在被追赶的时候，你才能真正地奔跑。
函数调用后：唯有在被追赶的时候，你才能真正地奔跑。
========= 引用传递 ========
函数调用前： [' 绮梦 ',' 冷伊一 ',' 香凝 ',' 黛兰 ']
原值： [' 绮梦 ',' 冷伊一 ',' 香凝 ',' 黛兰 ']
函数调用后： [' 绮梦 ',' 冷伊一 ',' 香凝 ',' 黛兰 ',' 绮梦 ',' 冷伊一 ',' 香凝 ',' 黛兰 ']
```

从上面的执行结果中可以看出，在进行值传递时，改变形式参数的值后，实际参数
的值不改变；在进行引用传递时，改变形式参数的值后，实际参数的值也发生改变。

2. 通过一个比喻来理解形式参数和实际参数

函数定义时，参数列表中的参数就是形式参数，而函数调用时，传递进来的参数就
是实际参数。就像剧本选主角一样，剧本的角色相当于形式参数，而演角色的演员就相
当于实际参数。

【例 5-3】根据身高、体重计算 BMI 指数（共享版）。

在 IDLE 中创建一个名称为 function_bmi.py 的文件，然后在该文件中定义一个名称
为 fun_bmi 的函数，该函数包括 3 个参数，分别用于指定姓名、身高和体重，再根据公
式：BMI= 体重 /（身高 × 身高），计算 BMI 指数，并输出结果，最后在函数体外调用两

次 fun_bmi 函数，代码如下：

```
01  def fun_bmi(person,height,weight):
02     ''' 功能：根据身高和体重计算 BMI 指数
03        person：姓名
04        height：身高，单位：米
05        weight：体重，单位：千克
06     '''
07     print(person + " 的身高：" + str(height) + " 米 \t 体重：" + str(weight) + " 千克 ")
08     bmi=weight/(height*height) # 用于计算 BMI 指数，公式为：BMI= 体重 / 身高的平方
09     print(person + " 的 BMI 指数为："+str(bmi)) # 输出 BMI 指数
10     # 判断身材是否合理
11     if bmi<18.5:
12        print(" 您的体重过轻 ~@_@~\n")
13     if bmi>=18.5 and bmi<24.9:
14        print(" 正常范围，注意保持 (-_-)\n")
15     if bmi>=24.9 and bmi<29.9:
16        print(" 您的体重过重 ~@_@~\n")
17     if bmi>=29.9:
18        print(" 肥胖 ^@_@^\n")
19  #*********************** 调用函数 ******************************* #
20  fun_bmi(" 路人甲 ",1.83,60) # 计算路人甲的 BMI 指数
21  fun_bmi(" 路人乙 ",1.60,50) # 计算路人乙的 BMI 指数
```

运行结果如图 5-3 所示。

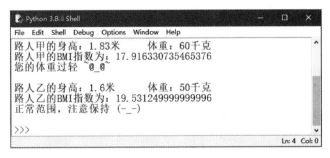

图 5-3　根据身高、体重计算 BMI 指数

从该实例代码和运行结果可以看出：

（1）定义一个根据身高、体重计算 BMI 指数的函数 fun_bmi()，在定义函数时指定的变量 person、height 和 weight 称为形式参数。

（2）在函数 fun_bmi() 中根据形式参数的值计算 BMI 指数，并输出相应的信息。

（3）在调用 fun_bmi() 函数时，指定的"路人甲"、1.83 和 60 等都是实际参数，在函数执行时，这些值将被传递给对应的形式参数。

5.2.2 参数类型

1. 位置参数

位置参数也叫必选参数，是函数调用时比较常用的参数类型，函数调用时的参数数量、位置、参数类型必须和定义时的一致。

【例 5-4】位置参数的使用。

```
def stu(num,nam,sco):
    print(" 学号：{} 姓名：{} 成绩：{:.2f}".format(num,nam,sco*0.7))
stu("S01001"," 李丽 ",92)    # 参数数量、位置、参数类型都一致
stu("S01002"," 张方 ")      # 参数位置、类型一致，数量不一致，语法错误
stu("S01003"," 赵伟 ","90") # 参数位置、数量一致，类型不一致，语法错误
```

执行以上程序会输出如下结果：

```
学号：S01001 姓名：李丽 成绩：64.40
TypeError: stu() missing 1 required positional argument: 'sco'
```

2. 默认值参数

函数定义时，可以为函数的参数设置默认值。当函数调用时，如果这个参数没有值传入，即可直接使用函数定义时设置的默认值。

【例 5-5】默认参数的使用。

```
def stu(num,nam,sco=80):
    print(" 学号：{} 姓名：{} 成绩：{:.2f}".format(num,nam,sco))
stu("S01001"," 李丽 ",92)
stu("S01002"," 张方 ")
stu("S01003"," 赵伟 ")
```

执行以上程序会输出如下结果：

```
学号：S01001 姓名：李丽 成绩：92.00
学号：S01002 姓名：张方 成绩：80.00
学号：S01003 姓名：赵伟 成绩：80.00
```

该函数调用时，第一个和第二个形参没有默认值，则传递实参的值，第三个形参有实参值则传递实参的值，实参没有值则使用默认参数。

3. 关键参数

函数调用时，通过关键参数可以按照参数名称传递值，明确指出哪个值传递给哪个参数，此时实参顺序可以和定义时的形参顺序不一致。这样使得函数的调用和参数传递更加灵活，避免了用户需要牢记参数位置的麻烦。

【例 5-6】关键参数的使用。

```
def stu(num,nam,sco=80):
    print(" 学号：{} 姓名：{} 成绩：{:.2f}".format(num,nam,sco))
stu(num="S01001",sco=92,nam=" 李丽 ")
stu(num="S01002",nam=" 张方 ")
```

执行以上程序会输出如下结果：

学号：S01001 姓名：李丽 成绩：92.00
学号：S01002 姓名：张方 成绩：80.00

该函数调用时，注意实参的顺序是可以和形参不一致，由于是关键参数，所以会按照参数名来传递值。如果有默认参数，就遵循默认参数的使用规则。

4. 可变长度参数

如果在定义一个函数时，函数处理的参数个数比函数定义时的参数个数多，则函数定义时需要使用可变长度参数。

可变长度参数在函数定义时主要有两种方式：*parameter 和 **parameter。

（1）*parameter：函数可以接收任意个数的参数，函数会把多个位置参数值当成元组的形式传入。

（2）**parameter：函数可以接收任意个数的参数，函数会把关键字参数值当成字典的形式传入。

【例 5-7】可变长度参数 *parameter 的使用。

```
def stu(clas,*nam,**sco):
    print("class=",clas)
    print("names=",nam)
    for i in nam:
        print("name=",i)
stu("c01"," 李丽 "," 张方 "," 赵伟 ")
```

执行以上程序会输出如下结果：

```
class= c01
names= (' 李丽 ', ' 张方 ', ' 赵伟 ')
name= 李丽
name= 张方
name= 赵伟
```

【例 5-8】可变长度参数 **parameter 的使用。

```
def stu(clas,**sco):
    print("class=",clas)
    print("scores=",sco)
stu("c01", 李丽 =90, 张方 =87, 赵伟 =83)
```

执行以上程序会输出如下结果：

```
class= c01
scores= {' 张方 ': 87, ' 赵伟 ': 83, ' 李丽 ': 90}
```

5.2.3　函数返回值

到目前为止，我们创建的函数都只是做一些具体事，做完了就结束。但实际上，有时还需要对事情的结果进行获取。这类似于主管向下级职员下达命令，职员去做，最后需要将结果报告给主管。为函数设置返回值的作用就是将函数的处理结果返回给调用它的程序。

在 Python 中，可以在函数体内使用 return 语句为函数指定返回值，该返回值可以是任意类型，并且无论 return 语句出现在函数的什么位置，只要得到执行，就会直接结束函数的执行。

return 语句的语法格式如下：

return [value]

参数说明：

☆ value：可选参数，用于指定要返回的值，可以返回一个值，也可返回多个值。

为函数指定返回值后，在调用函数时，可以把它赋给一个变量（如 result），用于保存函数的返回结果。如果返回一个值，那么 result 中保存的就是返回的一个值，该值可以为任意类型。如果返回多个值，那么 result 中保存的是一个元组。

说明：当函数中没有 return 语句时，或者省略了 return 语句的参数时，将返回 None，即返回空值。

【例 5-9】模拟结账功能——计算实付金额。

某商场年中促销，优惠如下：

满 500 可享受 9 折优惠。

满 1 000 可享受 8 折优惠。

满 2 000 可享受 7 折优惠。

满 3 000 可享受 6 折优惠。

根据以上商场促销活动，计算优惠后的实付金额。

在 IDLE 中创建一个名称为 checkout.py 的文件，然后在该文件中定义一个名称为 fun_checkout 的函数，该函数包括一个列表类型的参数，用于保存输入的金额，在该函数中计算合计金额和相应的折扣，并将计算结果返回，最后在函数体外通过循环输入多个金额保存到列表中，并且将该列表作为 fun_checkout() 函数的参数调用，代码如下：

```
01  def fun_checkout(money):
02      ''' 功能：计算商品合计金额并进行折扣处理
03        money：保存商品金额的列表
04        返回商品的合计金额和折扣后的金额
05      '''
06      money_old = sum(money) # 计算合计金额
07      money_new = money_old
08      if 500 <= money_old < 1000: # 满 500 可享受 9 折优惠
09          money_new = '{:.2f}'.format(money_old * 0.9)
10      elif 1000 <= money_old <= 2000: # 满 1000 可享受 8 折优惠
11          money_new = '{:.2f}'.format(money_old * 0.8)
12      elif 2000 <= money_old <= 3000: # 满 2000 可享受 7 折优惠
13          money_new = '{:.2f}'.format(money_old * 0.7)
14      elif money_old >= 3000: # 满 3000 可享受 6 折优惠
15          money_new = '{:.2f}'.format(money_old * 0.6)
16      return money_old, money_new # 返回总金额和折扣后的金额
17  #*************************** 调用函数 ******************************** #
18  print("\n 开始结算……\n")
19  list_money = [] # 定义保存商品金额的列表
20  while True:
21      # 请不要输入非法的金额，否则将抛出异常
22      inmoney = float(input(" 输入商品金额（输入 0 表示输入完毕 ）："))
23      ifint(inmoney) == 0:
24          break # 退出循环
25      else:
26          list_money.append(inmoney) # 将金额添加到金额列表中
27  money = fun_checkout(list_money) # 调用函数
28  print(" 合计金额：", money[0], " 应付金额：", money[1]) # 显示应付金额
```

运行结果如图 5-4 所示。

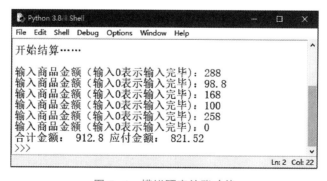

图 5-4　模拟顾客结账功能

5.3 变量的作用域

5.3.1 作用域

变量的作用域是指程序代码能够访问该变量的区域，如果超出该区域，再访问时就会出现错误。在 Python 中，使用一个变量时并不严格要求对它进行预先声明，但是在真正使用变量之前，必须被绑定到某个内存对象，这种变量名的绑定将在当前作用域中引入新的变量，同时屏蔽外层作用域中的同名变量。不同作用域同名变量之间互不影响。在程序中，一般会根据变量的"有效范围"将变量分为"全局变量"和"局部变量"。

5.3.2 局部变量

局部变量是定义在函数内的变量，只在函数内部有效，因此其作用域是在函数内部。它与函数外同名的变量没有任何关系。在不同函数内，也可以定义同名的局部变量，它们之间也不会相互影响。

【例 5-10】局部变量的使用。

```
def age1(ag1):
    ag=ag1+10      # age1 函数内的局部变量 ag
    return ag
def age2(ag2):
    ag=ag2+10      # age2 函数内的局部变量 ag
    return ag
print(" 小林年龄为：",age1(6))
print(" 小林妈妈年龄为：",age2(30))
```

执行以上程序会输出如下结果：

小林年龄为：16
小林妈妈年龄为：40

在例 5-10 中，函数 age1 与函数 age2 中都有局部变量 ag，虽然这两个变量同名，但是作用域不同，互不影响。

5.3.3 全局变量

全局变量和局部变量相对，是定义在函数外的变量，在程序执行全过程有效，因此具有更大的作用域。

【例 5-11】全局变量的使用。

```
def age(ag1,ag2):
    ag=ag1+ag2      # 函数内的局部变量 ag
```

```
        print(ag)      # 输出结果为 36
        return ag
ag=0            # 全局变量 ag
print(ag)       # 输出结果为 0
print(age(6,30))    # 调用 age 函数, 返回结果为 36
```

执行以上程序会输出如下结果：

```
0
36
36
```

在例 5-11 中，age 函数内的局部变量 ag，只在函数内起作用，当函数调用结束后，变量 ag 将不存在。age 函数外的全局变量 ag 和函数内的局部变量 ag 虽然同名，但互不影响。

在程序设计时，当想要在函数中对全局变量进行修改时，可以通过 global 标记在局部作用域中声明全局变量。

```
ag=6
def age():
    ag+=ag
    print(ag)
age()
```

以上程序运行后控制台出现报错信息，如下所示：

```
UnboundLocalError: local variable 'ag' referenced before assignment
```

报错的原因是变量 ag 是全局变量，没有提前在函数中声明，但却要在函数中去修改变量 ag 的值，Python 会把变量 ag 当作函数内的局部变量，程序执行时就会出现上述报错。

【例 5-12】global 保留字的使用。

```
ag=6
def age():
    global ag
    ag+=ag
    print(ag)
age()
```

执行以上程序会输出如下结果：

```
12
```

例 5-12 中，用 global 对全局变量 ag 提前声明，这样可以在函数中对使用全局变量并对其修改。

5.4 匿名函数

匿名函数（lambda）是指没有名字的函数，应用在需要一个函数，但是又不想费神去命名这个函数的场合。通常情况下，这样的函数只使用一次。在 Python 中，使用 lambda 表达式创建匿名函数，其语法格式如下：

```
result = lambda [arg1 [,arg2,……,argn]]:expression
```

参数说明：

☆ result：用于调用 lambda 表达式。

☆ [arg1 [,arg2,……,argn]]：可选参数，用于指定要传递的参数列表，多个参数间使用逗号","分隔。

☆ expression：必选参数，用于指定一个实现具体功能的表达式。如果有参数，那么在该表达式中将应用这些参数。

注意：使用 lambda 表达式时，参数可以有多个，用逗号","分隔，但是表达式只能有一个，即只能返回一个值。而且也不能出现其他非表达式语句（如 for 或 while）。

例如，要定义一个计算圆面积的函数，常规的代码如下：

```
import math # 导入 math 模块
def circlearea(r): # 计算圆面积的函数
    result = math.pi*r*r # 计算圆面积
    return result # 返回圆的面积
r = 10 # 半径
print(' 半径为 ',r,' 的圆面积为：',circlearea(r))
```

执行上面的代码后，将显示以下内容：

```
半径为 10 的圆面积为：314.1592653589793
```

使用 lambda 表达式的代码如下：

```
import math # 导入 math 模块
r = 10 # 半径
result = lambda r:math.pi*r*r # 计算圆的面积的 lambda 表达式
print(' 半径为 ',r,' 的圆面积为：',result(r))
```

执行上面的代码后，将显示以下内容：

半径为 10 的圆面积为：314.1592653589793

从上面的示例中可以看出，虽然使用 lambda 表达式比使用自定义函数的代码减少了一些，但是在使用 lambda 表达式时，需要定义一个变量，用于调用该 lambda 表达式，否则将输出类似的结果：

<function <lambda> at 0x0000000002FDD510>

这看似有点画蛇添足。那么 lambda 表达式具体应该怎么应用？实际上，lambda 的首要用途是指定短小的回调函数。下面通过一个具体的实例进行演示。

【例 5-13】应用 lambda 实现对爬取到的秒杀商品信息进行排序。

假设采用爬虫技术获取某商城的秒杀商品信息，并保存在列表中，现需要对这些信息进行排序，排序规则是优先按秒杀金额升序排列，有重复的，再按折扣比例降序排列。

在 IDLE 中创建一个名称为 seckillsort.py 的文件，然后在该文件中定义一个保存商品信息的列表，并输出，接下来再使用列表对象的 sort() 方法对列表进行排序，并且在调用 sort() 方法时，通过 lambda 表达式指定排序规则，最后输出排序后的列表，代码如下：

```
01  bookinfo = [(' 不一样的卡梅拉（全套 )',22.50,120),(' 零基础学 Android',65.10,89.80),
02      (' 摆渡人 ',23.40,36.00),(' 福尔摩斯探案全集 8 册 ',22.50,128)]
03  print(' 爬取到的商品信息 :\n',bookinfo,'\n')
04  bookinfo.sort(key=lambda x:(x[1],x[1]/x[2]))  # 按指定规则进行排序
05  print(' 排序后的商品信息 :\n',bookinfo)
```

在上面的代码中，元组的第一个元素代表商品名称，第二个元素代表秒杀价格，第三个元素代表原价。例如，"(' 不一样的卡梅拉（全套)',22.50,120)" 表示商品名称为"不一样的卡梅拉（全套）"，秒杀价格为"22.50"元，原价为"120"元。

运行结果如图 5-5 所示。

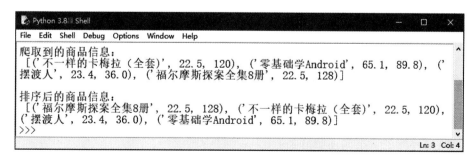

图 5-5　对爬取到的秒杀商品信息进行排序

5.5 递归函数

5.5.1 递归函数的形式

在函数内部，可以调用其他函数。如果一个函数在内部调用自身，这个函数就是递归函数。

递归函数特性：

（1）必须有一个明确的结束条件。

（2）每次进入更深一层递归时，问题规模相比上次递归都应有所减少，相邻两次重复之间有紧密的联系，前一次要为后一次做准备（通常前一次的输出就作为后一次的输入）。

（3）递归效率不高，递归层次过多会导致栈溢出（在计算机中，函数调用是通过栈（stack）这种数据结构实现的，每当进入一个函数调用，栈就会加一层栈帧，每当函数返回，栈就会减一层栈帧。由于栈的大小不是无限的，所以，递归调用的次数过多，会导致栈溢出）。

先举个简单的例子：计算 1 到 100 之间相加之和；通过循环和递归两种方式实现。

```
# 循环方式
def sum_cycle(n):
    sum = 0
    for i in range(1,n+1) :
        sum += i print(sum)


# 递归方式
def sum_recu(n):
    if n>0:
        return n +sum_recu(n-1)
    else:
        return 0


sum_cycle(100)
sum = sum_recu(100) print(sum)
结果：
5050
5050
```

递归函数的优点是定义简单，逻辑清晰。理论上，所有的递归函数都可以写成循环的方式，但循环的逻辑不如递归清晰。

使用递归函数需要注意防止栈溢出。在计算机中，函数调用是通过栈（stack）这种数据结构实现的，每当进入一个函数调用，栈就会加一层栈帧，每当函数返回，栈就会减一层栈帧。由于栈的大小不是无限的，所以，递归调用的次数过多，会导致栈溢出。

把上面的递归求和函数的参数改成 10000 就导致栈溢出！

RecursionError: maximum recursion depth exceeded in comparison

解决递归调用栈溢出的方法是通过尾递归优化，事实上，尾递归和循环的效果是一样的，所以，把循环看成是一种特殊的尾递归函数也是可以的。

1. 一般递归

```
def normal_recursion(n):
    if n == 1:
        return 1
    else:
        return n + normal_recursion(n-1)
```

执行：

```
normal_recursion(5)
5 + normal_recursion(4)
5 + 4 + normal_recursion(3)
5 + 4 + 3 + normal_recursion(2)
5 + 4 + 3 + 2 + normal_recursion(1)
5 + 4 + 3 + 3
5 + 4 + 6
5 + 10
15
```

可以看到，一般递归每一级递归都需要调用函数，会创建新的栈，随着递归深度的增加，创建的栈越来越多，造成爆栈：

boom:

2. 尾递归

尾递归基于函数的尾调用，每一级调用直接返回函数的返回值更新调用栈，而不用创建新的调用栈，类似迭代的实现，时间和空间上均优化了一般递归！

```
def tail_recursion(n, total=0):
    if n == 0:
        return total
```

```
        else:
            return tail_recursion(n-1, total+n)
```

执行：

```
tail_recursion(5)
tail_recursion(4, 5)
tail_recursion(3, 9)
tail_recursion(2, 12)
tail_recursion(1, 14)
tail_recursion(0, 15)
15
```

可以看到，每一级递归的函数调用变成"线性"的形式。

5.5.2 实现斐波那契数列

斐波那契数列为：1, 1, 2, 3, 5, 8, 13, 21, 34, 55, 89, 144, 233……这个数列从第 3 项开始，每一项都等于前两项之和。斐波那契数列可以由如下形式的函数表示：

$$f(n) = \begin{cases} 1 & n = 1 \\ 1 & n = 2 \\ f(n-1) + f(n-2) & n >= 3 \end{cases}$$

```
def f(n):
    if n==1 or n==2:
        return 1
    else:
        return f(n-1)+f(n-2)
n=int(input(" 请输入一个整数："))
print(" 斐波那契数列为：",f(n))
```

执行以上程序会输出如下结果：

```
请输入一个整数：12
斐波那契数列为：144
```

5.6 综合案例：模拟外卖商家的套餐

某外卖平台的商家一般都会推出几款套餐。例如，考神套餐：考神套餐 13 元，单人套餐 9.9 元，情侣套餐 20 元。编程实现输出该米线店推出的套餐。效果如图 5-6 所示。模拟外卖商家的套餐，代码如下：

```
def yangguofu(num):
    if num==1:
        return " 考神套餐 13 元 "
    elif num==2:
        return " 单人套餐 9.9 元 "
    elif num==3:
        return " 情侣套餐 20 元 "
    else:
        return " 无该套餐请重新选择 "
```

效果呈现为：

```
print(" 本店套餐如下 :\n1. 考神套餐 \t\t2. 单人套餐 \t\t3. 情侣套餐 ")
num=int(input(" 请输入你要选择的套餐 :\n"))
print(yangguofu(num))
```

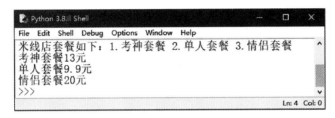

图 5-6　模拟外卖商家的套餐

技能检测：将美元转换为人民币

编写程序，实现将美元转换为人民币。美元与人民币之间的汇率经常变动，这里按 1 美元等于 6.28 人民币计算。效果如图 5-7 所示。

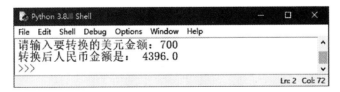

图 5-7　将美元转换为人民币

面向对象程序设计

内容导图

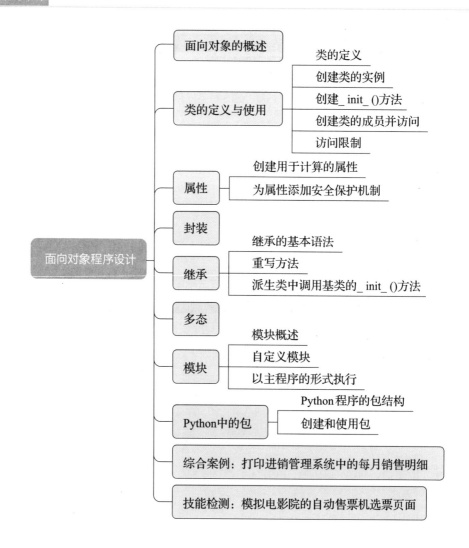

面向对象程序设计
- 面向对象的概述
- 类的定义与使用
  - 类的定义
  - 创建类的实例
  - 创建_ init_ ()方法
  - 创建类的成员并访问
  - 访问限制
- 属性
  - 创建用于计算的属性
  - 为属性添加安全保护机制
- 封装
- 继承
  - 继承的基本语法
  - 重写方法
  - 派生类中调用基类的_ init_ ()方法
- 多态
- 模块
  - 模块概述
  - 自定义模块
  - 以主程序的形式执行
- Python中的包
  - Python程序的包结构
  - 创建和使用包
- 综合案例：打印进销管理系统中的每月销售明细
- 技能检测：模拟电影院的自动售票机选票页面

学习目标

1. 了解面向对象。
2. 能够创建简单的类。
3. 能够为属性添加安全保护机制。
4. 掌握简单的重写方法。
5. 能够设计简单的自定义模块。
6. 能够创建和使用包。
7. 激励学生成长，引导学生成为刚健有为、自强不息的人。

6.1　面向对象的概述

面向对象（Object Oriented）的英文缩写是 OO，它是一种设计思想。从 20 世纪 60 年代提出面向对象的概念到现在，它已经发展成为一种比较成熟的编程思想，并且逐步成为目前软件开发领域的主流技术。如我们经常听说的面向对象编程（Object Oriented Programming，即 OOP）就是主要针对大型软件设计而提出的，它可以使软件设计更加灵活，并且能更好地进行代码复用。

面向对象中的对象（Object），通常是指客观世界中存在的对象，具有唯一性，对象之间各不相同，各有各的特点，每一个对象都有自己的运动规律和内部状态；对象与对象之间又是可以相互联系、相互作用的。另外，对象也可以是一个抽象的事物，例如，可以从圆形、正方形、三角形等图形抽象出一个简单图形，简单图形就是一个对象，它有自己的属性和行为，图形中边的个数是它的属性，图形的面积也是它的属性，输出图形的面积就是它的行为。概括地讲，面向对象技术是一种从组织结构上模拟客观世界的方法。

1. 对象

对象是一个抽象概念，英文称作"Object"，表示任意存在的事物。世间万物皆对象！现实世界中，随处可见的一种事物就是对象，对象是事物存在的实体，如一个人，如图 6-1 所示。

图 6-1　对象"人"的示意图

通常将对象划分为两个部分，即静态部分与动态部分。静态部分被称为"属性"，任何对象都具备自身属性，这些属性不仅是客观存在的，而且是不能被忽视的，如人的性别，如图 6-2 所示。动态部分指的是对象的行为，即对象执行的动作，如人可以跑步，如图 6-3 所示。

图 6-2　静态属性"性别"的示意图　　　　图 6-3　动态属性"跑步"的示意图

说明：在 Python 中，一切都是对象。即不仅是具体的事物称为对象，字符串、函数等也都是对象。这说明 Python 天生就是面向对象的。

2. 类

类是封装对象的属性和行为的载体，反过来说具有相同属性和行为的一类实体被称为类。例如，把雁群比作大雁类，那么大雁类就具备了喙、翅膀和爪等属性，觅食、飞行和睡觉等行为，而一只要从北方飞往南方的大雁则被视为大雁类的一个对象。大雁类和大雁对象的关系如图 6-4 所示。

图 6-4　大雁类和大雁对象的关系图

在 Python 语言中，类是一种抽象概念，如定义一个大雁类（Geese），在该类中，可以定义每个对象共有的属性和方法；而一只要从北方飞往南方的大雁则是大雁类的一个对象（如 wildGeese），对象是类的实例。有关类的具体实现将在 6.2 中进行详细介绍。

6.2 类的定义与使用

在 Python 中，类表示具有相同属性和方法的对象的集合。在使用类时，需要先定义类，然后再创建类的实例，通过类的实例就可以访问类中的属性和方法了。

6.2.1 类的定义

在 Python 中，类的定义使用 class 关键字来实现，语法如下：

```
lass ClassName:
    '''类的帮助信息''' # 类文档字符串
    statement # 类体
```

参数说明：

☆ ClassName：用于指定类名，一般使用大写字母开头，如果类名中包括两个单词，第二个单词的首字母也大写，这种命名方法也称为"驼峰式命名法"，这是惯例。当然，也可根据自己的习惯命名，但是一般推荐按照惯例来命名。

☆ '''类的帮助信息'''：用于指定类的文档字符串，定义该字符串后，在创建类的对象时，输入类名和左侧的括号"（"后，将显示该信息。

☆ statement：类体，主要由类变量（或类成员）、方法和属性等定义语句组成。如果在定义类时，没想好类的具体功能，也可以在类体中直接使用 pass 语句代替。

【例 6-1】下面以大雁为例声明一个类，代码如下：

```
class Geese:
    "大雁类 "
    pass
```

6.2.2 创建类的实例

定义完类后，并不会真正创建一个实例。这有点像一个汽车的设计图。设计图可以告诉你汽车看上去什么样，但设计图本身不是一个汽车。你不能开走它，它只能用来建造真正的汽车，而且可以使用它制造很多汽车。那么如何创建实例呢？

class 语句本身并不创建该类的任何实例。所以在类定义完成以后，可以创建类的实例，即实例化该类的对象。创建类的实例的语法如下：

```
ClassName(parameterlist)
```

其中，ClassName 是必选参数，用于指定具体的类；parameterlist 是可选参数，当创建一个类时，没有创建 __init__() 方法（该方法将在 6.2.3 中进行详细介绍），或者 __init__() 方法只有一个 self 参数时，parameterlist 可以省略。

【例 6-2】创建例 6-1，可以使用下面的代码：

```
wildGoose = Geese() # 创建大雁类的实例
print(wildGoose)
```

执行上面代码后，将显示类似下面的内容：

```
<__main__.Geese object at 0x0000000002F47AC8>
```

从上面的执行结果中可以看出，wildGoose 是 Geese 类的实例。

6.2.3 创建 __init__() 方法

在创建类后，可以手动创建一个 __init__() 方法。该方法是一个特殊的方法，类似 Java 语言中的构造方法。每当创建一个类的新实例时，Python 都会自动执行它。__init__() 方法必须包含一个 self 参数，并且必须是第一个参数。self 参数是一个指向实例本身的引用，用于访问类中的属性和方法。在方法调用时会自动传递实际参数 self，因此当 __init__() 方法只有一个参数时，在创建类的实例时，就不需要指定实际参数了。说明：在 __init__() 方法的名称中，开头和结尾处是两个下画线（中间没有空格），这是一种约定，旨在区分 Python 默认方法和普通方法。

【例 6-3】下面仍然以大雁为例声明一个类，并且创建 __init__() 方法，代码如下：

```
class Geese:
    ''' 大雁类 '''
    def __init__(self): # 构造方法
        print(" 我是大雁类！ ")
wildGoose = Geese() # 创建大雁类的实例
```

运行上面的代码，将输出以下内容：

```
我是大雁类!
```

从上面的运行结果可以看出，在创建大雁类的实例时，虽然没有为 __init__() 方法指定参数，但是该方法会自动执行。

常见错误：在为类创建 __init__() 方法时，在开发环境中运行下面代码：

```
class Geese:
    ''' 大雁类 '''
    def __init__(): # 构造方法
        print(" 我是大雁类！ ")
wildGoose = Geese() # 创建大雁类的实例
```

将显示如图 6-5 所示的异常信息。该错误的解决方法是在第 3 行代码的括号中添加 self。

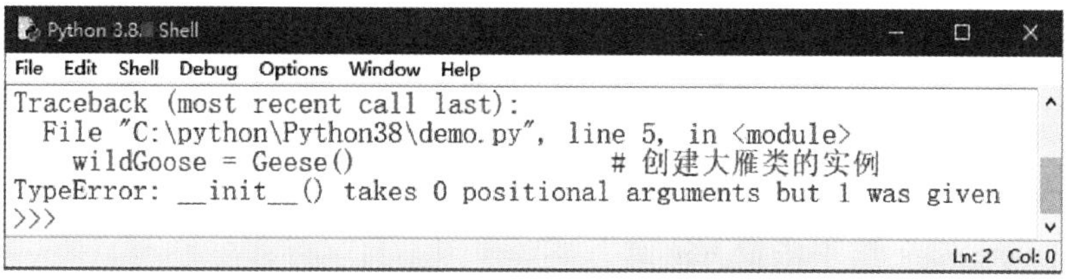

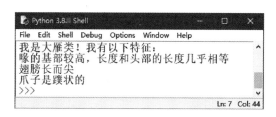

图 6-5　缺少 self 参数抛出的异常信息

在 __init__() 方法中，除了 self 参数外，还可以自定义一些参数，参数间使用逗号 "," 进行分隔。例如，下面的代码将在创建 __init__() 方法时，再指定 3 个参数，分别是 beak、wing 和 claw。

```
class Geese:
''' 大雁类 '''
    def __init__(self,beak,wing,claw): # 构造方法
        print(" 我是大雁类！我有以下特征：")
        print(beak) # 输出喙的特征
        print(wing) # 输出翅膀的特征
        print(claw) # 输出爪子的特征
beak_1 = " 喙的基部较高，长度和头部的长度几乎相等 " # 喙的特征
wing_1 = " 翅膀长而尖 " # 翅膀的特征
claw_1 = " 爪子是蹼状的 " # 爪子的特征
wildGoose = Geese(beak_1,wing_1,claw_1) # 创建大雁类的实例
```

执行上面的代码，将显示如图 6-6 所示的运行结果。

图 6-6　创建 __init__() 方法时，指定 4 个参数

6.2.4　创建类的成员并访问

类的成员主要由实例方法和数据成员组成。在类中创建了类的成员后，可以通过类的实例进行访问。

1. 创建实例方法并访问

所谓实例方法是指在类中定义的函数。该函数是一种在类的实例上操作的函数。同

__init__() 方法一样，实例方法的第一个参数必须是 self，并且必须包含一个 self 参数。创建实例方法的语法格式如下：

```
def functionName(self,parameterlist):
    block
```

参数说明：

☆ functionName：用于指定方法名，一般使用小写字母开头。

☆ self：必要参数，表示类的实例，其名称可以是 self 以外的单词，使用 self 只是一个惯例而已。

☆ parameterlist：用于指定除 self 参数以外的参数，各参数间使用逗号"，"进行分隔。

☆ block：方法体，实现的具体功能。

说明：实例方法和 Python 中的函数的主要区别就是，函数实现的是某个独立的功能，而实例方法是实现类中的一个行为，是类的一部分。

实例方法创建完成后，可以通过类的实例名称和点（.）操作符进行访问，语法格式如下：

```
instanceName.functionName(parametervalue)
```

参数说明：

☆ instanceName：为类的实例名称。

☆ functionName：为要调用的方法名称。

☆ parametervalue：表示为方法指定对应的实际参数，其值的个数与创建实例方法中 parameterlist 的个数相同。

下面通过一个具体的实例演示创建实例方法并访问。

【例 6-4】创建大雁类并定义飞行方法。

在 IDLE 中创建一个名称为 geese.py 的文件，然后在该文件中定义一个大雁类 Geese，并定义一个构造方法，然后再定义一个实例方法 fly()，该方法有两个参数，一个是 self，另一个用于指定飞行状态，最后再创建大雁类的实例，并调用实例方法 fly()，代码如下：

```
01  class Geese: # 创建大雁类
02      ''' 大雁类 '''
03      def __init__(self, beak, wing, claw): # 构造方法
04          print(" 我是大雁类！我有以下特征：")
05          print(beak) # 输出喙的特征
06          print(wing) # 输出翅膀的特征
07          print(claw) # 输出爪子的特征
```

```
08      def fly(self, state): # 定义飞行方法
09          print(state)
10  "'************* 调用方法 ****************'"
11  beak_1 = " 喙的基部较高，长度和头部的长度几乎相等 " # 喙的特征
12  wing_1 = " 翅膀长而尖 " # 翅膀的特征
13  claw_1 = " 爪子是蹼状的 " # 爪子的特征
14  wildGoose = Geese(beak_1, wing_1, claw_1) # 创建大雁类的实例
15  wildGoose.fly(" 我飞行的时候，一会儿排成个人字，一会排成个一字 ") # 调用实例方法
```

运行结果如图 6-7 所示。

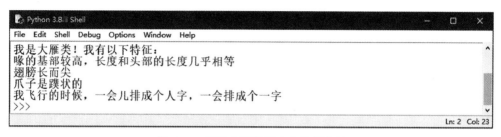

图 6-7　创建大雁类并定义飞行方法

多学两招

在创建实例方法时，也可以和创建函数时一样为参数设置默认值。但是被设置了默认值的参数必须位于所有参数的最后（即最右侧）。例如，可以将【例 6-4】的第 8 行代码修改为以下内容：

```
def fly(self, state = " 我会飞行 "):
```

在调用该方法时，就可以不再指定参数值，例如，可以将第 15 行代码修改为"wildGoose.fly()"。

2. 创建数据成员并访问

数据成员是指在类中定义的变量，即属性，根据定义位置，又可以分为类属性和实例属性。

（1）类属性。

类属性是指定义在类中，并且在函数体外的属性。类属性可以在类的所有实例之间共享值，也就是在所有实例化的对象中公用。

说明：类属性可以通过类名称或者实例名访问。

【例 6-5】定义一个雁类 Geese，在该类中定义 3 个类属性，用于记录雁类的特征，代码如下：

```
class Geese:
    "' 雁类 "'
```

```
    neck = " 脖子较长 " # 定义类属性（脖子）
    wing = " 振翅频率高 " # 定义类属性（翅膀）
    leg = " 腿位于身体的中心支点，行走自如 " # 定义类属性（腿）
    def __init__(self): # 实例方法（相当于构造方法）
        print(" 我属于雁类！我有以下特征：")
        print(Geese.neck) # 输出脖子的特征
        print(Geese.wing) # 输出翅膀的特征
        print(Geese.leg) # 输出腿的特征
```

创建上面的类 Geese，然后创建该类的实例，代码如下：

```
geese = Geese() # 实例化一个雁类的对象
```

应用上面的代码创建 Geese 类的实例后，将显示以下内容：

```
我是雁类！我有以下特征：
脖子较长
振翅频率高
腿位于身体的中心支点，行走自如
```

下面通过一个具体的实例演示类属性在类的所有实例之间共享值的应用。

【例 6-6】通过类属性统计类的实例个数。

春天来了，有一群大雁从南方返回北方。现在想要输出每只大雁的特征以及大雁的数量。

在 IDLE 中创建一个名称为 geese_a.py 的文件，然后在该文件中定义一个雁类 Geese，并在该类中定义 4 个类属性，前 3 个用于记录雁类的特征，第 4 个用于记录实例编号，然后定义一个构造方法，在该构造方法中将记录实例编号的类属性进行加 1 操作，并输出 4 个类属性的值，最后通过 for 循环创建 4 个雁类的实例，代码如下：

```
01  class Geese:
02      ''' 雁类 '''
03      neck = " 脖子较长 " # 类属性（脖子）
04      wing = " 振翅频率高 " # 类属性（翅膀）
05      leg = " 腿位于身体的中心支点，行走自如 " # 类属性（腿）
06      number = 0 # 编号
07      def __init__(self): # 构造方法
08          Geese.number += 1 # 将编号加 1
09          print("\n 我是第 "+str(Geese.number)+" 只大雁，我属于雁类！我有以下特征：")
10          print(Geese.neck) # 输出脖子的特征
11          print(Geese.wing) # 输出翅膀的特征
```

```
12        print(Geese.leg) # 输出腿的特征
13  # 创建 4 个雁类的对象（相当于有 4 只大雁）
14  list1 = []
15  for i in range(4): # 循环 4 次
16        list1.append(Geese()) # 创建一个雁类的实例
17  print(" 一共有 "+str(Geese.number)+" 只大雁 ")
```

运行结果如图 6-8 所示。

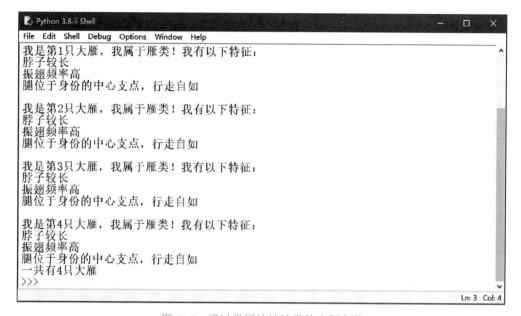

图 6-8   通过类属性统计类的实例个数

在 Python 中除了可以通过类名称访问类属性，还可以动态地为类和对象添加属性。例如，在例 6-6 的基础上为雁类添加一个 beak 属性，并通过类的实例访问该属性，可以在上面代码的后面再添加以下代码：

Geese.beak = " 喙的基部较高，长度和头部的长度几乎相等 " # 添加类属性
print(" 第 2 只大雁的喙：",list1[1].beak) # 访问类属性

说明：上面的代码只是以第 2 只大雁为例进行演示，读者也可以换成其他的大雁试试。

运行后，将在原来的结果后面再显示以下内容：

第 2 只大雁的喙：喙的基部较高，长度和头部的长度几乎相等

说明：除了可以动态地为类和对象添加属性，也可以修改类属性。修改结果将作用于该类的所有实例。

（2）实例属性。

实例属性是指定义在类的方法中的属性，只作用于当前实例中。

【例 6-7】定义一个雁类 Geese，在该类的 __init__() 方法中定义 3 个实例属性，用于记录雁类的特征，代码如下：

```
class Geese:
    ''' 雁类 '''
    def __init__(self): # 实例方法（相当于构造方法）
        self.neck = " 脖子较长 " # 定义实例属性（脖子）
        self.wing = " 振翅频率高 " # 定义实例属性（翅膀）
        self.leg = " 腿位于身体的中心支点，行走自如 " # 定义实例属性（腿）
        print(" 我属于雁类！我有以下特征：")
        print(self.neck) # 输出脖子的特征
        print(self.wing) # 输出翅膀的特征
        print(self.leg) # 输出腿的特征
```

创建上面的类 Geese，然后创建该类的实例，代码如下：

```
geese = Geese() # 实例化一个雁类的对象
```

应用上面的代码创建 Geese 类的实例后，将显示以下内容：我是雁类！我有以下特征：

脖子较长
振翅频率高
腿位于身体的中心支点，行走自如

说明：实例属性只能通过实例名访问。如果通过类名访问实例属性，将抛出如图 6-9 所示的异常。

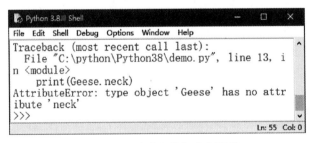

图 6-9　通过类名访问实例属性

对于实例属性也可以通过实例名称修改，与类属性不同，通过实例名称修改实例属性后，并不影响该类的另一个实例中相应的实例属性的值。例如，定义一个雁类，并在

__init__() 方法中定义一个实例属性，然后创建两个 Geese 类的实例，并且修改第一个实例的实例属性，最后分别输出例 6-4 和例 6-6 的实例属性，代码如下：

```
class Geese:
    ''' 雁类 '''
    def __init__(self): # 实例方法（相当于构造方法）
        self.neck = " 脖子较长 " # 定义实例属性（脖子）
        print(self.neck) # 输出脖子的特征
goose1 = Geese() # 创建 Geese 类的例 6-4
goose2 = Geese() # 创建 Geese 类的例 6-6
goose1.neck = " 脖子没有天鹅的长 " # 修改实例属性
print("goose1 的 neck 属性：",goose1.neck)
print("goose2 的 neck 属性：",goose2.neck)
```

运行上面的代码，将显示以下内容：

```
脖子较长
脖子较长
goose1 的 neck 属性：脖子没有天鹅的长
goose2 的 neck 属性：脖子较长
```

6.2.5　访问限制

在类的内部可以定义属性和方法，而在类的外部则可以直接调用属性或方法来操作数据，从而隐藏了类内部的复杂逻辑。但是 Python 并没有对属性和方法的访问权限进行限制。为了保证类内部的某些属性或方法不被外部所访问，可以在属性或方法名前面添加双下画线（__foo）或首尾加双下画线（__foo__），从而限制访问权限。其中，双下画线、首尾双下画线的作用如下：

（1）首尾双下画线表示定义特殊方法，一般是系统定义名字，如 __init__()。

（2）双下画线表示 private（私有）类型的成员，只允许定义该方法的类本身进行访问，而且也不能通过类的实例进行访问，但是可以通过"类的实例名 ._ 类名 __xxx"方式访问。

例如，创建一个 Swan 类，定义私有属性 __neck_swan，并使用 __init__() 方法访问该属性，然后创建 Swan 类的实例，并通过实例名输出私有属性 __neck_swan，代码如下：

```
class Swan:
    ''' 天鹅类 '''
    __neck_swan = ' 天鹅的脖子很长 ' # 定义私有属性
    def __init__(self):
```

```
    print("__init__():", Swan.__neck_swan) # 在实例方法中访问私有属性
swan = Swan() # 创建 Swan 类的实例
print(" 加入类名 :", swan._Swan__neck_swan) # 私有属性，可以通过 "实例名 ._ 类名 __xxx" 方式访问
print(" 直接访问 :", swan.__neck_swan) # 私有属性不能通过实例名访问，出错
```

执行上面的代码后，将输出如图 6-10 所示的结果。

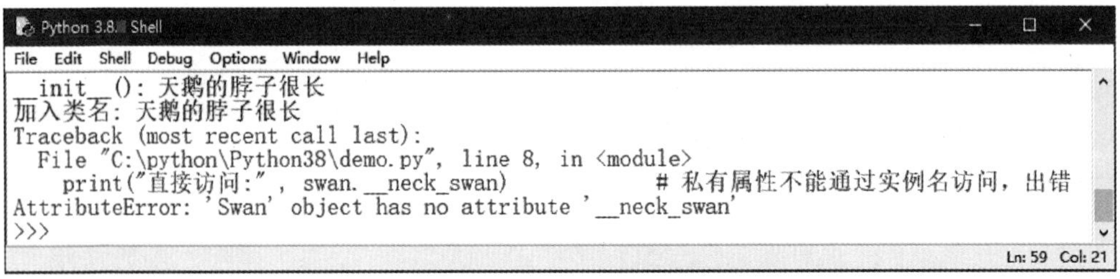

图 6-10　访问私有属性

从上面的运行结果可以看出：私有属性不能直接通过实例名 + 属性名访问，可以在类的实例方法中访问，也可以通过 "实例名 ._ 类名 __xxx" 方式访问。

6.3　属性

本节介绍的属性（property）与 6.2.4 中介绍的类属性和实例属性不同。6.2.4 中介绍的属性将返回所存储的值，而本节要介绍的属性则是一种特殊的属性，访问它时将计算它的值。另外，该属性还可以为属性添加安全保护机制。

6.3.1　创建用于计算的属性

在 Python 中，可以通过 @property（装饰器）将一个方法转换为属性，从而实现用于计算的属性。将方法转换为属性后，可以直接通过方法名来访问方法，而不需要再添加一对小括号 "()"，这样可以让代码更加简洁。

通过 @property 创建用于计算的属性的语法格式如下：

```
@property
def methodname(self):
    block
```

参数说明：

☆ methodname：用于指定方法名，一般使用小写字母开头。该名称最后将作为创建的属性名。

☆ self：必要参数，表示类的实例。

☆ block：方法体，实现的具体功能。在方法体中，通常以 return 语句结束，用于返回计算结果。

例如，定义一个矩形类，在 __init__() 方法中定义两个实例属性，然后再定义一个计算矩形面积的方法，并应用 @property 将其转换为属性，最后创建类的实例，并访问转换后的属性，代码如下：

```
class Rect:
    def __init__(self,width,height):
        self.width = width # 矩形的宽
        self.width = width # 矩形的宽
        self.height = height # 矩形的高
    @property # 将方法转换为属性
    def area(self): # 计算矩形的面积的方法
        return self.width*self.height # 返回矩形的面积
rect = Rect(800,600) # 创建类的实例
print(" 面积为：",rect.area) # 输出属性的值
```

运行上面的代码，将显示以下运行结果：

面积为：480000

注意：通过 @property 转换后的属性不能重新赋值，如果对其重新赋值，将抛出如图 6-11 所示的异常信息。

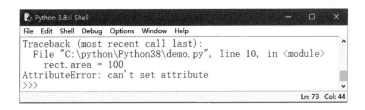

图 6-11　AttributeError 异常

6.3.2　为属性添加安全保护机制

在 Python 中，默认情况下，创建的类属性或者实例是可以在类体外进行修改的，如果想要限制其不能在类体外修改，可以将其设置为私有的，但设置为私有后，在类体外也不能直接通过实例名 + 属性名获取它的值。如果想要创建一个可以读取但不能修改的属性，那么可以使用 @property 实现只读属性。

例如，创建一个电视节目类 TVshow，再创建一个 show 属性，用于显示当前播放的电视节目，代码如下：

```
class TVshow: # 定义电视节目类
    def __init__(self,show):
```

```
        self.__show = show
    @property # 将方法转换为属性
    def show(self): # 定义 show() 方法
        return self.__show # 返回私有属性的值
tvshow = TVshow(" 正在播放《战狼 2》") # 创建类的实例
print(" 默认：",tvshow.show) # 获取属性值
```

执行上面的代码，将显示以下内容：

默认：正在播放《战狼 2》

通过上面的方法创建的 show 属性是只读的，尝试修改该属性的值，再重新获取。在上面代码中添加以下代码：

```
tvshow.show = " 正在播放《红海行动》" # 修改属性值
print(" 修改后：",tvshow.show) # 获取属性值
```

运行后，将显示如图 6-12 所示的运行结果，其中红字的异常信息就是修改属性 show 时抛出的异常。

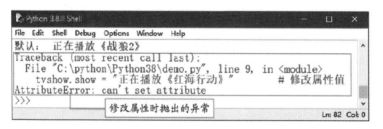

图 6-12　修改只读属性时抛出的异常

通过属性不仅可以将属性设置为只读属性，而且可以为属性设置拦截器，即允许对属性进行修改，但修改时需要遵守一定的约束。

【例 6-8】在模拟电影点播功能时应用属性。

某电视台开设了电影点播功能，但要求只能从指定的几个电影（如《战狼 2》《红海行动》《西游记女儿国》《熊出没•变形记》）中选择一个。

在 IDLE 中创建一个名称为 film.py 的文件，然后在该文件中定义一个电视节目类 TVshow，并在该类中定义一个类属性，用于保存电影列表，然后在 __init__() 方法中定义一个私有的实例属性，再将该属性转换为可读取、可修改（有条件进行）的属性，最后创建类的实例，并获取和修改属性值，代码如下：

```
01  class TVshow: # 定义电视节目类
02      list_film = [" 战狼 2"," 红海行动 "," 西游记女儿国 "," 熊出没•变形记 "]
```

```
03    def __init__(self,show):
04        self.__show = show
05    @property # 将方法转换为属性
06    def show(self): # 定义 show() 方法
07        return self.__show # 返回私有属性的值
08    @show.setter # 设置 setter 方法，让属性可修改
09    def show(self,value):
10        if value in TVshow.list_film: # 判断值是否在列表中
11            self.__show = " 您选择了《 " + value + " 》，稍后将播放 " # 返回修改的值
12        else:
13            self.__show = " 您点播的电影不存在 "
14 tvshow = TVshow(" 战狼 2") # 创建类的实例
15 print(" 正在播放：《 ",tvshow.show," 》") # 获取属性值
16 print(" 您可以从 ",tvshow.list_film," 中选择要点播放的电影 ")
17 tvshow.show = " 红海行动 " # 修改属性值
18 print(tvshow.show) # 获取属性值
```

运行结果如图 6-13 所示。

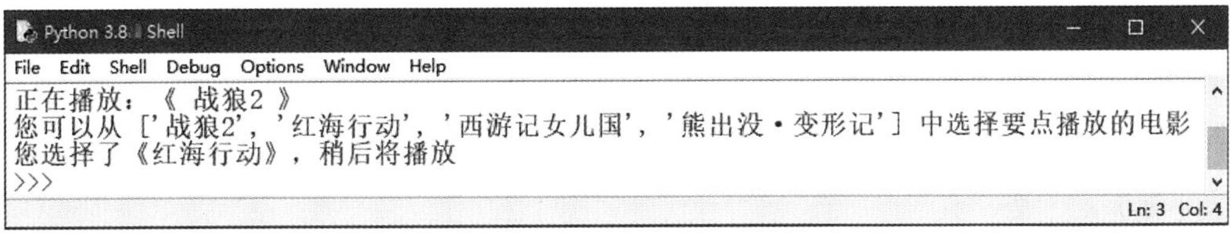

图 6-13　模拟电影点播功能

如果将第 17 行代码中的"红海行动"修改为"捉妖记 2"，将显示如图 6-14 所示的效果。

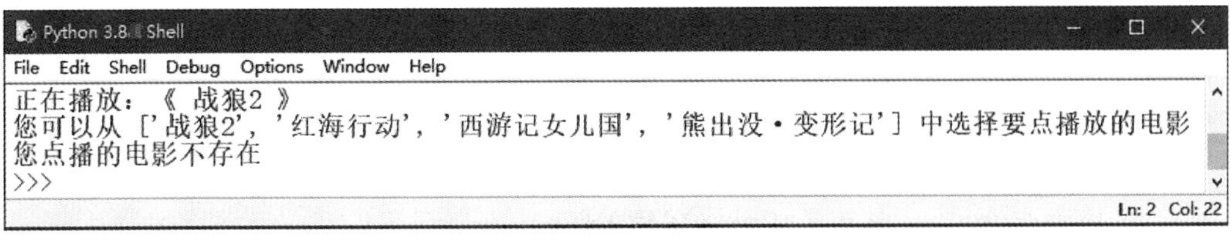

图 6-14　要点播的电影不存在的效果

6.4　封装

封装是面向对象编程的核心思想，将对象的属性和行为封装起来，其载体就是类，类通常会对客户隐藏其实现细节，这就是封装的思想。例如，用户使用计算机，

只需要使用手指敲击键盘就可以实现一些功能，而不需要知道计算机内部是如何工作的。

采用封装思想保证了类内部数据结构的完整性，使用该类的用户不能直接看到类中的数据结构，而只能执行类允许公开的数据，这样就避免了外部对内部数据的影响，提高了程序的可维护性。

使用类实现封装特性如图 6-15 所示。

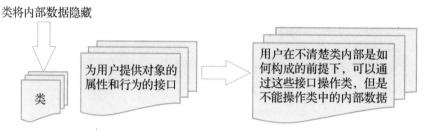

图 6-15　封装特性示意图

和其他面向对象的编程语言（如 C++、Java）不同，Python 类中的变量和函数，不是公有的（类似 public 属性），就是私有的（类似 private），这 2 种属性的区别如下：

public：公有属性的类变量和类函数，在类的外部、类内部以及子类（后续讲继承特性时会做详细介绍）中，都可以正常访问；

private：私有属性的类变量和类函数，只能在本类内部使用，类的外部以及子类都无法使用。

但是，Python 并没有提供 public、private 这些修饰符。为了实现类的封装，Python 采取了下面的方法：

默认情况下，Python 类中的变量和方法都是公有（public）的，它们的名称前都没有下画线（_）；

如果类中的变量和函数，其名称以双下画线"__"开头，则该变量（函数）为私有变量（私有函数），其属性等同于 private。

除此之外，还可以定义以单下画线"_"开头的类属性或者类方法（例如 _name、_display(self)），这种类属性和类方法通常被视为私有属性和私有方法，虽然它们也能通过类对象正常访问，但这是一种约定俗称的用法，初学者一定要遵守。

注意：Python 类中还有以双下画线开头和结尾的类方法（例如类的构造函数 __init__(self)），这些都是 Python 内部定义的，用于 Python 内部调用。我们自己定义类属性或者类方法时，不要使用这种格式。

例如，如下程序示范了 Python 的封装机制：

```
class CLanguage :
    def setname(self, name):
        if len(name) < 3:
```

```
            raise ValueError(' 名称长度必须大于 3!')
        self.__name = name

    def getname(self):
        return self.__name
    # 为 name 配置 setter 和 getter 方法
    name = property(getname, setname)
    def setadd(self, add):
        if add.startswith("http://"):
            self.__add = add
        else:
            raise ValueError(' 地址必须以 http:// 开头 ')

    def getadd(self):
        return self.__add

    # 为 add 配置 setter 和 getter 方法
    add = property(getadd, setadd)

    # 定义个私有方法
    def __display(self):
        print(self.__name,self.__add)

clang = CLanguage()
clang.name = "C 语言中文网 "
clang.add = "http://c.biancheng.net"
print(clang.name)
print(clang.add)
class CLanguage :
    def setname(self, name):
        if len(name) < 3:
            raise ValueError(' 名称长度必须大于 3！ ')
        self.__name = name

    def getname(self):
        return self.__name
    # 为 name 配置 setter 和 getter 方法
    name = property(getname, setname)
    def setadd(self, add):
        if add.startswith("http://"):
```

```
            self.__add = add
        else:
            raise ValueError(' 地址必须以 http:// 开头 ')

    def getadd(self):
        return self.__add

    # 为 add 配置 setter 和 getter 方法
    add = property(getadd, setadd)

    # 定义个私有方法
    def __display(self):
        print(self.__name,self.__add)

clang = CLanguage()
clang.name = "C 语言中文网 "
clang.add = "http://c.biancheng.net"
print(clang.name)
print(clang.add)
```

程序运行结果为：

C 语言中文网
http://c.biancheng.net

　　上面程序中，CLanguage 将 name 和 add 属性都隐藏了起来，但同时也提供了可操作它们的"窗口"，也就是各自的 setter 和 getter 方法，这些方法都是公有（public）的。

　　不仅如此，以 add 属性的 setadd() 方法为例，通过在该方法内部添加控制逻辑，即通过调用 startswith() 方法，控制用户输入的地址必须以" http://"开头，否则程序将会执行 raise 语句抛出 ValueError 异常。

　　有关 raise 的具体用法，后续内容中会做详细的讲解，这里可简单理解成：如果用户输入不规范，程序将会报错。

　　通过此程序的运行逻辑不难看出，通过对 CLanguage 类进行良好的封装，使得用户仅能通过暴露的 setter() 和 getter() 方法操作 name 和 add 属性，而通过对 setname() 和 setadd() 方法进行适当的设计，可以避免用户对类中属性的不合理操作，从而提高了类的可维护性和安全性。

　　细心的读者可能还发现，CLanguage 类中还有一个 __display() 方法，由于该类方法为私有（private）方法，且该类没有提供操作该私有方法的"窗口"，因此我们无法在类的外部使用它。换句话说，如下调用 __display() 方法是不可行的：

# 尝试调用私有的 display() 方法
clang.__display()

这会导致如下错误:

Traceback (most recent call last):
  File "D:\python3.6\1.py", line 33, in <module>
    clang.__display()
AttributeError: 'CLanguage' object has no attribute '__display'

6.5 继承

在编写类时,并不是每次都要从空白开始。当要编写的类和另一个已经存在的类之间存在一定的继承关系时,就可以通过继承来达到代码重用的目的,提高开发效率。下面介绍如何在 Python 中实现继承。

6.5.1 继承的基本语法

继承是面向对象编程最重要的特性之一,它源于人们认识客观世界的过程,是自然界普遍存在的一种现象。例如,我们每个人都从祖辈和父母那里继承了一些体貌特征,但是每个人却又不同于父母,因为每个人都存在自己的一些特性,这些特性是独有的,在父母身上并没有体现。在程序设计中实现继承,表示这个类拥有它继承的类的所有公有成员或者受保护成员。在面向对象编程中,被继承的类称为父类或基类,新的类称为子类或派生类。

通过继承不仅可以实现代码的重用,还可以通过继承来理顺类与类之间的关系。在 Python 中,可以在类定义语句中,类名右侧使用一对小括号将要继承的基类名称括起来,从而实现类的继承。具体的语法格式如下:

```
class ClassName(baseclasslist):
    ''' 类的帮助信息 ''' # 类文档字符串
    statement # 类体
```

参数说明:
☆ ClassName:用于指定类名。
☆ baseclasslist:用于指定要继承的基类,可以有多个,类名之间用逗号","分隔。如果不指定,将使用所有 Python 对象的基类 object。
☆ ''' 类的帮助信息 ''':用于指定类的文档字符串,定义该字符串后,在创建类的对象时,输入类名和左侧的括号"("后,将显示该信息。
☆ statement:类体,主要由类变量(或类成员)、方法和属性等定义语句组成。如果在定义类时，没想好类的具体功能，也可以在类体中直接使用 pass 语句代替。

【例 6-9】创建水果基类及其派生类。

在 IDLE 中创建一个名称为 fruit.py 的文件，然后在该文件中定义一个水果类 Fruit（作为基类），并在该类中定义一个类属性（用于保存水果默认的颜色）和一个 harvest() 方法，然后创建 Apple 类和 Orange 类，都继承自 Fruit 类，最后创建 Apple 类和 Orange 类的实例，并调用 harvest() 方法（在基类中编写），代码如下：

```
01  class Fruit: # 定义水果类（基类）
02      color = " 绿色 " # 定义类属性
03      def harvest(self, color):
04          print(" 水果是： " + color + " 的！  ") # 输出的是形式参数 color
05          print(" 水果已经收获……")
06          print(" 水果原来是： " + Fruit.color + " 的！  ") # 输出的是类属性 color
07  class Apple(Fruit): # 定义苹果类（派生类）
08      color = " 红色 "
09      def __init__(self):
10          print(" 我是苹果 ")
11  class Orange(Fruit): # 定义橘子类（派生类）
12      color = " 橙色 "
13      def __init__(self):
14          print("\n 我是橘子 ")
15  apple = Apple() # 创建类的实例（苹果）
16  apple.harvest(apple.color) # 调用基类的 harvest() 方法
17  orange = Orange() # 创建类的实例（橘子）
18  orange.harvest(orange.color) # 调用基类的 harvest() 方法
```

执行上面的代码，将显示如图 6-16 所示的运行结果。从该运行结果中可以看出，虽然在 Apple 类和 Orange 类中没有 harvest() 方法，但是 Python 允许派生类访问基类的方法。

6.5.2　重写方法

基类的成员都会被派生类继承，当基类中的某个方法不完全适用于派生类时，就需要在派生类中重写父类的这个方法，这和 Java 语言中的方法重写是一样的。

图 6-16　创建水果基类及其派生类的结果

在例 6-9 中，基类中定义的 harvest() 方法，无论派生类是什么水果都显示"水果……"，如果想要针对不同水果给出不同的提示，可以在派生类中重写 harvest() 方法。例如，在创建派生类 Orange 时，重写 harvest() 方法的代码如下：

```
01  class Orange(Fruit): # 定义橘子类（派生类）
02      color = " 橙色 "
03      def __init__(self):
04          print("\n 我是橘子 ")
05      def harvest(self, color):
06          print(" 橘子是： " + color + " 的 !") # 输出的是形式参数 color
07          print(" 橘子已经收获…… ")
08          print(" 橘子原来是： " + Fruit.color + " 的 !") # 输出的是类属性 color
```

添加 harvest() 方法后（即在例 6-9 中添加上面代码中的 05 ～ 08 行代码），再次运行例 6-9，将显示如图 6-17 所示的运行结果。

图 6-17　重写 Orange 类的 harvest() 方法的结果

6.5.3　派生类中调用基类的 __init__() 方法

在派生类中定义 __init__() 方法时，不会自动调用基类的 __init__() 方法。例如，定义一个 Fruit 类，在 __init__() 方法中创建类属性 color，然后在 Fruit 类中定义一个 harvest() 方法，在该方法中输出类属性 color 的值，再创建继承自 Fruit 类的 Apple 类，最后创建 Apple 类的实例，并调用 harvest() 方法，代码如下：

```
01  class Fruit: # 定义水果类（基类）
02      def __init__(self,color = " 绿色 "):
03          Fruit.color = color # 定义类属性
04      def harvest(self):
05          print(" 水果原来是： " + Fruit.color + " 的!  ") # 输出的是类属性 color
06  class Apple(Fruit): # 定义苹果类（派生类）
07      def __init__(self):
08          print(" 我是苹果 ")
09  apple = Apple() # 创建类的实例（苹果）
10  apple.harvest() # 调用基类的 harvest() 方法
```

执行上面的代码后，将显示如图 6-18 所示的异常信息。

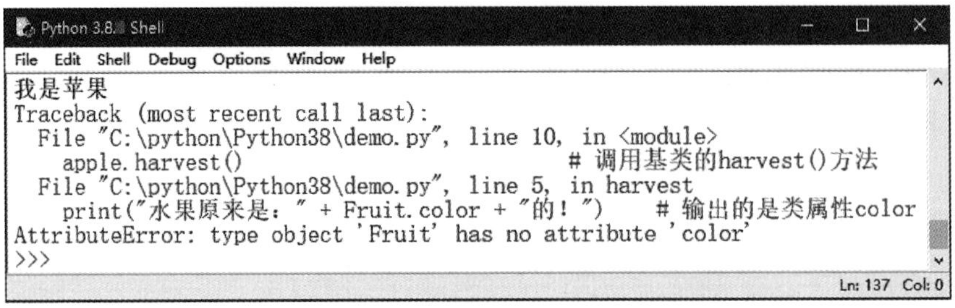

图 6-18　基类的 __init__() 方法未执行引起的异常

因此，要让派生类调用基类的 __init__() 方法进行必要的初始化，需要在派生类使用 super() 函数调用基类的 __init__() 方法。例如，在上面代码的第 8 行代码的下方添加以下代码：

```
super().__init__() # 调用基类的 __init__() 方法
```

注意：在添加上面的代码时，一定要注意缩进的正确性。

运行后将显示以下正常的运行结果：

我是苹果
水果原来是：绿色的!

下面通过一个具体实例演示派生类中调用基类的 __init__() 方法的具体的应用。

【例 6-10】在派生类中调用基类的 __init__() 方法定义类属性。

在 IDLE 中创建一个名称为 fruit.py 的文件，然后在该文件中定义一个水果类 Fruit（作为基类），并在该类中定义 __init__() 方法，在该方法中定义一个类属性（用于保存水果默认的颜色），然后在 Fruit 类中定义一个 harvest() 方法，再创建 Apple 类和 Sapodilla 类，都继承自 Fruit 类，最后创建 Apple 类和 Sapodilla 类的实例，并调用 harvest() 方法（在基类中编写），代码如下：

```
01  class Fruit: # 定义水果类（基类）
02      def __init__(self, color=" 绿色 "):
03          Fruit.color = color # 定义类属性
04      def harvest(self, color):
05          print(" 水果是： " + self.color + " 的！ ") # 输出的是形式参数 color
06          print(" 水果已经收获…… ")
07          print(" 水果原来是： " + Fruit.color + " 的！ ") # 输出的是类属性 color
08  class Apple(Fruit): # 定义苹果类（派生类）
09      color = " 红色 "
```

```
10      def __init__(self):
11          print(" 我是苹果 ")
12          super().__init__() # 调用基类的 __init__() 方法
13  class Sapodilla(Fruit): # 定义人参果类（派生类）
14      def __init__(self, color):
15          print("\n 我是人参果 ")
16          super().__init__(color) # 调用基类的 __init__() 方法
17      # 重写 harvest() 方法的代码
18      def harvest(self, color):
19          print(" 人参果是： " + color + " 的！ ") # 输出的是形式参数 color
20          print(" 人参果已经收获…… ")
21          print(" 人参果原来是： " + Fruit.color + " 的！ ") # 输出的是类属性 color
22  apple = Apple() # 创建类的实例（苹果）
23  apple.harvest(apple.color) # 调用 harvest() 方法
24  sapodilla = Sapodilla(" 白色 ") # 创建类的实例（人参）
25  sapodilla.harvest(" 金黄色带紫色条纹 ") # 调用 harvest() 方法
```

执行上面的代码，将显示如图 6-19 所示的运行结果。

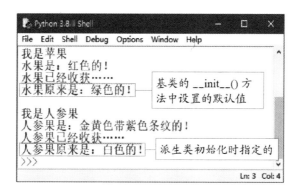

图 6-19　在派生类中调用基类的 __init__() 方法定义类属性

6.6　多态

　　将父类对象应用于子类的特征就是多态。比如创建一个螺丝类，螺丝类有两个属性：粗细和螺纹密度；然后再创建两个类，一个是长螺丝类，一个短螺丝类，并且它们都继承了螺丝类。这样长螺丝类和短螺丝类不仅具有相同的特征（粗细相同，且螺纹密度也相同），还具有不同的特征（一个长，一个短，长的可以用来固定大型支架，短的可以固定生活中的家具）。综上所述，一个螺丝类衍生出不同的子类，子类继承父类特征的同时，也具备了自己的特征，并且能够实现不同的效果，这就是多态化的结构。螺丝类层次结构示意图如图 6-20 所示。

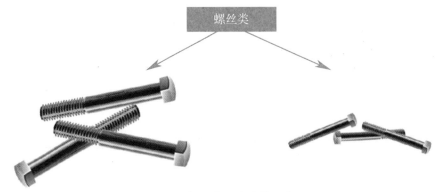

图 6-20　螺丝类层次结构示意图

1. 多态

多态指的是一类事物有多种形态（一个抽象类有多个子类，因而多态的概念依赖于继承）。

（1）序列类型有多种形态：字符串，列表，元组。

（2）动物有多种形态：人，狗，猪。

综合起来，# 多态：同一种事物的多种形态，动物分为人类、猪类（在定义角度）。

```python
class Animal:
    def run(self):
        raise AttributeError(' 子类必须实现这个方法 ')


class People(Animal):
    def run(self):
        print(' 人正在走 ')


class Pig(Animal):
    def run(self):
        print('pig is walking')


class Dog(Animal):
    def run(self):
        print('dog is running')


peo1=People()
pig1=Pig()
d1=Dog()


peo1.run()
```

```
        pig1.run()
        d1.run()


import abc
class Animal(metaclass=abc.ABCMeta): # 同一类事物 : 动物
    @abc.abstractmethod
    def talk(self):
        pass


class People(Animal): # 动物的形态之一 : 人
    def talk(self):
        print('say hello')


class Dog(Animal): # 动物的形态之二 : 狗
    def talk(self):
        print('say wangwang')


class Pig(Animal): # 动物的形态之三 : 猪
    def talk(self):
        print('say aoao')
```

文件有多种形态：文件、文本文件、可执行文件。

```
import abc
class File(metaclass=abc.ABCMeta): # 同一类事物 : 文件
    @abc.abstractmethod
    def click(self):
        pass


class Text(File): # 文件的形态之一 : 文本文件
    def click(self):
        print('open file')


class ExeFile(File): # 文件的形态之二 : 可执行文件
    def click(self):
        print('execute file')
```

2. 多态性

多态性是指具有不同功能的函数可以使用相同的函数名，这样就可以用一个函数名调用不同内容的函数。在面向对象方法中一般是这样表述多态性：向不同的对象发送同一条消息，不同的对象在接收时会产生不同的行为（即方法）。也就是说，每个对象可以用自己的方式去响应共同的消息。所谓消息，就是调用函数，不同的行为就是指不同的实现，即执行不同的函数。

注意：多态与多态性是两种概念。

多态性：一种调用方式，不同的执行效果（多态性），见图 6-21。

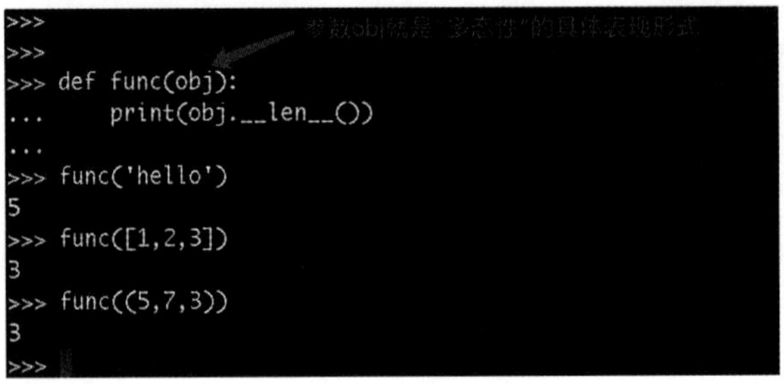

图 6-21　执行效果

```
def func(obj):
    obj.run()


func(peo1)
func(pig1)
func(d1)



# peo1.run()
# pig1.run()



# 多态性依赖于：继承
## 多态性：定义统一的接口，
def func(obj): #obj 这个参数没有类型限制，可以传入不同类型的值
    obj.run() # 调用的逻辑都一样，执行的结果却不一样

func(peo1)
func(pig1)

func(d1)

>>> def func(animal): # 参数 animal 就是对态性的体现
...       animal.talk()
...
```

```
>>> people1=People() # 产生一个人的对象
>>> pig1=Pig() # 产生一个猪的对象
>>> dog1=Dog() # 产生一个狗的对象
>>> func(people1)
say hello
>>> func(pig1)
say aoao
>>> func(dog1)
say wangwang

>>> def func(f):
...     f.click()
...
>>> t1=Text()
>>> e1=ExeFile()
>>> func(t1)
open file
>>> func(e1)
execute file
```

6.7 模块

6.7.1 模块概述

模块的英文是 Module，可以认为是一盒（箱）主题积木，通过它可以拼出某一主题的东西。这与单元 5 介绍的函数不同。一个函数相当于一块积木，而一个模块中可以包括很多函数，也就是很多积木，所以也可以说模块相当于一盒积木。如图 6-22 所示。

模块

函数

函数

图 6-22　模块与函数的关系

在 Python 中，一个扩展名为" .py"的文件就称为一个模块。例如图 6-23 中创建的 function_bmi.py 文件就是一个模块。

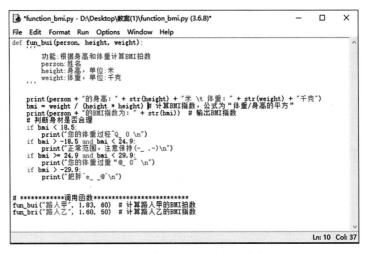

图 6-23　一个 .py 文件就是一个模块

通常情况下，我们把能够实现某一特定功能的代码放置在一个文件中作为一个模块，从而方便其他程序和脚本导入并使用。另外，使用模块也可以避免函数名和变量名冲突。

经过前面的学习，我们知道对于 Python 代码可以写到一个文件中。但是随着程序不断变大，为了便于维护，需要将其分为多个文件，这样可以提高代码的可维护性。另外，使用模块还可以提高代码的可重用性。即编写好一个模块后，只要是实现该功能的程序，都可以导入这个模块实现。

6.7.2　自定义模块

在 Python 中，自定义模块有两个作用：一个是规范代码，让代码更易于阅读，另一个是方便其他程序使用已经编写好的代码，提高开发效率。

实现自定义模块主要分为两部分，一部分是创建模块，另一部分是导入模块。

1. 创建模块

创建模块时，可以将模块中相关的代码（变量定义和函数定义等）编写在一个单独的文件中，并且将该文件命名为"模块名 +.py"的形式。

注意：创建模块时，设置的模块名不能是 Python 自带的标准模块名称。

下面通过一个具体的实例演示如何创建模块。

【例 6-11】创建计算 BMI 指数的模块。

创建一个用于根据身高、体重计算 BMI 指数的模块，命名为 bmi.py，其中 bmi 为模块名，.py 为扩展名。关键代码如下：

```
01  def fun_bmi(person,height,weight):
02      ''' 功能：根据身高和体重计算 BMI 指数
03          person：姓名
04          height：身高，单位：米
```

05   weight：体重，单位：千克

06   '''

07   print(person + " 的身高：" + str(height) + " 米 \t 体重：" + str(weight) + " 千克 ")

08   bmi=weight/(height*height) # 用于计算 BMI 指数，公式为：BMI= 体重 / 身高的平方

09   print(person + " 的 BMI 指数为："+str(bmi)) # 输出 BMI 指数

10   # 此处省略了显示判断结果的代码

11 def fun_bmi_upgrade(*person):

12   ''' 功能：根据身高和体重计算 BMI 指数（升级版）

13   *person：可变参数该参数中需要传递带 3 个元素的列表，

14   分别为姓名、身高（单位：米）和体重（单位：千克）

15   '''

16   # 此处省略了函数主体代码

注意：模块文件的扩展名必须是 ".py"。

2. 使用 import 语句导入模块

创建模块后，就可以在其他程序中使用该模块了。要使用模块需要先以模块的形式加载模块中的代码，这可以使用 import 语句实现。import 语句的基本语法格式如下：

import modulename [as alias]

其中，modulename 为要导入模块的名称；[as alias] 为给模块起的别名，通过该别名也可以使用模块。

下面将导入例 6-11 所编写的模块 bmi，并执行该模块中的函数。在模块文件 bmi.py 的同级目录下创建一个名称为 main.py 的文件，在该文件中，导入模块 bmi，并且执行该模块中的 fun_bmi() 函数，代码如下：

import bmi # 导入 bmi 模块
bmi.fun_bmi(" 尹一伊 ",1.75,120) # 执行模块中的 fun_bmi() 函数

执行上面的代码，将显示如图 6-24 所示的运行结果。

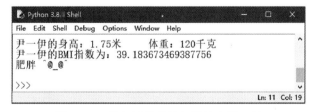

图 6-24   导入模块并执行模块中的函数

说明：在调用模块中的变量、函数或者类时，需要在变量名、函数名或者类名前添加 "模块名 ." 作为前缀。例如，上面代码中的 bmi.fun_bmi，表示调用 bmi 模块中的 fun_bmi() 函数。

如果模块名比较长不容易记住，可以在导入模块时，使用 as 关键字为其设置一个别名，然后就可以通过这个别名来调用模块中的变量、函数和类等。例如，将上面导入模块的代码修改为以下内容：import bmi as m # 导入 bmi 模块并设置别名为 m，然后，在调用 bmi 模块中的 fun_bmi() 函数时，可以使用下面的代码：

```
m.fun_bmi(" 尹一伊 ",1.75,120) # 执行模块中的 fun_bmi() 函数
```

使用 import 语句还可以一次导入多个模块，在导入多个模块时，模块名之间使用逗号 "," 进行分隔。例如，分别创建了 bmi.py、tips.py 和 differenttree.py 3 个模块文件。想要将这 3 个模块全部导入，可以使用下面的代码：

```
import bmi,tips,differenttree
```

3. 使用 from…import 语句导入模块

在使用 import 语句导入模块时，每执行一条 import 语句都会创建一个新的命名空间（namespace），并且在该命名空间中执行与 .py 文件相关的所有语句。在执行时，需在具体的变量、函数和类名前加上 "模块名 ." 前缀。如果不想在每次导入模块时都创建一个新的命名空间，而是将具体的定义导入到当前的命名空间中，这时可以使用 from…import 语句。使用 from…import 语句导入模块后，不需要再添加前缀，直接通过具体的变量、函数和类名等访问即可。

说明：命名空间可以理解为记录对象名字和对象之间对应关系的空间。目前 Python 的命名空间大部分都是通过字典（dict）来实现的。其中，key 是标识符；value 是具体的对象。例如，key 是变量的名字，value 则是变量的值。

from…import 语句的语法格式如下：

```
from modelname import member
```

参数说明：

☆ modelname：模块名称，区分字母大小写，需要和定义模块时设置的模块名称的大小写保持一致。

☆ member：用于指定要导入的变量、函数或者类等。可以同时导入多个定义，各个定义之间使用逗号 "," 分隔。如果想导入全部定义，也可以使用通配符星号 "*" 代替。

在导入模块时，如果使用通配符 "*" 导入全部定义后，想查看具体导入了哪些定义，可以通过显示 dir() 函数的值来查看。例如，执行 print(dir()) 语句后将显示类似下面的内容。

```
['__annotations__','__builtins__','__doc__','__file__','__loader__','__name__','__package__','__spec__',
'change','getHeight','getWidth']
```

其中 change、getHeight 和 getWidth 就是我们导入的定义。

例如，通过下面的 3 条语句都可以从模块导入指定的定义。

```
from bmi import fun_bmi # 导入 bmi 模块的 fun_bmi 函数
from bmi import fun_bmi,fun_bmi_upgrade # 导入 bmi 模块的 fun_bmi 和 fun_bmi_upgrade 函数
from bmi import * # 导入 bmi 模块的全部定义（包括变量和函数）
```

注意：在使用 from…import 语句导入模块中的定义时，需要保证所导入的内容在当前的命名空间中是唯一的，否则将出现冲突，后导入的同名变量、函数或者类会覆盖先导入的。这时就需要使用 import 语句进行导入。

【例 6-12】导入两个包括同名函数的模块。

创建两个模块，一个是矩形模块，其中包括计算矩形周长和面积的函数；另一个是圆形，其中包括计算圆形周长和面积的函数。然后在另一个 Python 文件中导入这两个模块，并调用相应的函数计算周长和面积。具体步骤如下：

（1）创建矩形模块，对应的文件名为 rectangle.py，在该文件中定义两个函数，一个用于计算矩形的周长，另一个用于计算矩形的面积，具体代码如下：

```
01  def girth(width,height):
02      ''' 功能：计算周长
03          参数：width（宽度）、height（高）
04      '''
05      return (width + height)*2
06  def area(width,height):
07      ''' 功能：计算面积
08          参数：width（宽度）、height（高）
09      '''
10      return width * height
11  if __name__ == '__main__':
12      print(area(10,20))
```

（2）创建圆形模块，对应的文件名为 circular.py，在该文件中定义两个函数，一个用于计算圆形的周长，另一个用于计算圆形的面积，具体代码如下：

```
01  import math # 导入标准模块 math
02  PI = math.pi # 圆周率
03  def girth(r):
04      ''' 功能：计算周长
05          参数：r（半径）
06      '''
```

```
07      return round(2 * PI * r ,2) # 计算周长并保留两位小数
08
09  def area(r):
10      ''' 功能：计算面积
11          参数：r（半径）
12      '''
13      return round(PI * r * r ,2) # 计算面积并保留两位小数
14  if __name__ == '__main__':
15      print(girth(10))
```

（3）创建一个名称为 compute.py 的 Python 文件，在该文件中，首先导入矩形模块的全部定义，然后导入圆形模块的全部定义，最后分别调用计算矩形周长的函数和计算圆形周长的函数，代码如下：

```
01  from rectangle import * # 导入矩形模块
02  from circular import * # 导入圆形模块
03  if __name__ == '__main__':
04      print(" 圆形的周长为：",girth(10)) # 调用计算圆形周长的函数
05      print(" 矩形的周长为：",girth(10,20)) # 调用计算矩形周长的函数
```

执行 compute.py 文件，将显示如图 6-25 所示的结果。

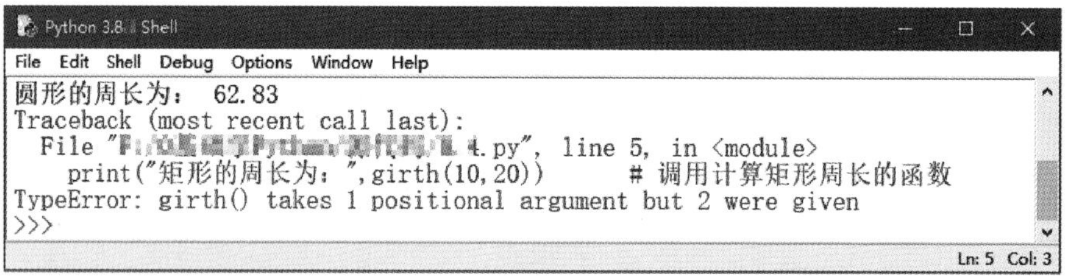

图 6-25　执行不同模块的同名函数时出现异常

从图 6-25 中可以看出，执行步骤（3）的第 5 行代码时出现异常，这是因为原本想要执行的矩形模块的 girth() 函数被圆形模块的 girth() 函数给覆盖了。解决该问题的方法时，不使用 from…import 语句导入，而是使用 import 语句导入。修改后的代码如下：

```
01  import rectangle as r # 导入矩形模块
02  import circular as c # 导入圆形模块
03  if __name__ == '__main__':
04      print(" 圆形的周长为：",c.girth(10)) # 调用计算圆形周长的函数
05      print(" 矩形的周长为：",r.girth(10,20)) # 调用计算矩形周长的函数
```

执行上面的代码后，将显示如图 6-26 所示的结果。

File Edit Shell Debug Options Window Help
圆形的周长为： 62.83
矩形的周长为： 60
>>>
Ln: 1 Col: 90

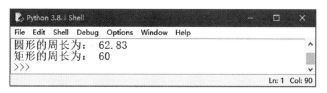

图 6-26　正确执行不同模块的同名函数

4. 模块搜索目录

当使用 import 语句导入模块时，默认情况下，会按照以下顺序进行查找。

☆在当前目录（即执行的 Python 脚本文件所在目录）下查找。

☆到 PYTHONPATH（环境变量）下的每个目录中查找。

☆到 Python 的默认安装目录下查找。

以上各个目录的具体位置保存在标准模块 sys 的 sys.path 变量中。可以通过以下代码输出具体的目录。

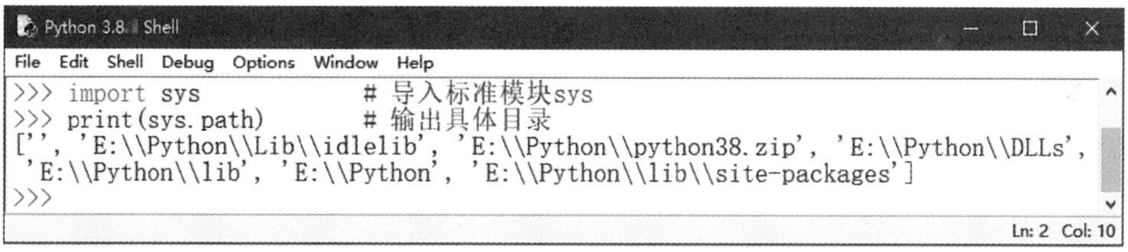

```
import sys # 导入标准模块 sys
print(sys.path) # 输出具体目录
```

例如，在 IDLE 窗口中，执行上面的代码，将显示如图 6-27 所示的结果。

File Edit Shell Debug Options Window Help
>>> import sys # 导入标准模块sys
>>> print(sys.path) # 输出具体目录
['', 'E:\\Python\\Lib\\idlelib', 'E:\\Python\\python38.zip', 'E:\\Python\\DLLs', 'E:\\Python\\lib', 'E:\\Python', 'E:\\Python\\lib\\site-packages']
>>>
Ln: 2 Col: 10

图 6-27　在 IDLE 窗口中查看具体目录

如果要导入的模块不在图 6-27 所示的目录中，那么在导入模块时，将显示如图 6-28 所示的异常。

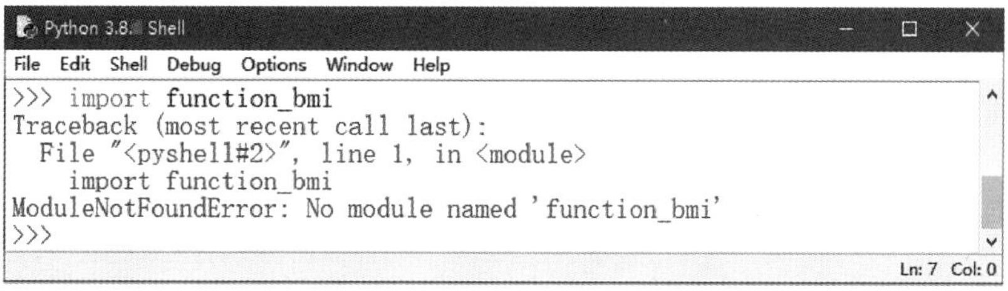

File Edit Shell Debug Options Window Help
>>> import function_bmi
Traceback (most recent call last):
File "<pyshell#2>", line 1, in <module>
import function_bmi
ModuleNotFoundError: No module named 'function_bmi'
>>>
Ln: 7 Col: 0

图 6-28　找不到要导入的模块

注意：使用 import 语句导入模块时，模块名是区分字母大小写的。

这时，我们可以通过以下 3 种方式添加指定的目录到 sys.path 中。

（1）临时添加。

临时添加即在导入模块的 Python 文件中添加。例如，需要将"E:\program\Python\Code\demo"目录添加到 sys.path 中，可以使用下面的代码：

import sys # 导入标准模块 syssys.path.append('E:/program/Python/Code/demo')

执行上面的代码后，再输出 sys.path 的值，将得到以下结果：

['E:\\program\\Python\\Code','G:\\Python\\Python38\\Python38.zip','G:\\Python\\Python38\\DLLs','G:\\Python\\Python38\\lib','G:\\Python\\Python38','G:\\Python\\Python38\\lib\\site-packages', 'E:/program/Python/Code/demo']

在计算机上运行上面的结果时，显示的红字部分为新添加的目录。

说明：通过该方法添加的目录只在执行当前文件的窗口中有效，窗口关闭后即失效。

（2）增加 .pth 文件（推荐）。

在 Python 安装目录下的 Lib\site-packages 子目录中（例如，笔者的 Python 安装在 G:\Python\Python38 目录下，那么该路径为 G:\Python\Python38\Lib\site-packages），创建一个扩展名为 .pth 的文件，文件名任意。这里创建一个 mrpath.pth 文件，在该文件中添加要导入模块所在的目录。例如，将模块目录"E:\program\Python\Code\demo"添加到 mrpath.pth 文件，添加后的代码如下：

.pth 文件是创建的路径文件（这里为注释）
E:\program\Python\Code\demo

注意：创建 .pth 文件后，需要重新打开要执行的导入模块的 Python 文件，否则新添加的目录不起作用。

说明：通过该方法添加的目录只在当前版本的 Python 中有效。

（3）在 PYTHONPATH 环境变量中添加。

打开"环境变量"对话框（具体方法请参见 1.1.3），如果没有 PYTHONPATH 系统环境变量，则需要先创建一个，否则直接选中 PYTHONPATH 变量，再单击"编辑"按钮，并且在弹出对话框的"变量值"文本框中添加新的模块目录，目录之前使用逗号进行分隔。例如，创建系统环境变量 PYTHONPATH，并指定模块所在目录为"E:\program\Python\Code\demo;"，效果如图 6-29 所示。

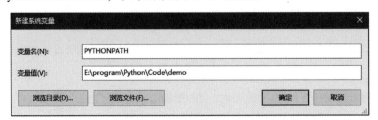

图 6-29　在环境变量中添加 PYTHONPATH 环境变量

注意：在环境变量中添加模块目录后，需要重新打开要执行的导入模块的 Python 文件，否则新添加的目录不起作用。

说明：通过该方法添加的目录可以在不同版本的 Python 中共享。

6.7.3 以主程序的形式执行

首先定义一个全局变量，然后创建一个名称为 fun_christmastree() 的函数，最后再通过 print() 函数输出一些内容。代码如下：

```
pinetree = ' 我是一棵松树 ' # 定义一个全局变量（松树）
def fun_christmastree(): # 定义函数
    ''' 功能：一个梦
        无返回值
    '''
    pinetree = ' 挂上彩灯、礼物……我变成一棵圣诞树 @^.^@ \n' # 定义局部变量
    print(pinetree) # 输出局部变量的值
# *************************** 函数体外 *************************** #
print('\n 下雪了……\n')
print('=============== 开始做梦…… =============\n')
fun_christmastree() # 调用函数
print('=============== 梦醒了…… ===============\n')
pinetree = ' 我身上落满雪花，' + pinetree + ' -_- ' # 为全局变量赋值
print(pinetree) # 输出全局变量的值
```

在与 christmastree 模块同级的目录下，创建一个名称为 main.py 的文件，在该文件中，导入 christmastree 模块，再通过 print() 语句输出模块中的全局变量 pinetree 的值，代码如下：

```
import christmastree # 导入 christmastree 模块
print(" 全局变量的值为：",christmastree.pinetree)
```

执行上面的代码，将显示如图 6-30 所示的结果。

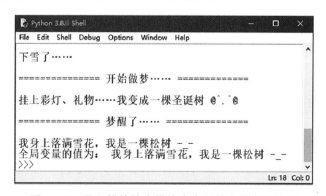

图 6-30　导入模块输出模块中定义的全局变量的值

从图 6-30 所示的运行结果可以看出，导入模块后，不仅输出了全局变量的值，而且模块中原有的测试代码也被执行了。这个结果显然不是我们想要的。那么如何只输出全局变量的值呢？实际上，可以在模块中，将原本直接执行的测试代码放在一个 if 语句中。因此，可以将模块 christmastree 的代码修改为以下内容：

```
pinetree = ' 我是一棵松树 ' # 定义一个全局变量（松树）
def fun_christmastree(): # 定义函数
    ''' 功能：一个梦
        无返回值
    '''
    pinetree = ' 挂上彩灯、礼物……我变成一棵圣诞树 @^.^@ \n' # 定义局部变量赋值
    print(pinetree) # 输出局部变量的值
# ********************* 判断是否以主程序的形式运行 ********************* #
if __name__ == '__main__':
    print('\n 下雪了……\n')
    print('=============== 开始做梦…… ===============\n')
    fun_christmastree() # 调用函数
    print('=============== 梦醒了…… ===============\n')
    pinetree = ' 我身上落满雪花, ' + pinetree + ' -_- ' # 为全局变量赋值
    print(pinetree) # 输出全局变量的值
```

再次执行导入模块的 main.py 文件，将显示如图 6-31 所示的结果。从执行结果中可以看出测试代码并没有执行。

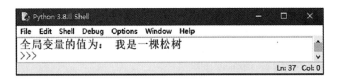

图 6-31　在模块中加入以主程序的形式执行的判断

此时，如果执行 christmastree.py 文件，将显示如图 6-32 所示的结果。

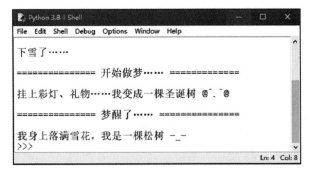

图 6-32　以主程序的形式执行的结果

说明：在每个模块的定义中都包括一个记录模块名称的变量 __name__，程序可以检查该变量，以确定它们在哪个模块中执行。如果一个模块不是被导入到其他程序中执行，那么它可能在解释器的顶级模块中执行。顶级模块的 __name__ 变量的值为 __main__。

6.8　Python 中的包

使用模块可以避免函数名和变量名重名引发的冲突。如果模块名重复该怎么办呢？在 Python 中，提出了包（Package）的概念。包是一个分层次的目录结构，它将一组功能相近的模块组织在一个目录下。这样，既可以起到规范代码的作用，又能避免模块名重名引起的冲突。

说明：包简单理解就是"文件夹"，只不过在该文件夹下必须存在一个名称为"__init__.py"的文件。

6.8.1　Python 程序的包结构

在实际项目开发时，通常情况下，会创建多个包用于存放不同类的文件。例如，开发一个网站时，可以创建如图 6-33 所示的包结构。

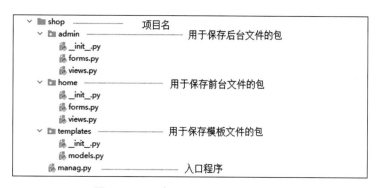

图 6-33　一个 Python 项目的包结构

说明：在图 6-33 中，先创建一个名称为 shop 的项目，然后在该包下又创建了admin、home 和 templates 3 个包和一个 manager.py 的文件，最后在每个包中，又创建了相应的模块。

6.8.2　创建和使用包

下面分别介绍如何创建和使用包。

1. 创建包

创建包实际上就是创建一个文件夹，并且在该文件夹中创建一个名称为"__init__.py"的 Python 文件。在 __init__.py 文件中，可以不编写任何代码，也可以编写一些Python 代码。在 __init__.py 文件中所编写的代码，在导入包时会自动执行。

说明：__init__.py 文件是一个模块文件，模块名为对应的包名。例如，在 settings 包

中创建的 __init__.py 文件，对应的模块名为 settings。

例如，在 E 盘根目录下，创建一个名称为 settings 的包，可以按照以下步骤进行：

（1）计算机的 E 盘根目录下，创建一个名称为 settings 的文件夹。

（2）在 IDLE 中，创建一个名称为 "__init__.py" 的文件，保存在 E:\settings 文件夹下，并且在该文件中不写任何内容，然后再返回到资源管理器中，效果如图 6-34 所示。

图 6-34　创建 __init__.py 文件后的效果

至此，名称为 settings 的包创建完毕了，创建完毕之后便可以在该包中创建所需的模块了。

2. 使用包

创建包以后，就可以在包中创建相应的模块，然后再使用 import 语句从包中加载模块。从包中加载模块通常有以下 3 种方式：

（1）通过 "import + 完整包名 + 模块名" 形式加载指定模块。

"import + 完整包名 + 模块名" 形式是指：假如有一个名称为 settings 的包，在该包下有一个名称为 size 的模块，那么要导入 size 模块，可以使用下面的代码：

```
import settings.size
```

通过该方式导入模块后，在使用时需要使用完整的名称。例如，在已经创建的 settings 包中创建一个名称为 size 的模块，并且在该模块中定义两个变量，代码如下：

```
width = 800 # 宽度
height = 600 # 高度
```

这时，通过 "import + 完整包名 + 模块名" 形式导入 size 模块后，在调用 width 和 height 变量时，就需要在变量名前加入 "settings.size." 前缀。对应的代码如下：

```
import settings.size # 导入 settings 包下的 size 模块
if __name__=='__main__':
    print(' 宽度：',settings.size.width)
    print(' 高度：',settings.size.height)
```

执行上面的代码后，将显示以下内容：

宽度：800
高度：600

（2）通过"from + 完整包名 + import + 模块名"形式加载指定模块。

"from + 完整包名 + import + 模块名"形式是指：假如有一个名称为 settings 的包，在该包下有一个名称为 size 的模块，那么要导入 size 模块，可以使用下面的代码：

```
from settings import size
```

通过该方式导入模块后，在使用时不需要带包前缀，但是需要带模块名。例如，想通过"from + 完整包名 + import + 模块名"形式导入上面已经创建的 size 模块，并且调用 width 和 height 变量，就可以通过下面的代码实现：

```
from settings import size # 导入 settings 包下的 size 模块
if __name__=='__main__':
    print(' 宽度：',size.width)
    print(' 高度：',size.height)
```

执行上面的代码后，将显示以下内容：

宽度：800
高度：600

（3）通过"from + 完整包名 + 模块名 + import + 定义名"形式加载指定模块。

"from + 完整包名 + 模块名 + import + 定义名"形式是指：假如有一个名称为 settings 的包，在该包下有一个名称为 size 的模块，那么要导入 size 模块中的 width 和 height 变量，可以使用下面的代码：

```
from settings.size import width,height
```

通过该方式导入模块的函数、变量或类后，在使用时直接使用函数、变量或类名即可。例如，想通过"from + 完整包名 + 模块名 + import + 定义名"形式导入上面已经创建的 size 模块的 width 和 height 变量，并输出，就可以通过下面的代码实现：

```
# 导入 settings 包下 size 模块中的 width 和 height 变量
from settings.size import width,height
if __name__=='__main__':
    print(' 宽度：', width) # 输出宽度
    print(' 高度：', height) # 输出高度
```

执行上面的代码后，将显示以下内容：

宽度：800
高度：600

说明：在通过"from + 完整包名 + 模块名 + import + 定义名"形式加载指定模块时，可以使用星号"*"代替定义名，表示加载该模块下的全部定义。

【例6-13】在指定包中创建通用的设置和获取尺寸的模块。

创建一个名称为 settings 的包，在该包下创建一个名称为 size 的模块，通过该模块实现设置和获取尺寸的通用功能。具体步骤如下：

（1）在 settings 包中，创建一个名称为 size 的模块，在该模块中，定义两个保护类型的全局变量，分别代表宽度和高度，然后定义一个 change() 函数，用于修改两个全局变量的值，再定义两个函数，分别用于获取宽度和高度，具体代码如下：

```
01  _width = 800 # 定义保护类型的全局变量（宽度）
02  _height = 600 # 定义保护类型的全局变量（高度）
03  def change(w,h):
04      global _width # 全局变量（宽度）
05      _width = w # 重新给宽度赋值
06      global _height # 全局变量（高度）
07      _height = h # 重新给高度赋值
08  def getWidth(): # 获取宽度的函数
09      global _width
10      return _width
11  def getHeight(): # 获取高度的函数
12      global _height
13      return _height
```

（2）在 settings 包的上一层目录中创建一个名称为 main.py 的文件，在该文件中导入 settings 包下的 size 模块的全部定义，并且调用 change() 函数重新设置宽度和高度，然后再分别调用 getWidth() 和 getHeight() 函数获取修改后的宽度和高度，具体代码如下：

```
01  from settings.size import * # 导入 size 模块下的全部定义
02  if __name__=='__main__':
03      change(1024,768) # 调用 change() 函数改变尺寸
04      print(' 宽度：',getWidth()) # 输出宽度
05      print(' 高度：',getHeight()) # 输出高度
```

执行本实例，将显示如图 6-35 所示的结果。

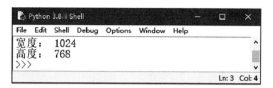

图 6-35　输出修改后的尺寸

6.9　综合案例：打印进销管理系统中的每月销售明细

模拟实现输出进销存管理系统中的每月销售明细，运行程序，输入要查询的月份，如果输入的月份存在销售明细，则显示本月商品销售明细；如果输入的月份不存在或不是数字，则提示"该月没有销售数据或者输入的月份有误！"。效果如图 6-36 所示。

```python
class SalesGoods:
    def __init__(self):
        self.dict = {'2':[' 商品编号：T0001 商品名称：笔记本电脑 ',
                          ' 商品编号：T0002 商品名称：华为荣耀 6X',
                          ' 商品编号：T0003 商品名称：iPad',
                          ' 商品编号：T0004 商品名称：华为荣耀 V9',
                          ' 商品编号：T0005 商品名称：MacBook']}
        self.theQuery()
    print("------", " 销售明细 ", "------")
    def theQuery(self):
        while True:
            month = input(" 请输入要查询的月份 ( 比如 1,2,3 等 ): ")
            if month in self.dict:
                print(month + " 月份的商品销售明细如下 ")
                for i in range(len(self.dict[month])):
                    print(self.dict[month][i])
            else:
                print(" 该月份没有销售数据或者输入月份有误 !")
# 实例化类
sales = SalesGoods()
```

结果如下：

```
------ 销售明细 ------
请输入要查询的月份 ( 比如 1,2,3 等 )2
2 月份的商品销售明细如下
```

商品编号：T0001 商品名称：笔记本电脑

商品编号：T0002 商品名称：华为荣耀 6X

商品编号：T0003 商品名称：iPad

商品编号：T0004 商品名称：华为荣耀 V9

商品编号：T0005 商品名称：MacBook

请输入要查询的月份（比如 1,2,3 等）

此案例也可以用另外一种方法来实现：

```
class Monthly_sales:
    # 销售明细 列表
    commodity = (('T0001',' 笔记本电脑 '),
                ('T0002',' 华为荣耀 6X'),
                ('T0003', 'iPad'),
                ('T0004', ' 华为荣耀 V9'),
                ('T0005', 'MacBook'))
    # 初始化方法   传递月份   参数判断销售数据
    def __init__(self,monthly):
        # 判断该月份的销售情况
        if monthly == '2':
            print("2 月份的商品销售明细如下 :")
            for i in range(len(Monthly_sales.commodity)):
                print('{}{}  {}{}'.format(' 商品编号 :',Monthly_sales.commodity[i][0],
                                    ' 商品名称 :',Monthly_sales.commodity[i][1]))
            monthlys = input(" 请输入要查询的月份（比如 1,2,3 等 )")
            monthly_sales = Monthly_sales(monthlys)
        else:
            # 其他月份销售情况
            print(" 该月份没有销售数据或者输入月份有误 !")
            monthlys = input(" 请输入要查询的月份（比如 1,2,3 等 )")
            monthly_sales = Monthly_sales(monthlys)


print("------", " 销售明细 ", "------")
monthlys = input(" 请输入要查询的月份（比如 1,2,3 等 )")
monthly_sales = Monthly_sales(monthlys)
```

结果如下：

```
------ 销售明细 ------
请输入要查询的月份（比如 1,2,3 等 )2
2 月份的商品销售明细如下:
```

商品编号：T0001　商品名称：笔记本电脑

商品编号：T0002　商品名称：华为荣耀 6X

商品编号：T0003　商品名称：iPad

商品编号：T0004　商品名称：华为荣耀 V9

商品编号：T0005　商品名称：MacBook

请输入要查询的月份（比如 1,2,3 等）

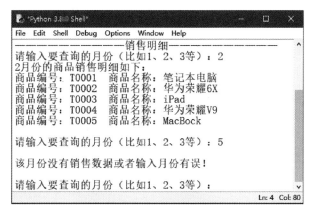

图 6-36　打印每月销售明细

技能检测：模拟电影院的自动售票机选票页面

在电影院中观看电影是一项很受欢迎的休闲娱乐，现请模拟电影院自动售票机中自动选择电影场次的页面，例如，一部电影在当日的播放时间有很多，可以自动选择合适的场次。效果如图 6-37 所示。

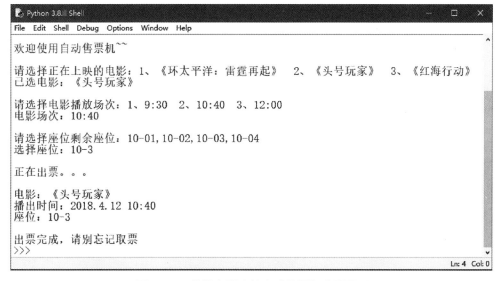

图 6-37　模拟电影院的自动售票机选票页面

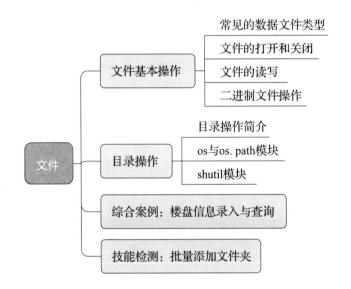

单元 7

文 件

内容导图

文件
- 文件基本操作
  - 常见的数据文件类型
  - 文件的打开和关闭
  - 文件的读写
  - 二进制文件操作
- 目录操作
  - 目录操作简介
  - os与os.path模块
  - shutil模块
- 综合案例：楼盘信息录入与查询
- 技能检测：批量添加文件夹

学习目标

1.了解常见数据文件类型。

2.掌握目录操作。

3.能够编写简单的信息录入完整代码。

4.提升学生的岗位工作能力，培养吃苦耐劳的精神。

7.1 文件基本操作

7.1.1 常见的数据文件类型

Python 程序在处理、存储数据的时候，往往只关心数据本身及其数据结构，所以 Python 开发过程中，常见的数据文件类型以纯文本文件为主。下面主要介绍 txt、csv、JOSN 三种纯文本文件。

1. txt 文件

txt 是微软公司在操作系统上附带的一种文本格式，是最常见的一种文件格式，早在 DOS 时代应用就很多，主要存储文本信息，即为文字信息，大多数软件都可以查看，如记事本，浏览器等。

2. csv 文件

csv 英文全称是 Comma-Separated Values，中文意思为逗号分隔值，有时也称为字符分隔值。csv 文件以纯文本形式存储表格数据（数字和文本），纯文本意味着该文件是一个字符序列，不含必须像二进制数字那样被解读的数据。csv 文件由任意数目的记录组成，记录间以换行符分隔；每条记录由字段组成，字段间的分隔符最常见的是逗号，也可以是其他字符。csv 文件可以使用记事本或者写字板来打开，也可以通过 Excel 打开。csv 是一种通用的、相对简单的文件格式，被用户、商业和科学广泛使用，其中最广泛的应用是在程序之间的表格数据转移。

3. JOSN 文件

JSON（JavaScript Object Notation）是一种轻量级的数据交换格式。它基于 ECMAScript（欧洲计算机协会制定的 JS 规范）的一个子集，采用完全独立于编程语言的文本格式来存储和表示数据。简洁和清晰的层次结构使得 JSON 成为理想的数据交换语言，易于用户阅读和编写，同时也易于机器解析和生成，并有效地提升网络传输效率。

JSON 中的数据格式和 Python 中的数据格式转化关系如表 7-1 所示。

表 7-1 JSON 与 Python 数据格式转化

JSON 类型	Python 类型
object	dict
array	list
string	str
number(int)	int
number(real)	float
true	True
false	False
null	None

7.1.2 文件的打开和关闭

Python 对文本文件和二进制文件采用统一的操作步骤，即"打开—操作—关闭"，如图 7-1 所示。操作系统中的文件默认处于存储状态，读写文件时需要请求操作系统打开一个要在当前程序操作的对象。打开后的文件只能在当前程序操作，不能被另一个进程占用。操作之后一定要将文件关闭，让进程释放对文件的控制，使文件恢复存储状态，这时，另一个进程才能够操作此文件。

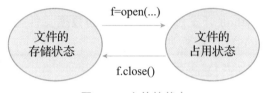

图 7-1　文件的状态

Python 通过 open() 函数打开一个文件。open() 函数以"文件名称"和"打开模式"等参数打开一个文件，并且返回文件对象，其语法格式如下：

变量名称 = open (文件名称，[打开模式，[编码方式]])

各个参数的细节如下：

（1）文件名称：包含要访问的文件名和路径，可以是相对路径，也可以是绝对路径，具体书写规范详见"9.1.2　文件路径"。

（2）打开模式：分别有只读 r、写入 w、追加 a、二进制 b 等，为可选参数，默认值为 r。

打开模式使用字符串方式表示，根据字符串定义，' ' 和 " " 均可使用。其中，'r'、'w'、'x'、'a' 可以和 'b'、't'、'+' 组合使用，形成既表达读写又表达文件模式的方式。具体打开模式如表 7-2 所示。

表 7-2　文件的打开模式

打开模式	含义
'r'	只读模式，默认值，如果文件不存在，返回 FileNotFoundError
'w'	覆盖写模式，文件不存在则创建，存在则完全覆盖
'x'	创建写模式，文件不存在则创建，存在则返回 FileExistsError
'a'	追加写模式，文件不存在则创建，存在则在文件最后追加内容
'b'	二进制文件模式
't'	文本文件模式，默认值
'+'	与 r/w/x/a 一同使用，在原功能基础上增加同时读写功能

例如：

f = open("f.txt")

文本形式、只读模式、默认值。

f = open("f.txt", "rt")

文本形式、只读模式、同默认值。

f = open("f.txt", "w")

文本形式、覆盖写模式。

f = open("f.txt", "a+")

文本形式、追加写 + 读模式。

f = open("f.txt", "x")

文本形式、创建写模式。

f = open("f.txt", "b")

二进制形式、只读模式。

f = open("f.txt", "wb")

二进制形式、覆盖写模式。

上述代码中文件名称 "f.txt" 直接给出，表示该文件和源代码在同一目录中。

（3）编码方式：表示的是返回的数据采用何种编码，一般采用 utf-8 或者 gbk，例如 f = open("f.txt", "rt", encoding="utf-8")。

文件使用结束后要用 close() 方法关闭，释放文件的使用授权，语法格式如下：

变量名称 .close()

如果没有执行关闭语句，文件将一直处于 Python 占用状态，其他程序将无法访问该文件。当文件关闭后，Python 将无法再对该文件进行 I/O 操作，否则将提示错误。

7.1.3　文件的读写

1. 文件的读操作

表 7-3 给出了 Python 中常见的文件读取方法，其中 f 代表文件变量。

表 7-3　常见的文件读取方法

方法	含义
f.read(size)	读入全部内容，如果给出参数，读入前 size 长度
f.readline(size)	读入一行内容，如果给出参数，读入该行前 size 长度
f.readlines(hint)	读入文件所有行，以每行为元素形成列表，如果给出参数，读入前 hint 行
f.seek(offset)	改变当前文件操作指针的位置，offset 的值：0 为文件开头；2 为文件结尾

【例 7-1】文件的读操作。

下面是保存于 D:\Python 目录中的一个文本文件 data.txt 的内容：

断章
你站在桥上看风景，看风景人在楼上看你。
明月装饰了你的窗子，你装饰了别人的梦。

我们将分别使用上述方法尝试读取文件中的部分或者全部内容。如果文件不大，可以一次性将文件内容读入，保存到内存变量中。f.read() 是最常见的一次性读入文件的方法，其返回结果是一个字符串。

```
f=open("D:/Python/data.txt","r")
s=f.read()
print(s)
print(type(s))
f.close()
```

执行以上程序会输出如下结果：

断章
你站在桥上看风景，看风景人在楼上看你。
明月装饰了你的窗子，你装饰了别人的梦。
<class 'str'>

f.readlines() 也是一次性读入文件所有内容的方法，但是它的返回结果是一个列表，文件中的每一行是列表的一个元素。

```
f=open(r"D:\Python\data.txt","r")
s=f.readlines()
print(s)
print(type(s))
f.close()
```

执行以上程序会输出如下结果：

['断章 \n',' 你站在桥上看风景，看风景人在楼上看你。\n',' 明月装饰了你的窗子，你装饰了别人的梦。']
<class 'list'>

文件打开后，对文件的读写有一个读取指针，在读取内容的时候，该指针会自动向后移动，再次读取时，将从上次指针所在的位置开始。

```
f=open("D:\\Python\\data.txt","r")
s=f.read()
ls=f.readlines()
print(ls)
f.close()
```

执行以上程序会输出如下结果：

```
[]
```

输出结果是一个空列表。这是在哪个环节出了问题呢？在读取内容的时候，文件指针会自动向后移动，s=f.read() 后指针已经指向了文件末尾；再次读取时，将从上次指针所在的位置开始，也就是说，ls=f.readlines() 是从文件末尾开始读取，自然读不到任何数据了。可以通过使用 f.seek(offset) 方法，改变当前文件操作指针的位置，解决上述问题。其中 offset 的值：0 为文件开头；2 为文件结尾。

```
f=open("D:\\Python\\data.txt","r")
s=f.read()
f.seek(0)
ls=f.readlines()
print(ls)
f.close()
```

尝试执行上述代码，相信会有不一样的运行结果。

一次性读入文件所有内容很方便，但也有它的局限性。如果文件比较大，一次性读入会占用太多内存，影响整体性能。这种情况可以考虑使用 f.readline()，一次读入一行，对读入的数据处理后再读入下一行，直到结束。这种方法非常适合大文件内容读取。请尝试下列代码。

```
f=open("D:\\Python\\data.txt","r")
s=f.readline()
print(type(s))
while s:
    print(s)
    s = f.readline()
f.close()
```

执行以上程序会输出如下结果：

```
<class 'str'>
```

断章

你站在桥上看风景，看风景人在楼上看你。

明月装饰了你的窗子，你装饰了别人的梦。

为什么上述代码输出的结果会多出一些空行呢？请读者们思考一下。
此外，逐行读入还有一种常见写法：

```
f=open("D:\\Python\\data.txt","r")
for line in f:
    print(line)
f.close()
```

2. 文件的写操作

表 7-4 给出了 Python 中常见的文件写方法，其中 f 代表文件变量。

表 7-4　常见的文件写方法

方法	含义
f.write(s)	向文件写入一个字符串或字节流
f. writelines(lines)	将一个元素全为字符串的列表写入文件

【例 7-2】文件的写操作。

f.write(s) 可以向文件写入字符串 s，其中 f 为已经定义好的文件变量，每次写入后，文件指针将自动向后移动，反复使用 write() 方法，将向文件写入多行内容。

```
f=open("D:\\Python\\data2.txt","w")
f.write(" 昨日的静，钟声 \n")
f.write(" 昨日的人 \n")
f.write(" 怎样又在这天里划下一道影！ \n")
f.close()
```

执行以上程序，会在 D:\Python 目录下生成 data2.txt 文件，其内容为：

昨日的静，钟声
昨日的人
怎样又在这天里划下一道影！

上述使用 f.write() 方法时，尾部都手动加上一个换行符号‘\n’，如果没有加上这个符号，那么生成的文件内容会是什么呢？读者可以自己尝试一下。

f. writelines(lines) 方法可以将列表 lines 的所有元素连接后，作为一个字符串一次性写入文件。

```
f=open("D:\\Python\\data2.txt","w")
lines=[" 昨日的静，钟声 "," 昨日的人 "," 怎样又在这天里划下一道影！ "]
f.writelines(lines)
f.close()
```

执行以上程序，会更新 D:\Python\data2.txt 文件中的内容，其新内容为：

昨日的静，钟声昨日的人怎样又在这天里划下一道影！

为什么没有了原先的换行呢？如果希望保留原先的换行该怎么操作呢？请读者在 lines 列表每一个元素尾部加上'\n'，再试试看运行结果。

7.1.4　二进制文件操作

图像、音频、视频、数据库文件等均属于二进制文件。二进制文件不能使用记事本或其他文本编辑器正常读写，也无法通过 Python 文件对象直接读取和读懂文件内容。必须正确理解二进制文件结构和序列化规则，才能准确地理解其中内容并且设计正确的反序列化规则。所谓序列化，简单地说，就是把内存中的数据在不丢失其类型信息的情况下转成对象的二进制形式的过程，对象序列化后的形式经过正确的反序列化过程，应该能够准确地恢复为原来的对象。

Python 中常用的序列化模块有 struct、pickle、json、marshal 和 shelve，其中 pickle 有 C 语言实现的 cPickle，速度约提高 1 000 倍，应优先考虑使用。下面主要介绍 pickle 和 struct 模块在对象序列化和二进制文件操作方面的应用。

1. 使用 pickle 模块

pickle 是较为常用并且速度非常快的二进制文件序列化模块。所谓序列化是指将程序中运行对象的信息保存到文件中，其实质就是将任意一个 Python 对象转化成一系列字节存储到文件中，而反序列化则相反，指程序从文件中读取信息并用来重构上一次保存的对象。Python 的 pickle 模块实现了基本类型变量（布尔型、整型、浮点型、复数型、字符串、字节数组等）、由基本类型组成的对象（列表、元组、字典和集合及相互嵌套）和其他对象（函数、类、类的实例）。

pickle 模块及其同类模块 cPickle 向 Python 提供了 pickle 支持。后者是用 C 编码的，它具有更好的性能，对于大多数应用程序，推荐使用该模块。

导入 cPickle，并可以作为 pickle 来引用它的语句：

```
import cPickle as pickle
```

在导入该模块后，用户就可以利用 pickle 接口开发。pickle 模块提供了以下函数：

（1）dump(object，file，[，protocol]) 将对象 object 写到文件 file 中，这个文件可以是实际的物理文件，但也可以是任何类似于文件的对象，这个对象具有 write() 方法，可以接受单个的字符串参数。参数 protocol 是序列化模式，默认值为 0，表示以文本的形式序列化。protocol 的值还可以是 1 或 2，表示以二进制的形式序列化。load(file) 从文件 file 中读取一个字符串，并将它重构为包含在 pickle 文件中的对象。

（2）dumps(object) 返回一个字符串，它包含一个 pickle 格式的对象；loads(string) 返回包含在 pickle 字符串中的对象。

默认情况下，dumps() 和 dump() 使用可打印的 ASCII 来创建 pickle。两者都有一个 final 参数（可选），如果为 True，则该参数指定用更快以及更小的二进制来创建 pickle。loads() 和 load() 函数自动检测 pickle 是二进制格式还是文本格式。下面通过两个实例来了解一下如何使用 pickle 模块进行对象序列化和二进制文件读写。

【例 7-3】使用 pickle 模块写入二进制文件，包括整数、实数、列表、元组、集合、字典、字符串等。

代码如下：

```
import cPi ckle as pickle

i= 10                    #定义各种对象
l= 1000000000
f= 100. 001
s="Shanghai Expo 2010"
lst=[[1,1,2],[3,5,8],[13,21,34],[55,89,144]]
tu=(1,2,4,8, 16.32, 64, 128, 256,512, 1024)
st=(1,6,15,20,15,6,1)
Dic = { 'a' : 'HU GUOSHENG' , 'b' : 'HU ANG HE' , 'c' : 'WU XINXIN' , 'd' : 'FAN XIAOYAN' , 'e':'SHAO YIN'}
fp= open(r'd:\myPickle.d' ,  'wb')   #打开文件
try：   #异常检测，
pickle. dump(i,fp)   #将整数序列化，写入文件中，协议模式为 0
pickle. dump(l,fp)
pickle. dump(f,fp)
pickle. dump(s，fp)
pickle. dump(lst，fp,1)   #用二进制形式序列化列表，写入文件中
pickle. dump(tu,fp)
pickle. dump(st,fp)
pickle. dump(dic,fp)
except：
print('Write File Exception！')
finally：
fp.close()
```

运行结果如图 7-2 所示。

| □ myPickle.dat | 2021/6/12 16:47 | DAT 文件 | 1 KB |

图 7-2 运行结果

可以看到，在 D 盘根目录下生成了包含上述各类数据的二进制文件 myPickle. dat。

【例 7-4】读取例 7-3 中写入的二进制文件 myPickle. dat 的内容。

```
import cPi ckle as pickle

fp= open(r'd:\myPickle. dat','rb')
number_of_data=pickle.load(fp)    # 返回对象个数
i=0
while i<number_of_data-1:
    print(pickle. load(fp))
    i=i+1
fp.close()
```

运行结果：

```
10
100000
100. 001
Shanghai Expo 2010
[[1,1,2],[3,5,8],[13,21,34],[55,89,144]]
(1,2,4,8, 16, 32, 64, 128, 256 ,512, 1024)
(1,6,15,20,15,6,1)
{' a ': 'HU GUOSHENG','c':'WU XINXIN ' ,'b': 'HUANG HE','e':'SHAO YIN','d:'FAN XIAOYAN'}
```

2. 使用 struct 模块

对于数据类型，Python 不像其他语言预定义了许多类型（如 C# 只是整型就定义了 8 种），它只定义了 6 种基本类型：整数、浮点数、字符串、元组、列表、字典。这 6 种数据类型可以满足用户大部分要求。但是，如果 Python 需要通过网络与其他平台进行交互时，必须考虑到将这些数据类型与其他平台或语言之间的类型进行互相转换。比如 C++ 写的客户端发送一个 int 型 4 字节变量的数据（二进制表示）到 Python 写的服务器，Python 接收后怎么解析成 Python 认识的整数呢（而不是字符串、元组或列表）?Python 的标准模块 struct 就用来解决这个问题。struct 是比较常用的对象序列化和二进制文件读写模块，它的基本功能是将一系列不同类型的数据封装成一段字节流；或反之，将一段字节流解开成为若干个不同类型的数据。

struct 模块中有 5 个函数。

struct. pack() 数据封装函数：

struct. pack(format, argl, arg2,…)

该函数按照给定的格式 format 把数据 argl，arg2,…封装成字节流。
struct. unpack() 数据解封函数：

struct. unpack(format, string)

该函数按照给定的格式 format 解析字节流 string，返回解析出来的元组。
struct. calcsize() 计算格式大小函数：

struct. calcsize(format)

它用于计算给定格式 format 占用多少字节的内存。

还有两个不常用的函数 struct. pack_into() 和 struct. unpack _from() 主要用于内存有效利用。

上述函数中的 format 是格式化字符串，由数字加格式字符构成。例如格式串 "3i2f?2s" 表示内存中占 3×4 个字节的整数，2×4 个字节的实数，1 个字符的布尔型和 2 个字符的字符串，长度为 23 的字节流，用于函数 pack，则封装成长度为 23 的一段字节流。若用于函数 unpack，则表示从后面的字节流中按照字节数 4、4、4、4、4、1、1、1 依次取出数据并将这些字节流片段组成元组返回。

struct 有很多格式符，它们和 C 语言的数据类型一一对应，如表 7-5 所示。

表 7-5　struct 支持的格式符

格式符	C 语言类型	Python 类型	数据字节数	备注
c	字符	长度为 1 的字符串	1	
b	有符号字符	整数	1	(3)
B	无符号字符	整数	1	(3)
?	布尔型	布尔	l	(1)
h	短整数型	整数	2	(3)
H	无符号短整数型	整数	2	(3)
i	整数型	整数	4	(3)
I	无符号整数型	整数	4	(3)
l	长整数型	整数	4	(3)
L	无符号长整数型	整数	4	(3)
q	长长整数型	整数	8	(2)(3)
Q	无符号长长整数型	整数	8	(2)(3)
f	单精度浮点型	实数 float	4	(4)
d	双精度浮点型	实数 float	8	(4)
s	字符串 char[]	字符串 string	任意	

提示：表 7-5 格式符 q 和 Q 只在机器支持 64 位操作时有意义。

Python 为了和 C 或 C++ 等语言的编译器配合，pack、unpack 函数使用了字节对齐处理，即将格式化字符串的长度扩展为 4 个字节的倍数。比如格式符"3i2f? 2s"长度为 23 的字节流，但为了字节对齐，函数把 2s 扩展到 3s，于是变成长度为 24 的字节流。

当然，用户可以通过在格式化字符串的前面加上一个"!"或"="来取消字节对齐处理。它们的区别是："!"依网络字节序对数据编码，"="按照主机字节序对数据编码。比如说整数 64，依网络字节序编码是 \x00\x00 \x00 \x40，按照主机（本地计算机）字节序编码是 \x40 \x00 \x00 \x00。字节序的不同是因为硬件厂商设计产品时存储多字节信息的方式不同。编程时只要按照同一种字节序对对齐处理方式封装字节流和解析字节流即可。

下面通过两个例子来简单介绍使用 struct 模块对二进制文件进行读写的用法。

【例 7-5】使用 struct 模块写入二进制文件。

代码如下：

```
import struct
url="I like to visit:http://www. python. org"
num=201411
real= 3098. 00
LV= True
str=struct. pack ('if? 37s', num, real, LV, url) #'if? 37s' 为格式字符串，长度为 9
print'length：', len(str)
print 'length:', struct. calcsize ('if? 12s')  # 求 'if? 12s' 格式字符串长度
print str
print repr(str)  #repr 函数创建一个字符串，以合法的 Python 表达式的形式来表示
fp= open(r'd:\myStruct dat', 'wb')
fp.writelines(str)
fp.write(url. encode())  #encode 函数将字符串转换为字节序列后写入文件
fp.close()
```

运行结果如图 7-3 所示。

```
length:  46
length: 21
b'\xc3\x12\x03\x00\x00\xa0AE\x01I like to visit:http://www.python.org'
b'\xc3\x12\x03\x00\x00\xa0AE\x01I like to visit:http://www.python.org'
```

图 7-3 运行结果

在 D 盘根目录下查看到文件 myStruct. dat，如图 7-4 所示。

```
 myStruct.dat        2017/3/25 8:58      DAT 文件          1 KB
```

图 7-4 查看文件

提示：repr(arg) 函数返回 Python 合法的字符串，例如：

```
>>> temp=10
>>> print"repr usage：" +temp   # 出错
TypeError: cannot concatenate 'str' and 'int' objects
>>> pnnt"repr usage："+repr(temp)   # 字符串相连，正确
repr usage：10
```

【例 7-6】读取例 7-5 中写入的二进制文件 myStruct. dat 的内容。

```
import struct
fp =open(r'd:\myStruct dat','rb')
str=fp.read(9)           ## unpack requires a string argument of length 9
tu=struct.unpack('if?',str)
print (tu)
num,real, LV = tu
print('num=',num,'real =',real,'LV =',LV)
url= fp. read(39)
url=url.decode()
print("url = ",url)
```

运行结果：

```
(201411,3098. 0,True)
('num = ',201411 , 'r eal= ',3098. 0,'LV = ' , True)
('url = ',u'I like to visit: http://www. python. org')
```

多学两招

使用 rmdir() 函数只能删除空的目录，如果想要删除非空目录，则需要使用 Python 内置的标准模块 shutil 的 rmtree() 函数实现。例如，要删除不为空的 "C:\\demo\\test" 目录，可以使用下面的代码：

```
import shutil
shutil.rmtree("C:\\demo\\test") # 删除 C:\demo 目录下的 test 子目录及其内容
```

5. 遍历目录

遍历在汉语中的意思是全部走遍，到处周游。在 Python 中，遍历是将指定的目录下的全部目录（包括子目录）及文件访问一遍。在 Python 中，os 模块的 walk() 函数用于实现遍历目录的功能。walk() 函数的基本语法格式如下：

```
os.walk(top[, topdown][, onerror][, followlinks])
```

参数说明：

☆ top：用于指定要遍历内容的根目录。

☆ topdown：可选参数，用于指定遍历的顺序，如果值为 True，表示自上而下遍历（即先遍历根目录）；如果值为 False，表示自下而上遍历（即先遍历最后一级子目录）。默认值为 True。

☆ onerror：可选参数，用于指定错误处理方式，默认为忽略，如果不想忽略也可以指定一个错误处理函数。通常情况下采用默认设置。

☆ followlinks：可选参数，默认情况下，walk() 函数不会向下转换成解析到目录的符号链接，将该参数值设置为 True，表示用于指定在支持的系统上访问由符号链接指向的目录。

☆返回值：返回一个包括 3 个元素（dirpath, dirnames, filenames）的元组生成器对象。其中，dirpath 表示当前遍历的路径，是一个字符串；dirnames 表示当前路径下包含的子目录，是一个列表；filenames 表示当前路径下包含的文件，也是一个列表。

例如，要遍历指定目录"E:\program\Python\Code\01"，可以使用下面的代码：

```python
import os # 导入 os 模块
tuples = os.walk("E:\\program\\Python\\Code\\01") # 遍历 "E:\program\Python\Code\01" 目录
for tuple1 in tuples: # 通过 for 循环输出遍历结果
    print(tuple1 ,"\n") # 输出每一级目录的元组
```

如果在" E:\program\Python\Code\01"目录下包括如图 7-5 所示的内容，执行上面的代码，将显示如图 7-6 所示的结果。

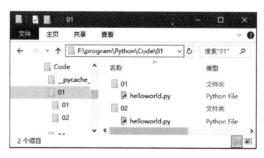

图 7-5　要遍历的目录

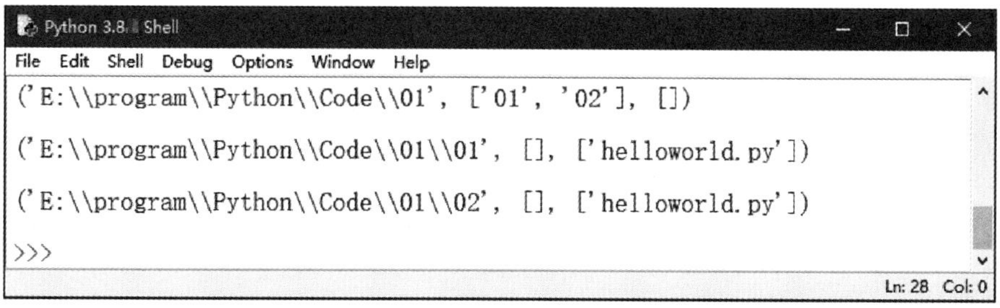

图 7-6　遍历指定目录的结果

注意：walk() 函数只在 Unix 系统和 Windows 系统中有效。

图 7-6 得到的结果比较混乱，下面通过一个具体的实例演示实现遍历目录时，输出目录或文件的完整路径。

【例 7-7】遍历指定目录。

在 IDLE 中创建一个名称为 walk_list.py 的文件，首先在该文件中导入 os 模块，并定义要遍历的根目录，然后应用 for 循环遍历该目录，最后循环输出遍历到文件和子目录，代码如下：

```
01  import os # 导入 os 模块
02  path = "C:\\demo" # 指定要遍历的根目录
03  print("【 ",path," 】目录下包括的文件和目录："）
04  for root, dirs, files in os.walk(path, topdown=True): # 遍历指定目录
05      for name in dirs: # 循环输出遍历到的子目录
06          print(" ● ",os.path.join(root, name))
07      for name in files: # 循环输出遍历到的文件
08          print(" ◎ ",os.path.join(root, name))
```

执行上面的代码，可能显示如图 7-7 所示的结果。

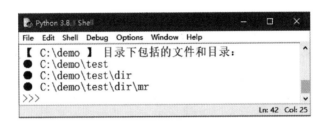

图 7-7　遍历指定目录

说明：读者得到的结果可能会与此不同，具体显示内容将根据具体的目录结构而定。

7.2　目录操作

目录也称文件夹，用于分层保存文件。通过目录可以分门别类地存放文件。我们也可以通过目录快速找到想要的文件。在 Python 中，并没有提供直接操作目录的函数或者对象，而是需要使用内置的 os 和 os.path 模块实现。

说明：os 模块是 Python 内置的与操作系统功能和文件系统相关的模块。该模块中的语句的执行结果通常与操作系统有关，在不同操作系统上运行，可能会得到不一样的结果。

常用的目录操作主要有判断目录是否存在、创建目录、删除目录和遍历目录等，下面将详细介绍。

说明：本单元的内容都是以 Windows 操作系统为例进行介绍的，所以代码的执行结

果也都是在 Windows 操作系统下显示的。

7.2.1 目录操作简介

1. 路径

用于定位一个文件或者目录的字符串被称为一个路径。在程序开发时，通常涉及两种路径，一种是相对路径，另一种是绝对路径。

（1）相对路径。

在学习相对路径之前，需要先了解什么是当前工作目录。当前工作目录是指当前文件所在的目录。在 Python 中，可以通过 os 模块提供的 getcwd() 函数获取当前工作目录。例如，在 E:\program\Python\Code\demo.py 文件中，编写以下代码：

```
import os
print(os.getcwd()) # 输出当前目录
```

执行上面的代码后，将显示以下目录，该路径就是当前工作目录。

```
E:\program\Python\Code
```

相对路径就是依赖于当前工作目录的。如果在当前工作目录下，有一个名称为 message.txt 的文件，那么在打开这个文件时，就可以直接写上文件名，这时采用的就是相对路径，message.txt 文件的实际路径就是当前工作目录"E:\program\Python\Code"+相对路径"message.txt"，即"E:\program\Python\Code\message.txt"。

如果在当前工作目录下，有一个子目录 demo，并且在该子目录下保存着文件 message.txt，那么在打开这个文件时就可以写上"demo/message.txt"，例如下面的代码：

```
with open("demo/message.txt") as file: # 通过相对路径打开文件
    Pass
```

说明：在 Python 中，指定文件路径时需要对路径分隔符"\"进行转义，即将路径中的"\"替换为"\\"。

例如对于相对路径"demo\message.txt"需要使用"demo\\message.txt"代替。另外，也可以将路径分隔符"\"采用"/"代替。

多学两招

在指定文件路径时，也可以在表示路径的字符串前面加上字母 r（或 R），那么该字符串将原样输出，这时路径中的分隔符就不需要再转义了。例如，上面的代码也可以修改为以下内容：

```
with open(r"demo\message.txt") as file: # 通过相对路径打开文件
    pass
```

（2）绝对路径。

绝对路径是指在使用文件时指定文件的实际路径。它不依赖于当前工作目录。在 Python 中，可以通过 os.path 模块提供的 abspath() 函数获取一个文件的绝对路径。abspath() 函数的基本语法格式如下：

```
os.path.abspath(path)
```

其中，path 为要获取绝对路径的相对路径，可以是文件也可以是目录。

例如，要获取相对路径"demo\message.txt"的绝对路径，可以使用下面的代码：

```
import osprint(os.path.abspath(r"demo\message.txt")) # 获取绝对路径
```

如果当前工作目录为"E:\program\Python\Code"，那么将得到以下结果：

```
E:\program\Python\Code\demo\message.txt
```

（3）拼接路径。

如果想要将两个或者多个路径拼接到一起组成一个新的路径，可以使用 os.path 模块提供的 join() 函数实现。join() 函数基本语法格式如下：

```
os.path.join(path1[,path2[,……]])
```

其中，path1、path2 用于代表要拼接的文件路径，这些路径间使用逗号进行分隔。如果在要拼接的路径中，没有一个绝对路径，那么最后拼接出来的将是一个相对路径。

注意：使用 os.path.join() 函数拼接路径时，并不会检测该路径是否真实存在。

例如，需要将"E:\program\Python\Code"和"demo\message.txt"路径拼接到一起，可以使用下面的代码。

```
import os
print(os.path.join("E:\program\Python\Code","demo\message.txt")) # 拼接字符串
```

执行上面的代码，将得到以下结果：

```
E:\program\Python\Code\demo\message.txt
```

说明：在使用 join() 函数时，如果要拼接的路径中，存在多个绝对路径，那么以从左到右为序最后一次出现的路径为准，并且该路径之前的参数都将被忽略。例如，执行下面的代码：

```
import os
print(os.path.join("E:\\code","E:\\python\\mr","Code","C:\\","demo")) # 拼接字符串
```

将得到拼接后的路径为"C:\demo"。

注意： 把两个路径拼接为一个路径时，不要直接使用字符串拼接，而是使用 os.path.join() 函数，这样可以正确处理不同操作系统的路径分隔符。

2. 判断目录是否存在

在 Python 中，有时需要判断给定的目录是否存在，这时可以使用 os.path 模块提供的 exists() 函数实现。exists() 函数的基本语法格式如下：

```
os.path.exists(path)
```

其中，path 为要判断的目录，可以采用绝对路径，也可以采用相对路径。

返回值：如果给定的路径存在，则返回 True，否则返回 False。

例如，要判断绝对路径"C:\demo"是否存在，可以使用下面的代码：

```
import os
print(os.path.exists("C:\\demo")) # 判断目录是否存在
```

执行上面的代码，如果在 C 盘根目录下没有 demo 子目录，则返回 False，否则返回 True。

说明： os.path.exists() 函数除了可以判断目录是否存在，还可以判断文件是否存在。

例如，如果将上面代码中的"C:\\demo"替换为"C:\\demo\\test.txt"，则用于判断 C:\demo\test.txt 文件是否存在。

3. 创建目录

在 Python 中，os 模块提供了两个创建目录的函数，一个用于创建一级目录，另一个用于创建多级目录。

（1）创建一级目录。

创建一级目录是指一次只能创建一级目录。在 Python 中，可以使用 os 模块提供的 mkdir() 函数实现。通过该函数只能创建指定路径中的最后一级目录，如果该目录的上一级不存在，则抛出 FileNotFoundError 异常。mkdir() 函数的基本语法格式如下：

```
os.mkdir(path, mode=0o777)
```

参数说明：

☆ path：用于指定要创建的目录，可以使用绝对路径，也可以使用相对路径。

☆ mode：用于指定数值模式，默认值为 0777。该参数在非 UNIX 系统上无效或被忽略。

例如，在 Windows 系统上创建一个 C:\demo 目录，可以使用下面的代码：

```
import os
os.mkdir("C:\\demo") # 创建 C:\demo 目录
```

执行下面的代码后，将在 C 盘根目录下创建一个 demo 目录，如图 7-8 所示。

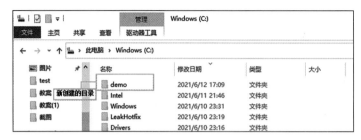

图 7-8　创建 demo 目录成功

如果在创建路径时已经存在将抛出 FileExistsError 异常，例如，将上面的示例代码再执行一次，将抛出如图 7-9 所示的异常。

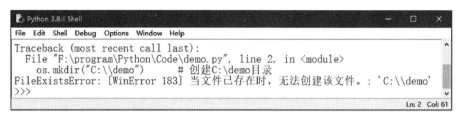

图 7-9　创建 demo 目录失败

要解决上面的问题，可以在创建目录前，先判断指定的目录是否存在，只有当目录不存在时才创建。具体代码如下：

```
import os
path = "C:\\demo" # 指定要创建的目录
if not os.path.exists(path): # 判断目录是否存在
    os.mkdir(path) # 创建目录
    print(" 目录创建成功！ ")
else:
    print(" 该目录已经存在！ ")
```

执行上面的代码，将显示"该目录已经存在！"。

注意：如果指定的目录有多级，而且最后一级的上级目录中有不存在的，则抛出 FileNotFoundError 异常，并且目录创建不成功。要解决该问题有两种方法，一种是使用创建多级目录的方法（将在后面进行介绍）。另一种是编写递归函数调用 os.mkdir() 函数实现，具体代码如下：

```
import os # 导入标准模块 osdef mkdir(path): # 定义递归创建目录的函数
    if not os.path.isdir(path): # 判断是否为有效路径
        mkdir(os.path.split(path)[0]) # 递归调用
    else: # 如果目录存在，直接返回
```

```
        Return
          os.mkdir(path) # 创建目录
      mkdir("D:/mr/test/demo") # 调用 mkdir 递归函数
```

（2）创建多级目录。

使用 mkdir() 函数只能创建一级目录，如果想创建多级目录，可以使用 os 模块提供的 makedirs() 函数，该函数用于采用递归的方式创建目录。makedirs() 函数的基本语法格式如下：

```
os.makedirs(name, mode=0o777)
```

参数说明：

☆ name：用于指定要创建的目录，可以使用绝对路径，也可以使用相对路径。

☆ mode：用于指定数值模式，默认值为 0777。该参数在非 UNIX 系统上无效或被忽略。

例如，在 Windows 系统上，刚刚创建的 C:\demo 目录下，再创建子目录 test\dir\mr（对应的目录为：C:\demo\test\dir\mr），可以使用下面的代码。

```
import os
os. makedirs ("C:\\demo\\test\\dir\\mr ") # 创建 C:\demo\test\dir\mr 目录
```

执行下面的代码后，将在 C:\demo 目录下创建子目录 test，并且在 test 目录下再创建子目录 dir，在 dir 目录下再创建子目录 mr。创建后的目录结构如图 7-10 所示。

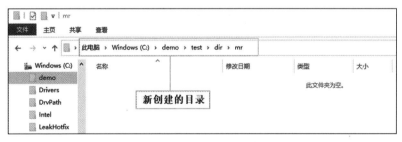

图 7-10　创建多级目录的结果

4. 删除目录

删除目录可以通过使用 os 模块提供的 rmdir() 函数实现。通过 rmdir() 函数删除目录时，只有当要删除的目录为空时才起作用。rmdir() 函数的基本语法格式如下：

```
os.rmdir(path)
```

其中，path 为要删除的目录，可以使用相对路径，也可以使用绝对路径。

例如，要删除刚刚创建的 "C:\demo\test\dir\mr" 目录，可以使用下面的代码：

```
import os
os.rmdir("C:\\demo\\test\\dir\\mr") # 删除 C:\demo\test\dir\mr 目录
```

执行上面的代码后，将删除 "C:\demo\test\dir" 目录下的 mr 目录。

注意：如果要删除的目录不存在，那么将抛出 "FileNotFoundError: [WinError 2] 系统找不到指定的文件" 异常。因此，在执行 os.rmdir() 函数前，建议先判断该路径是否存在，可以使用 os.path.exists() 函数判断。具体代码如下：

```
import os
path = "C:\\demo\\test\\dir\\mr" # 指定要创建的目录
if os.path.exists(path): # 判断目录是否存在
    os.rmdir("C:\\demo\\test\\dir\\mr") # 删除目录
    print(" 目录删除成功 !")
else:
    print(" 该目录不存在 !")
```

7.2.2　os 与 os.path 模块

os 模块除了提供使用操作系统功能和访问文件系统的简便方法之外，还提供了大量文件级操作的方法，如表 7-6 所示。os.path 模块提供了大量用于路径判断、切分、连接以及文件夹遍历的方法，如表 7-7 所示。

表 7-6　os 模块常用文件操作方法

方法	功能说明
access(path,mode)	按照 mode 指定的权限
open(path,flags.mode=o0777,*,dir_fd=None)	按照 mode 指定的权限打开文件，默认权限为可读、可写、可执行
chmod(path.mode,*,dir_fd=None, follow_symlinks=True)	改变文件的访问权限
remove(path)	删除指定的文件
rename(src,dst)	重命名文件或目录
stat(path)	返回文件的所有属性
fstat(path)	返回打开文件的所有属性
listdir(path)	返回 path 目录下的文件和目录列表
startfile(filepath[,operation])	使用关联的应用程序打开指定文件

所有方法可通过 dir(os) 查询：

```
>>> import os
>>>dir(os)
['abort','access','altsep','chdir','chmod','close','closerange','curdir','defpath','devnull','dup',dup2',
```

'environ','errno','error','execl','execle','execlp','execlpe','execv','execve','execvp','execvpe','extsep','
fdopen','fstat','fsync','getcwd','getcwdu','getenv','getpid','isatty','kill','linesep','listdir','lseek','lstat','
makedirs','mkdir','name','open','pardir','path','pathsep','pipe','popen','popen2','popen3','popen4','
putenv','read','remove','removedirs','rename','renames','rmdir','sep','spawnl','spawnle','spawnv','
spawnve','startfile','stat','stat_float_times','stat_result','statvfs_result','strerror','sys','system','tempnam
','times','tmpfile','tmpnam','umask','unlink','unsetenv','urandom','utime','waitpid','walk','write']

表 7-7　os.path 模块常用文件操作方法

方法	功能说明	方法	功能说明
abspath(path)	返回绝对路径	isdir(path)	判断 path 是否为目录
dirname(p)	返回目录路径	isfile(path)	判断 path 是否为文件
exists(path)	判断文件是否存在	join(path,*paths)	连接两个或多个 path
getatime(filename)	返回文件最后访问时间	split(path)	对路径进行分割，以列表形式返回
getctime(filename)	返回文件创建时间	splitext(path)	对路径进行分割，返回扩展名
getmtime(filename)	返回文件最后修改时间	splitdrive(path)	对路径进行分割，返回驱动器名
getsize(filename)	返回文件大小	walk(top,fune,arg)	遍历目录
isabs(path)	判断 path 是否为绝对路径		

同理，os. path 模块所有方法可通过 dir(os. path) 查询：

```
>>> import os.path
>>> dir(os.path)
['abspath','altsep', 'basename','commonprefix','curdir','defpath','devnull','dimame','exists',' expanduser
','expandvars','extsep','genericpath','getatime','getctime','getmtime','getsize','isabs','isdir',' isfile','islink
','ismount','join','Iexists','normcase','normpath','os','pardir','pathsep','realpath','relpath',' sep','split','
splitdrive','splitext','splitunc','stat','supports_unicode_filenames', 'sys','walk', 'warnings']
```

下面通过几个示例来演示 os 和 os. path 模块的使用方法。

```
>>> import os
>>> import os.path
>>>os. path. exists(r'd:\myPickle. dat')
Trun
>>>os. rename('d:\\myPythonTest\\myPickle.dat', r'd:\myPythonTest\yourPickle.dat')
```

结果显示修改成功，如图 7-11 所示。

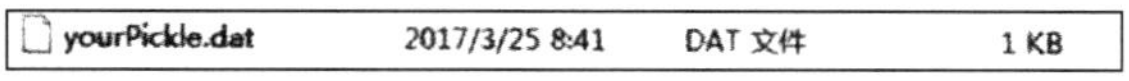

图 7-11　显示修改成功

```
>>>os.path. exists('myPickle. dat')    # 检验 myPickle. dat 文件是否存在
False
>>>os. path. exists('yourPicUe. dat')
True
>>>os.path. getsize('yourPickle. dat')    # 获取文件大小
350L
>>>os.path. getatime('yourPickle. dat') # 自 1970 年 1 月 1 日 0 时开始文件访问计算
1490401546. 6698108
>>>os.path.getctime('yourPicke.dat') # 自 1970 年 1 月 1 日 0 时开始文件建立计算
490401546.6698108
>>> os.path.getmtime('yourPickle.dat') # 自 1970 年 1 月 1 日 0 时开始文件修改计算
1490402490. 4056165
>>> from time import gm time,strftime
>>> time.gmtime(os.path.getmtime(r'd:\myPickle.dat')) # 以 struct_time 形式输出最近修改时间
time.struct_time(tm_year=2017,tm_mon=10,tm_mday=l,tm_hour=22,tm_min=59,tm_se
c= 12.tm_wday=6,tm_yday= 274, tm_isdst=0)
>>>strftime("%a,%d %b %Y %H:%M:%S+0000", time. gmtime(os.path. getmtime(r'd.\myPickle.dat')))
'Sun,01 Oct 2017 22:59:12 +0000'
```

Python time strftime() 函数接收以时间元组，并返回以可读字符串表示的当地时间，格式由参数 format 决定。strftime() 方法语法为：

time. strftime(format[,t])

其中，format 为格式字符串，t 为可选的参数，它指向一个 struct_time 对象。
Python 中时间日期格式化符号如表 7-8 所示。

表 7-8　time.strftime 函数格式化符号意义

符号	含义	符号	含义
%y	两位数的年份表示 (00 ～ 99)	%Y	四位数的年份表示 (0000~9999)
%m	月份（01 ～ 12）	%d	月内中的一天 (00 ～ 31)
%H	24 小时制小时数 (0 ～ 23)	%I	12 小时制小时数 (01 ～ 12)
%M	分钟数 (00 ～ 59)	%S	秒 (00 ～ 59)
%a	本地简化的星期名称	%A	本地完整星期名称
%b	本地简化的月份名称	%B	本地完整的月份名称
%c	本地相应的日期和时间表示	%j	年内的一天 (001 ～ 366)
%p	本地 A.M. 或 P.M. 的等价符	%U	一年中的星期数 (00 ～ 53) 星期天为星期的开始
%w	星期 (0 ～ 6), 星期天为星期的开始	%W	一年中的星期数 (00 ～ 53) 星期～为星期的开始
%x	本地相应的日期表示	%X	本地相应的时间表示
%Z	当前时区的名称	%%	% 号本身

下面的代码可以列出当前目录下所有扩展名为 py 的文件，其中用到了列表推导式。

```
>>> import os
>>> print([ fname for fname in os.listdir(0s.getcwd())if os.path. isfile(fname) and
fname. endswith( '·py' )])
```

运行结果：

```
[' 'birthday_wishes. py', 'data_asc. py', 'data_asc_no. py', 'dbtest. py', 'fetchalltest.py',' Globa Reach. py','
instructions.py','myPythonForm.py','pickle01.py','pickle02.py','receive_and__retum. py','rowtest. py','
struct01.py','struct02.py','Tic-Tac-Toe. py']
```

【例 7-8】文件改名。下面的代码用来将当前目录的所有扩展名为 txt 的文件改为 .txt
文件。

```
#-*- coding：utf-8 -*-#
import os

file_list= os. listdir(".")          # 当前目录下所有文件
for filename in file_list:
    pos= filename. rindex(".")        #扩展名首次出现位置
    if filename[ pos+l: ]=="dat":      #是 .dat 文件吗
        newname= filename[:pos+1]+"txt"  #若是，改为 .txt 文件
        os. rename(filename, newname)
        print（filename+" 改名为："+newname）
```

或：

```
import os

file_list=[filename for filename in os. listdir(".")if filename. endswith('.dat')]
for filename in file_list:
    newname= filename[:-4] +'txt'
    os. rename(filename, newname)
    print（filename+" 改名为："+newname）
```

运行结果：

```
myStruct. dat 改名为：myStruct. Txt
yourPickle. Datg 改名为：yourPickle. Txt
```

7.2.3　shutil 模块

shutil 模块为高级的文件、文件夹、压缩包处理模块，提供了大量的方法支持文件和文件夹操作，详细的方法可使用 dir(shutil) 查看。

```
>>> import shutil
>>> dir(shutil)
'Error','ExecError', 'SpecialFileError', 'abspath', 'collections', 'copy', 'copy2', 'copyfile', 'copyfileobj','copymode','copystat','copytree','errno','fnmatch','get_archive_formats','getgrnam','getpwnarn','ignore_patterns','make_archive','move','os','register_archive_format','rmtree','stat','sys','unregister_archive_format']
```

shutil 模块常用方法功能如表 7-9 所示。

表 7-9　shutil 模块常用方法

方法	功能
copyfileobj(fsre,fdst[,length])	将文件内容复制到另一个文件中，可以复制部分内容
copyftle(src,dst)	复制文件
copymode(src,dst)	仅复制权限，内容、组、用户均不变
copystat(src,dst)	复制状态的信息，包括 mode bits，atime，mtime，flags
copy(src,dst)	复制文件和权限
copy2(src,dst)	复制文件和状态信息
ignore_patterns(*pattems)copytree(src,dst,symlinks=False,ignore=None)	递归的复制文件
rmtree(path[,ignore_errors[,onerror]])	递归的删除文件
move(src,dst)	递归的移动文件
make_archive(base_name,format,...)	创建压缩包并返回文件路径，如 zip、tar、"bztar""gztar"

下面的代码使用 copyfile() 方法复制文件。

```
>>> import shutil
>>>shutil.copyfile('d:\\myPythonTest\\yourPickle.txt','d:\\myPythonTest\\myPickle. txt')
```

下面的代码将 d:\myPythonTest 文件夹以及该文件夹中所有文件压缩至 d.\myPythonTest. zip 文件。

```
>>> shutil. make_archive('d:\\myPythonTest','zip', ' d:\\myPythonTest')
'd:\\myPythonTest. zip'
```

结果显示压缩成功，如图 7-12 所示。

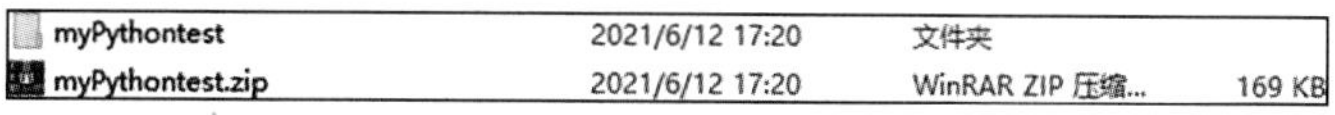

图 7-12　显示压缩成功

下面代码则将刚压缩得到的文件 d:\myPythonTest. zip 解压缩至 d:\myPythonTest_unpack 文件夹：

>>> shutil. unpack_archive('d:\\myPythonTest. zip','d:\\myPythonTest_unpack')

解压后文件如图 7-13 所示。

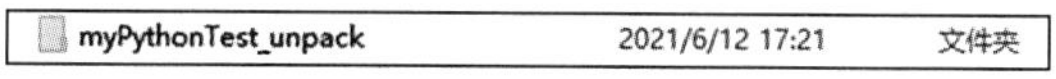

图 7-13　解压后文件

下面的代码删除刚刚解压缩到的文件夹：

>>> shutil. rmtree(r'd:\myPythonTest_unpack')

7.3　综合案例：楼盘信息录入与查询

下面以房屋信息录入与查询需求作为切入点，通过 Python 程序设计，实现房屋信息的高效率录入与房屋信息的简易查询功能。房屋信息包括小区名称、小区地址、建筑年份、每栋楼、每个单元、每一户的朝向和面积等。

同一个小区的房屋，其小区名称、小区地址、建筑年份是一样的；同一栋楼不同楼层的同一房号房屋，其朝向、面积是一样的。

综合以上考虑，使用普通变量表示小区名称、小区地址、建筑年份信息，使用字典与列表的嵌套表示房屋楼宇号、房号、朝向、面积等信息，格式如 { 楼宇号：{ 房号：[朝向 , 面积]}}。

请读者阅读并编写房屋信息录入的完整代码。

【例 7-9】房屋信息录入系统。

```
f = open("houseinfo.csv","a",newline="")
f.write(",".join([" 小区名称 "," 建成年份 "," 地址 "," 楼宇 "," 房号 "," 朝向 "," 面积 "])+'\n')
def xq():
    xiaoqu=input(" 小区名称：")
    builtyear=input(" 建成年份：")
    addr=input(" 地址：")
    unit={}
    k2=True
```

```
while k2:
    room={}
    unitno=int(input(" 请输入几号楼："))
    floor_start=int(input(" 起始楼层："))
    floor_end=int(input(" 结束楼层："))
    huxing=int(input(" 有几种户型："))
    for i in range(huxing):
        huxingno=input(" 户型号：（01，02...）")
        chaoxiang=int(input(" 朝向：1 南北 2 东西 3 东南 4 西南 5 东北 6 西北："))
        mianji=int(input(" 面积："))
        for j in range(floor_start,floor_end+1):
            roominf=int(str(j)+huxingno)
            if chaoxiang==1:
                chaoxianginf=" 南北 "
            elif chaoxiang==2:
                chaoxianginf=" 东西 "
            elif chaoxiang==3:
                chaoxianginf=" 东南 "
            elif chaoxiang==4:
                chaoxianginf=" 西南 "
            elif chaoxiang==5:
                chaoxianginf=" 东北 "
            elif chaoxiang==6:
                chaoxianginf=" 西北 "
            room[roominf]=[chaoxianginf,mianji]
    unit[unitno]=room
    print("%d 号楼信息添加完毕 !" %unitno)
    n2=input(" 是否进入下一栋楼？ y 是 , 其他退出 ")
    if n2!="y":
        k2=False
for unitno in unit.keys():
    for huxingno in sorted(unit[unitno]):
        f.write(",".join([xiaoqu,builtyear,addr,str(unitno),
str(huxingno),unit[unitno][huxingno][0],str(unit[unitno]
[huxingno][1])])+'\n')
k1 = True
while k1:
    xq()
    n1=input(" 是否进入下一个小区？ y 是，其他退出 ")
    if n1!="y":
```

```
        k1=False
        print(' 恭喜你，房屋信息录入完成！')
    f.close()
```

上述代码中，通过变量 n1 的输入，判断是否继续输入新的小区信息，通过变量 n2 的输入，判断是否继续输入新的楼宇信息。所有生成的房屋信息以追加的形式写入文件 houseinfo.csv 中。考虑到 .csv 文件需要手动添加数据间的分隔符，使用了 ",". Join（list）的方法，并且在每条记录尾部加上换行符号 '\n'。

运行以上代码，进入房屋信息录入阶段。假设以下列数据作为录入示例：

小区名称：尚南小区
建成年份：2008
地址：北京南路 99 号
请输入几号楼：1
起始楼层：1
结束楼层：7
有几种户型：4
户型号：（01，02...）01
朝向：1 南北 2 东西 3 东南 4 西南 5 东北 6 西北：1
面积：98
户型号：（01，02...）02
朝向：1 南北 2 东西 3 东南 4 西南 5 东北 6 西北：2
面积：69
户型号：（01，02...）03
朝向：1 南北 2 东西 3 东南 4 西南 5 东北 6 西北：2
面积：92
户型号：（01，02...）04
朝向：1 南北 2 东西 3 东南 4 西南 5 东北 6 西北：3
面积：97
1 号楼信息添加完毕！
是否进入下一栋楼？y 是，其他退出 y
请输入几号楼：2
起始楼层：2
结束楼层：18
有几种户型：4
户型号：（01，02...）01
朝向：1 南北 2 东西 3 东南 4 西南 5 东北 6 西北：1
面积：69
户型号：（01，02...）02
朝向：1 南北 2 东西 3 东南 4 西南 5 东北 6 西北：1

面积：73

户型号：（01，02…）03

朝向：1 南北 2 东西 3 东南 4 西南 5 东北 6 西北：3

面积：111

户型号：（01，02…）04

朝向：1 南北 2 东西 3 东南 4 西南 5 东北 6 西北：2

面积：103

2 号楼信息添加完毕！

是否进入下一栋楼？ y 是，其他退出

是否进入下一个小区？ y 是，其他退出 y

小区名称：东方御景

建成年份：2020

地址：建设路 199 号之一

请输入几号楼：1

起始楼层：2

结束楼层：40

有几种户型：4

户型号：（01，02…）01

朝向：1 南北 2 东西 3 东南 4 西南 5 东北 6 西北：1

面积：77

户型号：（01，02…）02

朝向：1 南北 2 东西 3 东南 4 西南 5 东北 6 西北：2

面积：88

户型号：（01，02…）03

朝向：1 南北 2 东西 3 东南 4 西南 5 东北 6 西北：1

面积：64

户型号：（01，02…）04

朝向：1 南北 2 东西 3 东南 4 西南 5 东北 6 西北：2

面积：87

1 号楼信息添加完毕！

是否进入下一栋楼？ y 是，其他退出 y

请输入几号楼：2

起始楼层：2

结束楼层：40

有几种户型：2

户型号：（01，02…）01

朝向：1 南北 2 东西 3 东南 4 西南 5 东北 6 西北：1

面积：144

户型号：（01，02…）02

朝向：1 南北 2 东西 3 东南 4 西南 5 东北 6 西北：2

面积：155

2 号楼信息添加完毕！

是否进入下一栋楼？ y 是，其他退出

是否进入下一个小区？ y 是，其他退出

恭喜你，房屋信息录入完成！

房屋信息录入完成后，程序将自动退出。同目录中将生成 houseinfo.csv 文件，该文件中新增了 300 多条房屋信息，具体内容如表 7-10 所示。

表 7-10 houseinfo.csv 文件内容

小区名称	建成年份	地址	楼宇	房号	朝向	面积
北京花园小区	2018	北京南路 99 号	1	101	南北	98
北京花园小区	2018	北京南路 99 号	1	102	东西	69
北京花园小区	2018	北京南路 99 号	1	103	东西	92
北京花园小区	2018	北京南路 99 号	1	104	东南	97
北京花园小区	2018	北京南路 99 号	1	201	南北	98
北京花园小区	2018	北京南路 99 号	1	202	东西	69
北京花园小区	2018	北京南路 99 号	1	203	东西	92
北京花园小区	2018	北京南路 99 号	1	204	东南	97
北京花园小区	2018	北京南路 99 号	1	301	南北	98
北京花园小区	2018	北京南路 99 号	1	302	东西	69
北京花园小区	2018	北京南路 99 号	1	303	东西	92
北京花园小区	2018	北京南路 99 号	1	304	东南	97
北京花园小区	2018	北京南路 99 号	1	401	南北	98
北京花园小区	2018	北京南路 99 号	1	402	东西	69
北京花园小区	2018	北京南路 99 号	1	403	东西	92

通过短短 50 行的代码，将繁杂的房屋信息录入过程变得高效便捷。

房屋信息录入后，如何根据关键字查询房屋信息呢？

【例 7-10】基于关键字的房屋信息查询。

```
f = open("houseinfo.csv","r",newline="")
ls=[]
for line in f:
    ls.append(line.strip('\n').split(','))
f.close()
chaoxiang=int(input(" 待查询房屋朝向：1 南北 2 东西 3 东南 4 西南 5 东北 6 西北："))
if chaoxiang==1:
    chaoxianginf=" 南北 "
```

```
        elif chaoxiang==2:
            chaoxianginf=" 东西 "
        elif chaoxiang==3:
            chaoxianginf=" 东南 "
        elif chaoxiang==4:
            chaoxianginf=" 西南 "
        elif chaoxiang==5:
            chaoxianginf=" 东北 "
        elif chaoxiang==6:
            chaoxianginf=" 西北 "
    mianjimin=int(input(" 待查询房屋面积最小值: "))
    mianjimax=int(input(" 待查询房屋面积最大值: "))
    lsout=[]
    for s in ls:
        if chaoxianginf == s[5] and  mianjimin <= int(s[6])<=mianjimax:
            str=s[0]+" 小区 "+' 第 '+s[3]+' 号楼 '+s[4][-2:]+' 户型 '
            if str not in lsout:
                lsout.append(str)
    print(' 符合查询条件的房屋有: ')
    for s in lsout:
        print(s)
```

打开房屋信息文件，通过 ls.append(line.strip('\n').split(',')) 将房屋信息转化为二维列表保存在 ls 中，再逐条对房屋信息进行检索。上述代码列举了两个查询条件，分别是房屋朝向和面积范围。查询结果以"小区名＋楼字号＋户型号"的方式显示。运行上述代码，以"南北"朝向和面积介于 60 到 100 之间为检索条件，运行结果如下：

待查询房屋朝向：1 南北 2 东西 3 东南 4 西南 5 东北 6 西北：1
待查询房屋面积最小值：60
待查询房屋面积最大值：100
符合查询条件的房屋有：
北京花园小区第 1 号楼 01 户型
北京花园小区第 2 号楼 01 户型
北京花园小区第 2 号楼 02 户型
东方御景小区第 1 号楼 01 户型
东方御景小区第 1 号楼 03 户型

技能检测：批量添加文件夹

在指定的目录中，批量创建指定个数的文件夹（即目录），效果如图 7-14 和图 7-15 所示。

图 7-14 在 IDLE 中显示的结果

图 7-15 在计算机上创建的文件夹

图形界面设计

内容导图

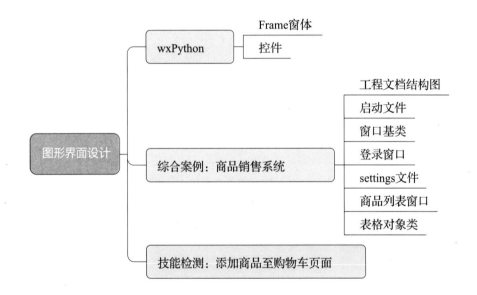

学习目标

1. 认识 wxPython，窗体及控件。
2. 了解 wxPython 程序开发的步骤。
3. 培养学生爱岗敬业的高尚情怀，养成热爱劳动的习惯。

8.1　wxPython

在前面单元中，编写的程序都是基于文本用户界面（Text-based User Interface，TUI）。本单元主要讲图形用户界面（Graphical user Interface，GUI，读作"gooie"）编程，它通过可输入数据的对话框、有触发动作按钮之类的可视化对象组成视窗与用户交互。这些可视化对象（称作控件）负责处理鼠标单击这样的事件。由于事件处理是 GUI 编程的核心，所以 GUI 编程也称作事件驱动编程。

常用 GUI 工具集有功能强大的 wxPython、Tkinter、PyGObject、PyQt、PySide 等，或者也可以利用有关插件和其他语言混合编程以便充分利用其他语言的 GUI 界面，这里以扩展库 wxPython 和标准库 Tkinter 为例来介绍 Python 的 GUI 应用开发。

wxPython 是 Python 编程语言的一个 GUI 工具箱，它使得 Python 程序员能够轻松创建具有健壮、功能强大的图形用户界面的程序。

wxPython 还具有非常优秀的跨平台能力，同一个程序可以不经修改地在多种平台上运行。现今支持的平台有：32/64 位微软 Windows 操作系统、大多数 UNIX 或类 UNIX 系统、苹果 Mac OS X。

wxPython 是开源软件，任何人都可以免费地使用它并且可以查看和修改它的源代码，或者贡献补丁，增加功能。

wxPython 程序开发的 5 个基本步骤如下：

☆导入 wxPython 模块。

☆子类化 wxPython 应用程序类。

☆定义一个应用程序的初始化方法。

☆创建一个应用程序类的实例。

☆进入这个应用程序的主事件循环。

8.1.1　Frame 窗体

Frame 窗体是所有窗体的父类，包含标题栏、菜单、按钮等其他控件的容器，运行之后可移动、缩放。

下面代码能创建简易的窗体。

【例 8-1】创建第一个 wxPython GUI 窗体，如图 8-1 所示。创建窗体可以通过鼠标移动、缩放实现。

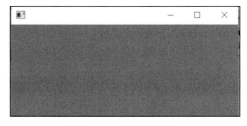

图 8-1　最简单窗体

代码如下：

import wx

```
app=wx. App()              #初始化应用程序，创建一个实例
frame= wx. Frame(None)     #创建一个窗体
Frame.Show()               #显示窗体
App.MainLoop()             #请求实例开始处理事件
```

当然，这个窗体默认的，没有标题、大小、位置、名称和标识符等属性。

```
import wx               #要导入 wx 模块

claas MyFrame(wx. Frame):    #定义有默认值属性的表
    def _init_(self, superior):
        wx.Frame._init_(self,parent=superior,title="MyPython Frame", siz e=(320,240))
if_ name_=='_main'_:
    app= wx. App()                 #创建一个实例
    frame= MyFrame(None)
    frame. Show(True)
    app. MainLoop()                #请求实例开始处理事件
```

运行结果如图 8-2 所示。

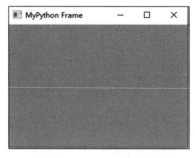

图 8-2　wxPython 窗体示例

事实上，创建 GUI 窗体时，需要继承 wx. Frame 派生出子类，在派生类中调用基类构造函数进行必要的初始化，其构造函数格式：

_ init _ (self, Window parent, int id = −1, String title = EmptyString, Point pos = DefaultPosition, Sizesize=DefaultSize,long style = DEFAULT_FRAME_STYLE,String name = FrameNameStr)

各参数含义如表 8-1、表 8-2 所示。

表 8-1　参数含义

参数	含义
parent	父窗体。该值为 None 时表示创建顶级窗体
id	新窗体的 wxPython ID 号。可以明确传递一个唯一的 ID,也可传递 -I,这时 wxPython 将自动生成一个新的 ID,由系统来保证其唯一性
title	窗体的标题
pos	Wx.Point 对象,用来指定新窗体的左上角在屏幕中的位置,通常 (0, 0) 是显示器的左上角坐标。当将其设定为 wx.DefaultPosition,其值为 (-1, -1),表示让系统决定窗体的位置
size	Wx.Size 对象,用来指定新窗体的初始大小。当将其设定为 wx.DefaultSize 时,其值为 (-1, -1),表示由系统来决定窗体的大小
style	指定窗体类型的常量,wx.Frame 的常用样式如表 8-2 所示。对一个窗体控件可以同时使用多个样式,使用"位"或运算符"|"连接即可。比如 wx.DEFAULT_FRAMESTYLE 样式就是由以下几个基本样式的组合:wx.MAXIMIZE_BOX|wx.MINIMIZE_BOX|wx.RESIZE_BORDER|wx.SYSTEM_MENU|wx.CAPTION|wx.CLOSE_BOX,通过"＾"按位置或运算去掉个别的样式,如要创建一个默认样式的窗体,但要求用户不能缩放和改变窗体大小,可以使用这样的组合:wx.DEFAULT_FRAME_STYLE＾(wx.RESIZE_BORDER|wx.MAXIMIZE_BOX|wx.MINIMIZE_BOX)
mame	窗体名字,指定后可以使用这个名字来寻找这个窗体

表 8-2　wx.Frame 常用样式

样式	说明
wx.CAPTION	标题栏
wx.DEFAULT_FRAMESTYLE	默认样式
wx.CLOSE_BOX	标题栏上显示"关闭"按钮
wx.MAXIMIZE_BOX	标题栏上显示"最大化"按钮
wx.MINIMIZE_BOX	标题栏上显示"最小化"按钮
wx.RESIZE_BORDER	边框可改变尺寸
wx.SIMPLE_BORDER	边框没有装饰
wx.SYSTEM_MENU	系统菜单(有"关闭""移动""改变大小"等功能)
wx.FRAME_SHAPED	用该样式创建的窗体可以使用 SetShape() 方法来创建一个矩形窗体
wx.FRAME_TOOL_WINDOW	比正常小的标题栏,使窗体看起来像一个工具框窗体

wx. Frame. _init_() 方法只有参数 parent 没有默认值,最简单的调用方式:

wx. Frame. _init_(self,parent=None)

它将生成一个默认位置、默认大小、默认标题的顶层窗体。在初始化窗体时可以明确给构造函数传递一个正整数作为新窗体的 ID, 此时由程序员自己来保证 ID 不重复并且没有与预定义的 ID 号冲突,例如,不能使用 wx. ID_OK(5100)、wx. ID_CANCEL(5101)、wx. ID_ANY(-1)、wx. ID_COPY(5032)、wx. ID_APPLY(5102) 等预定义 ID 号对应的数值。

如果无法确定使用哪个数值作为 ID，可以使用 wx. NewID() 函数来生成 ID 号，这样就可以确保 ID 号的唯一性。

当然，也可以使用全局常量 wx. ID_ANY（值为 -1）来让 wxPython 自动生成新的唯一 ID 号，需要时可以使用 GetId() 方法来得到它，例如：

```
frame= wx. Frame. _init_(None，-1)
id= frame. GetId()
```

如果要生成一个只有关闭按钮、标题栏（没标题）和菜单、大小能改变的窗体可在例 8-1 语句：

```
wx. Frame. _init_(self,parent=superior. title='MyPython Form',size=(320.240))
```

增加 style 属性的设置：

```
style= wx. DEFAULT_FRAME_STYLE^\
        (wx. RESIZE_BORDER | wx. MAXIMIZE_BOX |wx. MINIMIZE_BOX) 或者
style= wx. SYSTEM. MENU | wx.CAPTION |wx. CLOSE. BOX
```

则窗体大小固定不变。

【例 8-2】下面代码创建一个窗体，并在窗体上的文本框中动态显示当前窗体的位置与大小以及鼠标相对于窗体（即窗体左上坐标为（0，0））的当前位置，可以移动鼠标并观察值的变化。

```
import wx
class MyFrame(wx. Frame):
    def _init_(self, superior):
        wx.Frame._init_(self,parent=superior,title='MyPython Fonn',size=(640,480))
        self. Bind(wx. EVT_SIZE, self. OnSize)
        self. Bind(wx. EVT_MOVE, self. OnFrameMove)

        panel= wx. Panel(self,-1)   #添加控制面板、控件显示窗体大小与位置
        Label1= wx. StaticText(panel, -1, "FrameSize:")
        label2= wx. StaticText(panel,-1, "FramePos:")
        label3= wx. StaticText(parent= panel, label="MousePos:")
        self. sizeFrame= wx. TextCtrl(panel,-1," ",style= wx. TE_READONLY)
        self. posFrame= wx. TextCtrl(panel, -1," ", style= wx. TE_READONLY)
        self. posMouse= wx. TextCtrl(panel,-1," ", style= wx. TE_READONLY)
        panel. Bind(wx.EVT_MOTION, self. OnMouseMove) #绑定事件处理函数
```

```
        self. panel= panel

        sizer= wx. FlexGridSizer(3，2，5，5)        #运用 sizer 设置控件的布局
        sizer. Add(label1)
        sizer. Add(self. sizeFrame)
        sizer. Add(label2)
        sizer. Add(self. posFrame)
        sizer. Add(label3)
        sizer. Add(self. posMouse)

        border= wx. BoxSizer()
        border. Add(sizer,0, wx. ALL, 15)
        panel.SetSizerAndFit(border)
        self. Fit()
    def OnSize(self, event):
        size=event. GetSize()
        self.sizeFrame. SetValue("%s, %s %(size.width,size.height))
        event.Skip()                #继续寻找事务默认 handler
    def OnFrameMove(self, event):
        pos=event.GetPosition()
        self.posFrame.SetValue("%s, %s" %(pos.x, pos.y))
    def OnMouseMove(self,event)：    #鼠标移动事件处理函数
        pos=event.GetPosition()
        self.posMouse.SetValue("%s, %" %(pos.x, pos.y))
if _name_=='main_':
    app =wx. App()    #创建实例
    frame= MyFrame(None)
    frame. Show(True)

    app. MainLoop()    #消息循环
```

运行结果如图 8-3 所示。

当改变窗体位置、大小或鼠标在窗体内移动时，文本框内
的数据会实时变化，当鼠标移动到窗体之外时，文本框中的数
值将不再变化。

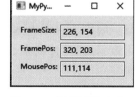

8.1.2 控件

1. StaticText

图 8-3 显示窗体大小、
位置及鼠标位置

静态文本（StaticText）控件主要用来显示文本或给用户操作提示，可以在创建时指
定，也可以使用 SetLabel()、SetFont() 方法动态设置文本和字体。

wx. StaticText 控件的构造函数参数和 style 样式如表 8-3、表 8-4 所示。

表 8-3　StaticText 参数

参数	描述
parent	父窗口控件
id	标识符。使用 -1 可以自动创建一个唯一的标识
label	显示在静态控件中的文本
pos	窗口控件的位置（一个 wx.Point 或一个 Python 元组）
size	窗口部件的尺寸（一个 wx.Size 或一个 Python 元组）
style	样式标记
name	对象的名字，用于查找的需要

表 8-4　style 样式

样式	描述
wx.ALIGNCEN_TER	文本位于 StaticText 控件的中心
wx.ALIGN_LEFT	文本在 StaticText 控件左对齐，这是默认的样式
wx.ALIGN_RIGHT	文本在 StaticText 控件右对齐
wx.ST_NO_AUTORE_SIZE	防止标签的自动调整大小
wx.ST_ELLIPSIZE_START	省略号（…）显示在开始，如果文本的大小大于标签尺寸
wx.ST_ELLIPSIZE_MIDDLE	省略号（…）显示在中间，如果文本的大小大于标签尺寸
wx.STELLIPSIZEEND	省略号（…）显示在结尾，如果文本的大小大于标签尺寸

为了设置标签的字体，首先创建一个字体对象：

wx. Font(pointSize, fontFamily, fontStyle, fontWeight, underline= False, faceName=",
encoding= wx. FONTENCODING_DEFAULT)

其中，pointSize 是字体以磅为单位的整数尺寸。underline 参数仅工作在 Windows 系统下，如果取值为 True，则加下画线，取值为 False，则无下画线。faceName 参数指定字体名。encoding 参数允许在几个编码中选择一个，它映射内部的字符和字体显示字符。编码不是 Unicode 编码，只是用于 wx. Python 的不同的 8 位编码。大多数情况可使用默认编码。剩余 fontFamily、fontStyle、fontWeight 参数取值分别如表 8-5 ～ 表 8-7 所示。

表 8-5　fontFamily 参数值

参数	描述
wx.DECORATIVE	正式的、古老的英文样式字体
wx.DEFAULT	系统默认字体

续表

参数	描述
wx.MODERN	单间隔（固定字符间距）字体
wx.ROMANSerif	字体，类似于 Times New Roman
wx.SCRIPT	手写体或草写体
wx.SWISS	Sans-serif 字体，类似于 Helvetica 或 Arial

表 8-6　fontStyle 参数值

参数	描述
wx.NORMAL	字体绘制不使用倾斜
wx.TALIC	字体是斜体
wx.SLANT	字体是倾斜的，罗马风格形式

表 8-7　fontWeight 参数值

参数	描述
wx.NORMAL	普通字体
wx.LIGHT	高亮字体
wx.BOLD	粗体

提示：为了获取系统的有效字体的一个列表，使用类 wx. FontEnumerator 实现。

import wx

e= wx. FontEnumerator　　　#实例化
FontList1=e.GetFacenames()　#获取字体
print','.join(fontList1)

运行结果：

System, , Terminal, Fixedsys, Modern, Roman, Script, Courier, MS Serif, MS Sans Serif,Small Fonts,…，微软雅黑,…，宋体，新宋体，Times New Roman，仿宋，黑体，楷体,…，方正舒体，方正姚体，隶书,…，Roboto Slab

【例 8-3】StaticText 简单示例。在标题为"StaticText Example"的窗体内以默认字体样式显示"STIEI"文本。
代码如下：

import wx

```
class StaticTextExample(wx. Frame):
    def _init_(self, superior):
        wx. Frame. _init_(self,parent= superior, id= wx. ID_ANY,title="StaticText Eaxmple",
                        size=(360,240))          # 窗体样式
        pane1=wx. Panel(self, -1)

        lbl1=wx. StaticText(pane1, wx. ID_ANY,"STIEI",(100,10))
        # 或分两步：txt='STIEI' 和 lbl1= wx. StaticText(panel,-1, txt,(100，10))
if_name_=='main'_:
    app= wx. PySimpleApp()
    frame= StaticTextExample(None)
    frame. Show()
    app. MainLoop()
```

运行结果如图 8-4 所示。

通过 wx. Font() 可以改变字体显示方式，如希望字体按古老英文字体、斜体、粗体、加下画线、大小 24 显示，则可设置如下：

```
font=wx. Font(24, wx. DECORATIVE, wx. ITALIC, wx. BOLD, underline= True)
```

为将 lbl1 的文本按上述定义的 font 显示，只需要添加一条语句：

```
lbl1. SetFont(font)
```

运行结果如图 8-5 所示。

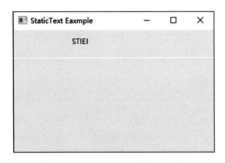

图 8-4 StaticText 显示文本

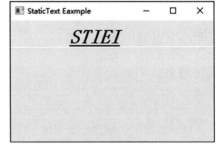

图 8-5 添加 Font 效果

进一步，通过两条语句：

```
lbl1. SetForegroundColour("Red")
lbl1. SetBackgroundColour("Yellow")
```

把字体设置成红色，背景设置为黄色，如图 8-6 所示。

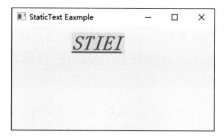

图 8-6　设置颜色

还可以对文本显示成居中、居左和居右，如下面代码实现居中和居右。

lbl1=wx. StaticText(panel, wx. ID_ANY,**"STIEI"**,(10,10),(400,-1), wx.ALIGN_LEFT)
lbl2=wx.StaticText (panel,wx.ID_ANY,**"Shanghai Technical Institute of Electronicsand "**
　　　　" Information(center) ",(10,50),(400, -1),wx.ALIGN_CENTER)
lbl3 = wx. StaticText (panel, wx. ID _ ANY , **"atFengxian (right) "**, (10,70),(400,-l) , wx.ALIGN _RIGHT)

结果如图 8-7 所示。

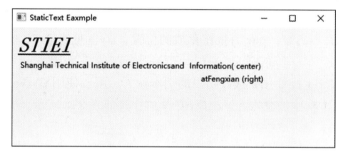

图 8-7　居左、居中、居右显示

另外，StaticText 可以一次显示多行，例如：

multiText=**"Now you see \nStaticText\nFont Example"**
wx. StaticText(panel, wx.ID_ANY, multiText,(20,120))

显示结果如图 8-8 所示。

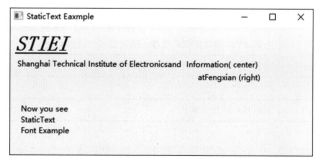

图 8-8　**StaticText** 的一次显示

2.Button、TextCtrl

按钮（Button）控件主要用来响应用户的单击操作，按钮上面的文本一般是创建时直接指定的，也可通过 SetLabelText() 和 GetLabelText() 实现动态修改和获取按钮控件上显示的文本，实现同一按钮完成不同功能。Button 分为文本按钮、位图按钮和开关按钮。

（1）文本按钮（text button）：

wx. Button(parent, id, label, pos, size= wxDefaultSize, style=0,validator. name="button")

（2）位图按钮（bmp button）：

wx. BitmapButton(panel,-1, .bmp, pos)

（3）开关按钮（toggle button）：

wx. ToggleButton（panel，-1，u"****"，pos）

当按下一个开关按钮时，它将一直保持被按下的状态直到再次敲击它。

Label 为按钮文本内容，pos 为按钮存放的位置，style 见表 8-5，bmp 为按钮上显示的位图。

文本框（TextCtrl）控件用来接收用户的文本输入，可以使用 GetValue() 和 SetValue() 方法获取或设置文本框中的文本。wx. TextCtrl 的样式如表 8-8 所示。

表 8-8　wx.TextCtrl 样式

样式	描述
wx.TE_LEFT	控件中的文本左对齐（默认）
wx.TE_CENTER	控件中的文本居中
wx.TE_RIGHT	控件中的文本右对齐
wx.TE_NOHIDESEL	文本始终高亮显示，只适用于 Windows 操作系统
wx.TE_PASSWORD	不显示所键入的文本，代替以星号显示
wx.TE_PROCESS_ENTER	当用户在控件内按 <Enter> 键时，一个文本输入事件被触发。否则，按键事件内在的由该文本控件或该对话框管理
wx.TE_PROCESS_TAB	通常的字符事件在 <Tab> 键按下时创建（一般意味一个制表符将被插入文本）。否则，tab 由对话框来管理，通常是控件间的切换
wx.TE_READONLY	文本控件为只读，用户不能修改其中的文本
wx.HSCROLL	水平滚动条
wx.TE_MULTILINE	文本控件将显示多行

【例 8-4】生成如图 8-9 所示的简单编辑器。窗体中有 1 个 panel，3 个按钮"Open""Save"和"Exit"，两个 TextCtrl 文本框控件。

代码如下：

```
import wx
class TextGtrlAddButtonExample(wx. Frame):
    def _init_(self, superior):
        wx.Frame._init_(self,parent=superior,id=wx.ID_ANY,title="mySimpleEditor",
                    size= (495,250))                  #窗体样式

        panel= wx.Panel(self,-1)              #实例化

        loadButton=wx.Button(panel，label='Open',pos=(240,5),size=(80,25))  #按钮样式
        saveButton= wx. Button(panel, label= 'Save', pos=(320,5),size=(80, 25))
        exitButton= wx. Button(panel,label= 'Exit', pos=(400,5),size=(80, 25))
        fileName= wx. TextCtrl(panel, pos=(5,5)，size=(230.25))   #文本样式
        editBox= wx. TextGtrl(panel, pos=(5,35), size=(475, 170), style=wx. TE_MULTILINE|wx. HSCROLL)

if _name_=='_main'_:
    app=wx. PySimpleApp()                # 或 app= wx. App()
    frame=TextCtrlAddButtonExample(None)
    frame. Show()
    app. MainLoop()
```

运行结果：

图 8-9　简单编辑器

当然，这个编辑器没有任何意义，还需考虑按钮和文本框的功能实现。首先考虑"Exit"按钮，这里希望单击该按钮后，能出现消息对话框（MessageDialog），然后单击"确定"按钮后，退出系统。如图 8-10 所示。

图 8-10　**MessageDialog** 对话框

为此，先定义"退出"方法 OnExit()：

```
def OnExit (self , event) :
    dlg=wx.MessageDialog(self,'ReallyQuit','Caution',wx.CANCEL|wx.OK|wx.ICON_QUESTION)
    if dlg. ShowModal()==wx. ID_OK:
        self. Destroy()
```

然后，将该方法与"Exit"按钮绑定：

```
self. Bind(WX. EVT_BUTTON, self. OnExit. exitButton)
```

这样就实现了退出功能。

打开文件对话框、保存文件以及字体对话框在后面继续讨论。

提示：wx. MessageDialog 消息对话框参数：

wxMessageDialog(wxWindow* parent, **const wxString&** message, const wxString& caption="Message box", **long** style= wxOK | wxCANCEL,**const wxPoint&** pos= wxDefaultPosition)

其中，style 参数取值如表 8-9 所示。

表 8-9 wx.MessageDialog 的 style 样式

样式	描述
wxOK	显示 OK 按钮
wxCANCEL	显示 Cancel 按钮
WxYES_NO	显示 Yes 和 No 按钮
wxYES_DEFAULT	显示 Yes 和 No 按钮，前者默认情况
wxNO_DEFAULT	显示 Yes 和 No 按钮，后者默认情况
WxICON_EXCLAMATION	显示感叹号图标
WxICON_HAND	显示错误图标
WxICON_ERROR	显示错误图标与 wxICON_HAND 一样
wxICON_QUESTION	显示问号图标
WxICON_INFORMATION	显示一个信息 (i) 图标
WxSTAYON_TOP	消息框置于所有窗口的顶层（仅限 Windows）

例如下列代码产生如图 8-11 所示对话框。

```
import wx

class MessageDialogFrame(wx. Frame):
```

```
def _init_(self, parent, id):
    wx. Frame. _init_(self, parent,−1)


def OnCloseDialog(self, event):
    Dlg= wx. MessageDialog(None,"Dont  Worry!", "Test MessagDialog",wx. YES_NO| wx.
ICON_EXCLAMATION|wx. CANCEL)        # 消息对话框实例化、样式
        if dlg. ShowModal()==wx. ID_YES:
            self. Close(True)
if _name_=='_main_':
    app= wx. PySimpleApp()
    frame= MessageDialogFrame(None,−1)
    frame. OnCloseDialog(None)
```

图 8-11　MessageDialog 对话框

另外，MessageDialog 对话框的 ShowModal() 方法保证应用程序在对话框关闭前不能响应其窗口的用户事件，返回一个整数，取值如下：

wx. ID_YES, wx. ID_NO, wx. ID_CANCEL, wx. ID_OK

3. Menu

菜单（Menu）控件分为普通菜单和弹出式菜单两大类，普通菜单为大多数窗口菜单栏的下拉菜单，弹出式菜单称为上下文菜单，一般需要使用鼠标右键激活，并根据不同的环境或上下文来显示不同的菜单项。

（1）普通菜单。

wx. Menu 类的一个对象被添加到菜单栏，可用于创建上下文菜单和弹出菜单。每个菜单可以包含一个或多个 wx. MenuItem 对象或级联 Menu 对象。wx. MenuBar 类有含参数和元参数构造函数。两类格式如下：

wx. MenuBar()
wx. MenuBar(n, menus, titles, style)

其中，参数"n"表示菜单的数目。menus 是菜单和标题的数组和字符串数组。如果 style 参数设置为 wx. MB_DOCKABLE，菜单栏可以停靠。

wx. MenuBar 类的方法见表 8-10。

表 8-10   wx.MenuBar 类方法

方法	功能
Append()	添加菜单对象到工具栏
Check()	选中或取消选中菜单
Enable()	启用或禁用菜单
Remove()	去除工具栏中的菜单

wx. Menu 类对象是一个或多个菜单项，其中一个是可被用户选择的下拉列表，其常见方法如表 8-11 所示。

表 8-11   wx. Menu 类方法

方法	功能
Append()	在菜单增加了一个菜单项
AppendMenu()	追加一个子菜单
AppendRadioItem()	追加可选单选项
AppendCheckItem()	追加一个可检查的菜单项
AppendSeparator()	添加一个分隔线
Insert()	在给定的位置插入一个新的菜单
InsertRadioItem()	在给定位置插入单选项
InsertCheckItem()	在给定位置插入新的复选项
InserSeparator()	插入分隔行
Remove()	从菜单中删除一个项
GetMenuItems()	返回菜单项列表

一个菜单项目可直接使用 Append() 函数添加，或 wx. MenuItem 追加一个对象方法。

wx. Menu. Append(id, title, style)
Item= wx. I MenuItem(parentmenu, id, title, style)
wx. Menu. Append(Item)

wxPvthon 中有大量标准的 ID 被分配给标准菜单项。在某些操作系统平台上，它们与标准图标也关联：

wx. ID_SEPARATOR, wx. ID_ANY, wx. ID_OPEN, wx. ID_CLOSE, wx. ID_NEW,wx. ID_SAVE, wx. ID_SAVEAS, wx. ID_EDIT, wx. ID_CUT, wx. ID_PASTE style 参数含义如表 8-12 所示。

表 8-12　style 参数

参数	描述
wx.ITFM_NORMAL	普通菜单项
wx.ITEM_CHECK	检查（或切换）菜单项
wx.ITEM_RADIO	单选菜单项

wx. Menu 类也有 AppendRadioItem() 和 AppendCheckltem()，但不需要任何参数。

菜单项可以设置为显示图标或快捷方式。wx. MenuItem 类通过 SetBitmap() 函数显示位图：

wx. MenuItem. SetBitmap(wx. Bitmap(image file))

EVT_MENU 事件绑定有助于进一步实现菜单选项的功能：

self. Bind(wx. EVT_MENU, self. menuhandler)

【例 8-5】创建菜单。演示 wxPython 的上述大部分的菜单系统的特征。它在菜单栏中显示一个普通文件菜单，内含创建、打开、保存、保存为以及退出选项，其中退出选项带图标显示，并且绑定事件处理函数。

代码如下：

```
import wx
APP_EXIT=1   # 定义一个控件 ID
class Example(wx. Frame):
    def _init_(self, superior):
        wx. Frame. _init_(self，parent= superior, title=" ")   # 调用类的初始化
        self. frame= wx. Frame(parent= None, title=',size=(640 ,480))
        menuBar= wx. MenuBar()                 #生成菜单栏
        fileMenu= wx. Menu()                  #生成一个菜单

fileItemNew= wx. MenuItem(fileMenu，101，'New')   #生成一个菜单项
        fileMenu. AppendItem(fileItemNew)
        fileItemOpen= wx. MenuItem(fileMenu, 102, 'Open')
        fileMenu. Appendltem(fileItemOpen)
        fileItemSave= wx. MenuItem(fileMenu, 103, '&Save \tCtrl+S')
        fileMenu. Appendltem(fileItemSave)
        fileMenuSaveAs= wx. MenuItem(fileMenu, 104, 'Save As')
        fileMenu. AppendItem(fileMenuSaveAs)
        fileMenu. AppendSeparator()
        fileItemQuit= wx. MenuItem(fileMenu, APP_EXIT,"&Quit \tCtrl+Q")
```

```
fileItemQuit.SetBitmap(wx. Bitmap(r'd:\noconnect bmp'))#给菜单项前面加个小图标
fileMenu. AppendItem(fileItemQuit)   #把菜单项加入到菜单中
menuBar. Append（fileMenu， " & File"）  #把菜单加入到菜单栏中

self. SetMenuBar(menuBar)  #把菜单栏加入到 Frame 框架中

self. Bind(wx. EVT_MENU， self. OnQuit， id= APP_EXIT) #给菜单项加入事件处理
self. SetSize((640,480))   #设置 Frame 的大小，标题和居中对齐
self. SetTitle（"MysimpleMenu"）
self. Centre()
self. Show(True)   #显示框架
    def OnQuit(self,e):                    #自定义函数，响应菜单项
        self. Close()
if _name_=="_main_":
myMenu= wx. App()                    #生成一个应用程序
Example(None)                        #调用我们的类
myMenu. MainLoop()                    #消息循环
```

运行结果如图 8-12 所示。

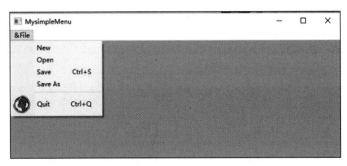

图 8-12　普通菜单

（2）弹出式菜单。

```
popupMenu= wx. Menu()                #创建菜单
popupCopy= popupMenu.Append(901,'Copy')   #创建菜单项
popupCut= popupMenu. Append(902,'Cut')
popupPaste= popupMenu. Append(903,'Paste')
```

接下来为窗体绑定鼠标右键单击操作：

```
self. Bind(wx. EVT_RIGHT_DOWN, self. OnRClick)
```

然后编写右键单击处理函数，用户右击时弹出上面定义的弹出式菜单。

```
def OnRClick(self,event):
    pos=(event. GetX()，event. GetY())        # 获取鼠标当前位置
    self. panel. PopupMenu(self. popupMenu，pos) # 在鼠标当前位置弹出上下文菜单
```

（3）为菜单项绑定单击事件处理函数。

无论普通菜单还是弹出式菜单，为菜单项绑定事件处理函数的方式是一样的，如下面代码中第二个数值型的参数是菜单项的 ID，最后一个参数是事件处理函数的名称。绑定之后，运行程序并单击某菜单项，则会执行相应的事件处理函数中的代码。

```
wx. EVT_MENU(self, 102, self. OnOpen)
wx. EVT_MENU(self, 103, self. OnSave)
wx. EVT_MENU(self, 104, self. OnSaveAs)
wx. EVT_MENU(self, 105, self. OnClose)
```

（4）编写菜单项的单击事件处理函数。

具体的事件处理函数根据不同的业务逻辑有所不同，这里仅演示如何在状态栏上显示一段文本。

```
def OnNew(self, event):
    self. statusBar. SetStatusText('You just clicked MysimpleMenu.')
```

4. ToolBar、StatusBar

工具栏（ToolBar）控件往往用来显示当前上下文最常用的功能按钮，一般而言，工具栏按钮是菜单全部功能的子集，通常放置在 MenuBar 顶层帧的正下方。

状态栏（StatusBar）控件主要用来显示当前状态或给用户友好提示，如图 8-13 所示，Word 软件中的状态栏上显示的当前页码、总页数、节数以及当前行与当前列等信息。

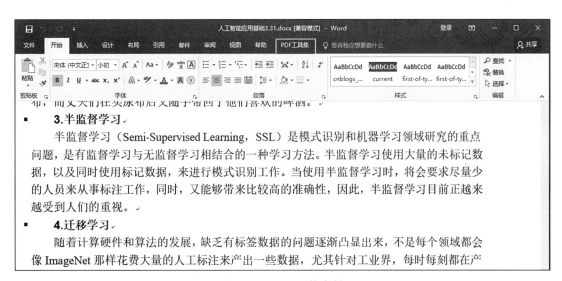

图 8-13　Word 状态栏

Python 程序设计案例教程

（1）工具栏。

wx. ToolBar 类构造如下：

wx. ToolBar(parent, id, pos, size, style)

其中，wx. ToolBar 定义的 style 参数含义如表 8-13 所示。

表 8-13　wx. ToolBar 类 style 参数

参数	描述
wx.TB_FLAT	提供该工具栏平面效果
wx.TB_HORIZONTAL	指定水平布局（默认）
wxTB_VERTICAL	指定垂直布局
wx.TB_DEFAULT_STYLE	结合 wxTB_FLAT 和 wxTB_HORIZONTAL
wx.TB_DOCKABLE	使工具栏浮动和可停靠
wx.TB_NO_TOOLTIPS	当鼠标悬停在工具栏不显示简短帮助工具提示
wx.TB_NOICONS	指定工具栏按钮没有图标；默认它们是显示的
wx.TBTEXT	显示在工具栏按钮上的文本；默认情况下，只有图标显示

Wx. ToolBar 类具有如表 8-14 所示的方法。

表 8-14　wx. ToolBar 类方法

方法	功能
AddTool()	添加工具按钮到工具栏。工具的类型是由各种参数指定的
AddRadioTool()	添加属于按钮的互斥组按钮
AddCheckTool()	添加一个切换按钮到工具栏
AddLabelTool()	使用图标和标签来添加工具栏
AddSeparator()	添加一个分隔符来表示工具按钮组
AddControl()	添加任何控制工具栏。例如，wx. Button、wx. Combobox 等
ClearTools()	删除所有在工具栏的按钮
RemoveTool()	从给出工具按钮移除工具栏
Realize()	工具按钮增加调用

AddTool() 方法至少需要 3 个参数：AddTool(parent，id，bitmap)。
工具栏创建步骤：
首先，创建工具栏。

self. toolbar= self. frame. CreateToolBar()

接下来在工具栏添加工具，相应的工具栏图片需要提前准备好并存放于当前目录下。

self.toolbar. AddSimpleTool(9999, wx. Image(**'open. png'**, wx. BITMAP_TYPE_PNG). ConvertToBitmap()，**'Open'，'Click to Open a file'**)

然后使用下面的代码准备工具栏使其有效。

self. toolbar. Realize()

最后绑定事件处理函数，事件处理函数的编写与前面介绍的按钮、菜单项等控件的事件处理函数一样，在此不再赘述。

wx. EVT_TOOL(self, 9999, self. OnOpen)

（2）创建状态栏。

状态栏的创建和使用相对比较简单，通过下面的代码即可创建：

self. statusBar= self. frame. CreateStatusBar()

如果需要在状态栏上显示状态或者显示文本以提示用户，可以通过下面的代码设置状态栏文本：

self. statusBar.SetStatusText（**'You clicked the Open menu.'**）

5. 对话框

wxPython 提供了一整套预定义对话框（Dialog）控件支持友好界面开发，常用对话框如表 8-15 所示。

表 8-15　对话框类型与功能

类型	功能
MessageBox	简单消息框
MessageDialog	消息对话框
GetTextFromUser	用户输入的文本
GetPasswordFromUser	接收用户输入的密码
GetNumberFromUser	接收用户输入的数字
FileDialog	文件对话框
FontDialog	字体对话框
GolourDialog	颜色对话框

除用于信息提示的简单消息框之外，其他几种对话框的使用遵循固定的步骤：首先创建对话框，然后显示对话框，最后根据对话框的返回值采取不同的操作。

（1）MessageBox 对话框。

下面的代码演示了 MessageBox 用法：

```
wx. MessageBox(Str)
>>> import wx
>>> app= wx. PySimpleApp()
>>> wx. MessageBox("This is my first editor.")
```

信息框如图 8-14 所示。

图 8-14　MessageBox 示意图

（2）MessageDialog 对话框。

运用我们前面学过的 MessageDialog 用法。用户也可以在 IDLE 交互模式下练习掌握参数的应用，例如：

```
>>> import wx
>>> app= wx. App()
>>> dlg= wx. MessageDialog(None,"Dont Worry!","Test MessagDialog",
wx. YES_NO | wx. ICON_EXCLAMATION | wx. CANCEL)
>>> dlg. ShowModal()
```

（3）ColourDialog 对话框。

下面的代码则在 IDLE 交互模式下演示了颜色对话框的用法：

```
>>> impor wx
>>> app= wx. App()
>>> dlg= wx. ColourDialog(None)
>>> dlg. ShowModal()
```

出现如图 8-15 所示的对话框，用户可以通过调色板选定某种颜色。

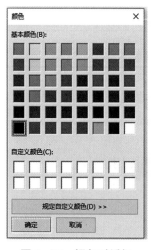

图 8-15　颜色对话框

\>>> choicedColor= dlg. GetColourData()

\>>> choicedColor

\<wx. _windows. ColourData; proxy of \<Swig Object of type 'wxColourData*'at 0x32373e0>>

\>>> choicedColor. Colour

wx. Colour(0,255 ,255 ,255)

这样，通过 panel= wx. Panel(self) 和 panel. SetBackgroundColour(choicedColor. Colour) 就可以把面板背景色设置成用户选择的颜色。

（4）FileDialog 对话框。

此对话框使用户可以浏览文件系统并选择要打开文件或保存，对话框的外观是操作系统特有的。文件滤波器也可以应用到只显示指定扩展名的文件。启动目录和默认的文件名同时可以设置。

FileDialog 的构造函数格式：

wx. FileDialog(parent, message, DefaultDir, DefaultFile, wildcard, style, pos, size)

FileDialog 对话框的参数和 FileDialog 类成员函数及其功能如表 8-16、表 8-17 所示。

表 8-16　wx.FileDialog 定义风格参数

类型	功能
wx.FD_DEFAULTST_YLE	默认情况，相当于 wxFD_OPEN
wx.FD_OPEN	打开对话框：该对话框的默认按钮的标签是"打开"
wx.FD_SAVE	保存对话框：该对话框的默认按钮的标签是"保存"
wx.FD_OVERWRITE_PROMPT	对于只保存对话框：提示进行确认，如果一个文件将被覆盖
wx.FD_MULTIPLE	仅适用于打开的对话框：允许选择多个文件
wx.FD_CHANGE_DIR	更改当前工作目录到用户选择的文件目录

表 8-17　wx. FileDialog 类的成员函数

类型	功能
GetDirectory()	返回默认目录
GetFileName()	返回默认文件名
GetPath()	返回选定文件的完整路径
SetDirectory()	设置默认目录
SetFilename()	设置默认文件
SetPath()	设置文件路径
ShowModal()	显示对话框，如果用户单击"OK"按钮返回 wx. ID_OK，否则返回 wx. ID_CANCEL

【例 8-6】下面代码是对【例 8-4】功能的扩充，添加了打开、显示文件的功能。

代码如下：

```python
import wx
import os

class TextCtrlAddButtonExample(wx. Frame):
    def _init_(self,superior):
        wx. Frame. _init_(self,parent= superior, id= wx. lD_ANY, title="mySimpleEditor",size=(495,250))

        panel= wx. Panel(self,-1)

        self. loadButton= wx. Button(panel, label= 'Open',pos=(240,5),size=(80, 25))
        self. saveButton= wx. Button(panel, label= 'Save', pos=(320,5),size=(80, 25))
        fileName= wx. TextCtrl(panel, pos=(5,5),size=(230, 25))
        self. exitButton= wx. Button(panel, label= 'Exit', pos=(400,5),size=(80, 25))
        self. editBox= wx. TextCtrl(panel, pos=(5,35), size=(475, 170), style= wx.TE_MULTILINE| wx. HSCROLL)

        self. Bind (wx. EVT_BUTTON , self. onOpen , self. loadButton)
    def onOpen(self.event) :
        file_wildcard ="Text files(*.txt)|*.txt|All files(*.*)|*.*"
        dlg=wx.FileDialog(self,"Open text file···",os.getcwd()." ", file_wildcard,wx.OPEN)
#or wx. FD_OPEN
        if dlg. ShowModal()  = = wx. ID_OK :
            fp = open (dlg.GetPath (),'r+')
            with fp :
                data = fp. read ()
                self. editBox. SetValue (data)
        dlg. Destroy()

        self. Bind (wx. EVT_BUTTON , self. onExit , self. exitButton)
    def onExit(self , event) :
        dlg = wx.MessageDialog(self, 'Really Quit','Caution',wx.CANCEL|wx.OK | wx.ICON_QUESTION)
        if dlg. ShowModal()= =wx. ID_OK:
            self. Destroy()

if _name_ = ='_main_':
    app = wx. PySimpleApp()
    frame = TextCtrlAddButtonExample (None)
    frame. Show ()
    app. MainLoop()
```

运行结果如图 8-16、图 8-17 所示。

图 8-16　文件对话框

图 8-17　TextCtrl 显示指定文件"foodgroup.txt"内容

（5）FontDialog 对话框。

这个类的对象是一个字体选择对话框，它的外观也为操作系统所特有。属性包括名称、大小、权重等。所选字体的形式作为此对话框的返回值。

需要这种类构造 Fontdata 参数用于初始化这些属性：wx. FontDialog(parent，data)，此类的 GetFontData() 方法包含所选字体的参数。

【例 8-7】在【例 8-5】的基础上，增加字体选择功能。

代码如下：

```
impot wx
impot os

class TextCtrlAddButtonExample (wx.Frame):
    def _init_(self, superior) :
        wx.Frame. __ init__(self,parent = superior , id = wx. ID_ANY , title ="mySimpleEditor",
size= (575,250))
```

```
        panel= wx. Panel(self, - 1)

        fileName = wx. TextCtrl(panel , pos = (5 , 5) , size = (230 , 25)
        self. loadButton=wx.Button(panel,label='Open',pos=(240 , 5) , size = (80,25)
        self. saveButton=wx.Button(panel,label='Save',pos=(320 , 5), size= (80 , 25)
        self. fontButton=wx.Button (panel,label='Font',pos=(400,5),size=(80 , 25)
        self. exitButton=wx.Button(panel,label='Exit',pos=(480,5),size = (80,25)
        self. editBox = wx. TextCtrl(panel , pos = (5 , 35), size = (550, 170),
                                    style = wx. TE_MULTILINE | wx. HSCROLL)

        self. Bind (wx. EVT_BUTTON , self. onOpen , self. loadButton)
    def onOpen (self , event) :
        file_wildcard = "Text files(*.txt)| *.txt|All files(*.*)|* . *"
        dlg = wx.FileDialog(self,"Open text file,…",os.getcwd ()," ",file_wildcard,wx.FD_OPEN)
        if dlg. ShowModal() = = wx. ID_OK:
            fp =open(dlg. GetPath() , 'r+')
            with fp :
                data = fp. read ()
                self. editBox. SetValue(data)
        dlg. Destroy()
        self. Bind (wx. EVT_BUTTON , self. onFont , self. fontButton)
    def onFont (self , event) :
        dlg = wx. FontDialog(self , wx. FontData ())
        if dlg. ShowModal() = = wx. ID_OK:
            data = dlg. GetFontData ()
            font = data.GetChosenFont ()
            self. editBox. SetFont(font)
            dlg. Destroy()

        self. Bind (wx. EVT_BUTTON , self. onExit , self. exitButton)
    def onExit(self, event) :
        dlg = wx.MessageDialog (self,'Really uit','Caution', wx.CANCEL|wx. OK|wx. ICON_ QUES-TION)
        if dlg. ShowModal()= =wx. ID_OK:
        self. Destroy()


if _name= ='_main_':
    app=wx. PySimpleApp()
    frame = TextCtrlAddButtonExample (None)
    frame. Show ()
    app. MainLoop()
```

运行结果如图 8-18 所示。

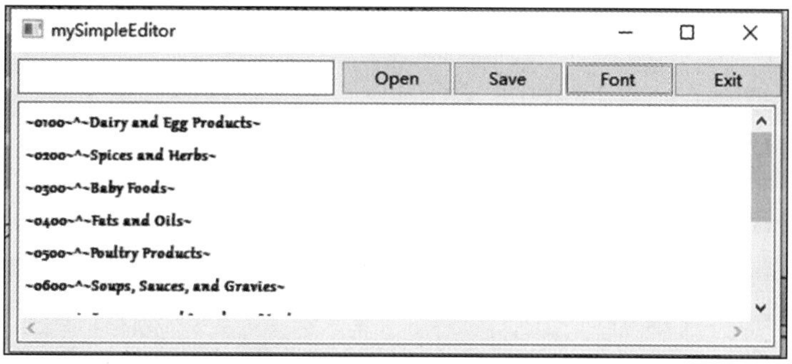

图 8-18　设置字体后 TextCtrl 显示效果

6. RadioButton、RadioBox、CheckBox

单选按钮（RadioButton）控件常用来实现用户在同一组多个选项中只能选择一个，当选择发生变化之后，之前选中的选项自动失效。单选按钮对象由 wx. RadioButton 类创建，对象旁边带着一个圆形按钮文本标签。wx. RadioButton 构造方法原型：

wx. RadioButton(parent, id, label, pos, size, style)

为了创建一组相互可选择的按钮，首先，wxRadioButton 对象的 style 参数设置为 wx. RB_GROUP，后继的按钮对象会被添加到一组，但 style 参数仅用于该组中的第一个按钮，对于组中随后的按钮，wx. RB_SINGLE 的 style 参数可以任意选择使用。

每当任何组中的按钮被单击时，wx. RadioButton 事件绑定器 wx. EVT_RADIOBUTTON 触发相关的处理程序。

wx. RadioButton 类的两种重要的方法：SetValue()，选择或取消选择按钮；GetValue()，如果选择一个按钮则返回 True，否则返回 False。

复选框（CheckBox）控件往往用来实现用户在同一组多个选项中选择多个，多个复选框之间的选择互不影响。复选项按钮对象旁边有小正方形方框，wx. CheckBox 类的构造函数原型：

wx. CheckBox (parent , id , label , pos . size , style)

单选按钮和复选框的很多操作是通用的。可以使用 GetValue() 方法判断单选按钮或复选框是否被选中，使用 SetValue(True) 实现单选按钮或复选框的鼠标单击事件，根据不同的需要可以使用 wx. EVT_RADIOBOX()、wx. EVT_CHECKBOX() 分别为单选按钮、复选框来绑定事件处理函数。

【例 8-8】wxPython 单选按钮与复选框的用法。

代码如下：

```
import wx
```

```
class radioButton_checkBox (wx. App) :

    def OnInit(self) :
        self. frame = wx.Frame(parent =None,title ='radioButton&checkBox' , size = (480,240))
        self. panel = wx. Panel(self. frame , -1)

        self. radioButtonSexM=wx.RadioButton (self.panel,-1,'Male',pos=(80,60),  style=wx.RB_GROUP)
        self. radioButtonSexF=wx.RadioButton(self.panel,-1,'Female',pos =(80 , 80))
        self. checkBoxAdmin=wx.CheckBox(self.panel,-1,'AdminiStrator',pos=(180, 80)
        self. checkBoxProf= wx.CheckBox (self.panel,-1,'Professor',pos=(300 , 80))

        self. label1=wx.StaticText(self.panel, - 1,'UserName:',pos=(20,110) , style = wx. ALIGN_RIGHT)
        self. label2 = wx. StaticText (self.panel ,- 1,'Password:',pos=(20 , 130), style=wx.ALIGN_RIGHT)
        self. textName = wx.TextCtrl(self. panel, -1, pos = (90,110) , size = (160 , 20))
        self. textPwd = wx. TextCtrl (self. panel, -1, pos = (90 , 130) , size = (160 , 20) , style = wx.
TE_PASSWORD)
        self. buttonOK = wx. Button (self. panel , -1, 'OK' , pos = (20 , 160))
        self. Bind (wx. EVT_BUTTON , self. onOk , self. buttonOK)
        seK. buttonCancel = wx. Button (self. panel , -1, 'Clear', pos = (110, 160))
        self. Bind (wx. EVT_BUTTON , self. onClear , self. buttonCancel)
        self. buttonQuit = wx. Button (self. panel, -1, 'Quit' , pos = (200 , 160))
        self. Bind (wx. EVT_BUTTON , self. onQuit , self. buttonQuit)
        self. buttonOK. SetDefault ()

        self. frarne. Show ()
        retum True

    def onOk (self, event) :
    finalStr = "
    if self. radioButtonSexM. GetValue () = = True :
        finalStr+ = 'Sex: Male \n'
    elif self. radioButtonSexF.  GetValue () = = True :
        finalStr+ = 'Sex : Female \n'

    if self. checkBoxAdmin. GetValue() = = True :
        finalStr+ = 'Administrator\n'
    if self. checkBoxProf. GetValue () = = True :
        finalStr+ = 'Profeanor\n'
    if self. textName. GetValue () = = 'HUGUOSHENG' and self. textPwd. GetValue() = = '123456' :
        finalStr+ = 'user name and password are correct\n'
```

else :

    finalStr+ = **'user name or password is correct\n'**

wx. MessageBox (finalStr)

def onClear(self,event) :

    self. radioButtonSexM. SetValue (True)

    self. radioButtonSexF. SetValue (False)

    self. checkBoxAdmin. SetValue (True)

    self. textName. SetValue ('')

    self. textPwd. SetValue('')

def onQuit (self, event) :

    self. frame. Destroy ()

if _name_ = = " _main_ ":

    myRadio= wx. PySimpleApp()

    radioButton_checkBox (None)

    myRadio. MainLoop()

运行结果如图 8-19、图 8-20 所示。

图 8-19　RadioButton、CheckBox 控件示例 1

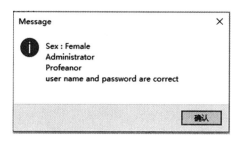

图 8-20　RadioButton、CheckBox 控件示例 2

7. RadioBox

例 8-8 两个单选按钮 Male、Female 都是单独声明的，如果单选按钮较多时，不仅工作量增大，并且降低了程序的可读性。为此，wxPython 使用 wx.RadioBox 类让用户能够创建一个单一的对象，该对象以相互排斥的按钮集合在一个静态框。该组中的每个按钮将其标签从列表对象作为选择 wx.RadioBox 构造函数的参数。如图 8-21 所示，它看起来非常类似一组单选按钮。

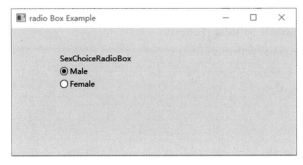

图 8-21　wx.RadioBox 效果

wx.RadioBox 构造函数的原型：

wx.RadioBox (parent , id , label , pos , size , choices [ ] .majordimensions , style , validator, name)

例如：

wx.Radio Box (parent , id , label , pos = wx.DefaultPosition , size = wxDefaultSize , choices = None , major Dimension = 0,style = wx.RA_SPECIFY_COLS, validator= wx.DefaultValidator, name = "radioBox")

RadioBox 按钮将按行或列的方式逐步布局。对于构造的"style"参数的值应该是 wx.RA_SPECIFY_ROWS 或 wx.RA_SPECIFY_COLS（| wx.NO_BORDER，无边界显示）。label 参数是静态文本，它显示在单选框的边框上。这些按钮使用 choices 参数指定，它是字符串标签的序列，如"Male""Female"。

和网格 sizer 一样，可以通过使用规定一个维数的尺寸来指定 wx.RadioBox 的尺度，WxPython 在另一维度上自动填充。维度的主尺寸使用 majorDimension 参数指定，style 参数决定规定多少列（wx.RA_SPECIFY_COLS）或多少行（wx.RA_SPECIFY_ROWS），默认值是 wx.RA_SPECIFY_COLS。majorDimension 参数指定列个数或行个数。在图 8-21 中，列数设置为 2，行数由 choices 列表中的元素数量动态决定，因为只有两个选项，所以只有一行，如果有 6 个选项，则按钮框显示 3 行。如果想先规定行数，只需将样式参数 style 设置为 wx.RA_SPECIFY_ROWS。如果想在单选框被单击时响应命令事件，那么这个命令事件是 EVT_RADIOBOX。

wx.RadioBox 类有许多函数来管理框中不同的单选按钮。这些方法能够处理一个特定的内部按钮，传递该按钮的索引。索引以 0 为开始，并按严格的顺序展开，它的顺序就是按钮标签传递给构造函数的顺序。表 8-18 列出了 wx.RadioBox 类的重要函数。

表 8-18　wx.RadioBox 类的函数

函数	功能
EnableItem(n,flag)	用于使索引为 n 的按钮有效或无效，flag 参数是一个布尔值，注意要使整个框立即有效，使用 Enable()
FindString(string)	根据给定的标签返回相关按钮的整数索引值，如果标签没有发现则返回 −1
GetCount()	返回框中按钮的数量
GetItemLabel(n)SetItemLabel(n,string)	返回或设置索引为 n 的按钮的字符串标签
GetStringSelection()	返回当前所选择的按钮的字符串标签
SetStringSelection(string)	改变所选择的按钮的字符串标签为给定值
GetSelection()	返回所选项目的索引
SetSelection(n)	选择编程项目
GetString()	返回选定项的标签
SetString()	分配标签到所选择的项目
Show()	显示或隐藏指定索引的项目
ShowItem(item,show)	用于显示或隐藏索引为 item 的按钮, show 参数是一个布尔值

代码如下：

```
import wx

class RadioBoxFrame(wx. Frame) :
    def _init_(self) :
        wx. Frame._init_(self , None , - 1 , 'Myr adioBox' , size = (320, 160)
        panel = wx. Panel(self, −1)
        sexList = [ 'Male' , 'Female' ]
        wx. RadioBox (panel, −1, "SexChoiceRadioBox",(30 , 20), wx. DefaultSize, sexList , 2 ,
wx. RA_SPECIFY_COLS)
if _ name_=='_main_':
    app=wx. PySimpleApp()
    Myframe= RadioBoxFrame(None)
    Myframe. Show()
    app. MainLoop()
```

8. ComboBox

组合框（ComboBox）用来实现从固定的多个选项中选择其中一个的操作，外观与文本框类似，但是单击下拉箭头时弹出所有可选项，极大地方便用户的操作，并且在窗体上不占太大空间。

wx. ComboBox 的构造函数格式：

wx. ComboBox(parent, id, value=" ",pos= wx. DefaultPosition, size= wx. DefaultSize, choices, style=0, validator= wx. Default, validator, name="comboBox")

wx. ComboBox 共有 4 种样式，如表 8−19 所示。

表 8−19　wx. ComboBox 的 style 参数

参数	功能
wx.CB_SIMPLE	创建一个带有列表框的组合框，在 Windows 中可以只使用 wx.CB_SIMPLE 样式
wx.CB_DROPDOWN	创建一个带有下拉列表的组合框
wx.CB_READONLY	防止用户输入或通过程序设置修改文本域内容
wx.CB_SORT	选择列表中的元素按字母顺序显示

提示：由于 wx. ComboBox 是 wx. Choice 的子类，所有的 wx. Choice 的方法都能被组合框调用。另外，还有许多方法被定义来处理文本组件，它们的属性同 wx. TextCtrl 一样，所定义的方法有 Copy()、Cut()、GetInsertionPoint()、GetValue()、Paste()、Replace(from, to,text)、Remove(from, to)、SetInsertionPoint(pos)、SetInsertionPointEnd() 和 SetValue()。

如果需要响应和处理组合框的鼠标单击事件，可以使用 wx. EVT_COMBOBOX() 为组合框绑定事件处理函数。

【例 8−9】wxPython 组合框联动。

代码如下：

```
import wx

class comBoxFrame(wx. Frame):
def _init_(self):
        wx. Frame. _init_(self, None,−1,'my radioBox',size=(320,160))
        panel=wx. Panel(self, −1)
        self. names={'First Class':[ 'Hu Guosheng','Huang He'，'Wu Xinxin'],
                    'Second Claas':[ 'Zhou Qiaoting','Fang Xiaoyan','Shao Yin','Zhang Guohong']}
        self. ComboBox1= wx. ComboBox(panel, value= 'Choice  Class',
                        choices=self.names.keys(),pos=(100,50),size=(100, 30))
    #组合框1
                    self. Bind (wx. EVT_COMBOBOX , self. OnCombox1 , self. comboBox1)
        self. comboBox2 = wx. ComboBox (panel , value = 'Choice Teacher' ,
                            choices = [ ] , pos = (100, 100) , size = (100, 30))
    #组合框2
        self. Bind (wx. EVT_COMBOBOX , self. OnCombox2 , self. comboBox2)
```

```
    def OnCombox1 (self, event) :
        Class = self. comboBox1. GetValue ()
        self. comboBox2. Set (self. names [ Class ])
    def OnCombox2 (self, event) :
        wx. MessageBox (self. comboBox2. GetValue ())


if _name_ = = '_main_':
        app=wx. PySimpleApp()
        Myframe = comBoxFrame (None)
        Myframe. Show()
        app. MainLoop()
```

运行结果如图 8-22 所示。

9. ListBox

列表框是用来放置多个元素提供给用户进行选择的另一机制，选项被放置在一个矩形的窗口中，其中每个选项都是字符串，支持用户单选和多选。列表框比单选按钮占据较少的空间，当选项的数目相对少的时候，列表框是一个好的选择。如果用户选项很多，需要通过滚动条拉动才能看到所有的选项的话，那么它的效用就有所下降。列表框如图 8-23 所示。

图 8-22　ComboBox 控件示例

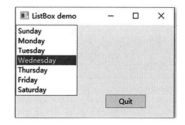

图 8-23　ListBox 控件示例

wx. ListBox 的构造函数类似于单选框的构造函数，如下所示：

wx. ListBox(parent, id, pos= wx. DefaultPosition, size= wx. DefaultSize, choices=None, style=0,validator = wx. DefaultValidator, name="listBox")

列表框样式 style 含义如表 8-20 所示。

表 8-20　列表框常用样式

样式	功能
wx.LB_EXTENDED	可以使用 <Shift> 键和鼠标配合选择连续多个元素
wx.LB_MULTIPLE	可以选择多个不连续的元素

续表

样式	功能
wx.LB_SINGLE	最多只能选择一个元素
wx.LB_ALWAYSSB	始终显示一个垂直滚动条
wx.LB_HSCROLL	列表框在选择项太多时显示一个水平滚动条
wx.LB_VSCROLL	仅在需要时显示一个垂直滚动条，默认方式
wx.LB_SORT	列表框中的元素按字母顺序排序

提示：wx. LB _EXTENDED、wx. LB_MULTIPLE 和 wx. LB_SINGLE 3 种样式是相互排斥的。

表 8-21 列出了列表框的方法，用户可以用来处理框中的项目，列表框中的项目索引从 0 开始。

表 8-21　列表框常用方法

样式	功能
Append(string)	在列表框尾部增加一个元素
Clear()	删除列表框中所有元素
Delete(index)	删除列表框指定索引的元素
FindString(string)	返回指定元素的索引，若没找到，则返回 -1
GetCount()	返回列表框中元素的个数
GetSelection(	返回当前选择项的索引，仅对单选列表框有效
SetSelection(index,True/False)	设置指定索引的元素的选择状态
GetStringSelection(	返回当前选择的元素，仅对单选列表框有效
GetString(index)	返回指定索引的元素
SetString(index,string)	设置指定索引的元素文本
GetSelections()	返回包含所选元素的元组
InsertItems(items,pos)	有指定位置之前插入元素
IsSelected(index)	返回指定索引的元素的选择状态
Set(choices)	使用列表 choices 的内容重新设置列表框

有两个专用于 wx. ListBox 的命令事件。EVT_LISTBOX 事件在列表中的一个元素被选择时触发（即使它是当前所选择的元素）。如果列表被双击，EVT_LISTBOX_DCLICK 事件发生。

【例 8-10】wxPython 列表框应用。本例的列表框中显示周日到周六的每天，用户单击其中一个后弹出一个消息框来提示所选择的内容，单击 "Quit" 按钮时弹出关闭前的确认对话框。

代码如下：

```
import wx

class ListBoxDemo (wx. Frame) :
    def _ init_(self, superion) :
        wx. Frame._init_(self,parent=superion,title='ListBox demo',size=(300, 200))
        panel = wx. Panel (self)
        self.buttonQuit=wx.Button(parent = panel . label = 'Quit' , pos = (160 , 120))
        self. Bind (wx. EVT_BUTTON , self. OnButtonQuit , self. buttonQuit)
        weekdays= [ 'Sunday' , 'Monday' , 'Tuesday' , 'Wednesday' , 'Thursday', Friday',\'Saturday' ]
        self. listBox = wx. ListBox (panel , choices = weekdays)       # 创建列表框
        self. Bind(wx.EVT_LISTBOX,self.OnClick,self. listBox)   # 绑定事件处理函数
    def OnClick (self , event) :
        s = self. listBox. GetStringSelection ()
        wx. MessageBox(s)
    def OnButtonQuit(self, event) :
        dlg = wx. MessageDialog(self , 'Really Quit? ' , 'Caution' , \
                            wx. CANCEL| wx. OK | wx. ICON_QUESTION)
    if dlg. ShowModal() = = wx. ID_OK :
            self. Destroy ()

if _name_ = = '_main_' :
    app=wx. App()
    frame = ListBoxDemo(None)
    frame. Show()
    app. MainLoop()
```

运行结果如图 8-24 所示。

列表框可与其他窗口部件结合起来使用，如文本框、下拉菜单或复选框等。事实上，组合框（ComboBox）是将文本域与列表合并在一起的窗口部件，其本质上是一个下拉选择和文本框的组合。组合框是 wx. Choice 的一个子类。

图 8-24　ListBox 控件示例

使用类 wx. CheckListBox 来将复选框与列表框合并。wx. CheckListBox 的构造函数和大多数方法与 wx. ListBox 的相同。它有一个新的事件：wx. EVT_CHECKLISTBOX，它在当列表中的一个复选框被单击时触发。它有两个管理复选框的新的方法：Check(n, check) 设置索引为 n 的项目的选择状态，IsChecked(item) 在给定索引的项目是选中状态时返回 True。

wx. Choice 的构造函数与列表框的基本相同：

wx. Choice(parent, id, pos= wx. DefaultPosition, size= wx. DefaultSize, choices= None, style=0, validator=wx. DefaultValidator, name="choice")

wx. Choice 没有专门的样式，但是它有独特的命令事件：EVT_CHOICE。表 9-21 中几乎所有适用于单选列表框的方法都适用于 wx. Choice 对象。

【例 8-11】合并复选框和列表框。

代码如下：

```python
import wx

class ChoiceFrame(wx. Frame):
    def _init_(self):
        wx. Frame. _init_(self,None,-1, 'ListBox&CheckBox Example',
                            size=(240，180))
        panel = wx. Panel(self, - 1)
        weekdayList = [ 'Sunday' , 'Monday' , 'Tuesday' , 'Wednesday' , 'Thursday' , ' Friday' . 'Saturday' ]
        wx. StaticText (panel , -1 , "Select Weekday : " , (10 , 20))
        wx. Choice (panel , - 1 , (120 , 18) , choices = weekdayList)

if _name_ = = '_main_':
    app=wx. PySimpleApp()
    frame = ChoiceFrame ()
    frame. Show ()
    app. MainLoop()
```

运行结果如图 8-25 所示。

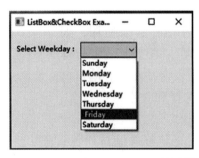

图 8-25　wx. CheckListBox 效果图

10. TreeCtrl

树形（TreeCtrl）控件常用来显示有严格层次关系的数据，可以非常清晰地表示各元素之间的从属关系或层级关系，比如 Windows 资源管理器窗口（见图 8-26）。这种关系的实现可以通过 TreeCtrl 控件完成。

图 8-26　资源管理器窗口

wx. TreeCtrl 控件的样式如表 8-22 所示。

表 8-22　wx.TreeCtrl 控件的样式

样式	描述
wx.TR_EDIT_LABELS	可以修改节点标签使用的文字
wx.TR_NO-BUTTONS	在各个节点左边不会显示箭头或者带方框的小加号等按钮，用于标识该节点是否有子节点，该节点是否已经展开等信息
wx.TR_HAS_BUTTONS	与上面一个正好相反，常见使用样式
wx.TR_NO_LINES	不显示左边链接兄弟节点的虚线 (vertical level l connector)
wx.TR_FULL_ROW_HIGHLIGHT	被选中的节点所在的行高亮显示，在 Windows 下会被忽略，除非同时使用 wx.TR_NO_LINES
wx.TR_LINES_AT_ROOT	显示连接 root 节点的连线，只在使用 wx.TR_HIDE_ROOT，并且没有使用 wx.TR_NO_LINES 的时候有效
wx.TR_HIDE_ROOT	不显示 root 节点 .root 节点的子节点被显示为 root 节点
wx.TR_ROW_LINES	针对选中的行显示一个边框
wx.TR_HAS_VARIABLE_ROW_HGHT	设置所有行的行高为自动适应行的内容
wx.TR_SINGLE	只能选中一个节点，默认方式
wx.TR_MULTIPLE	允许选中多个连续节点
wx.TR_EXTENDED	允许选中多个不连续的节点
wx.TR_DEFAULT_STYLE	针对本地系统自动设置为最接近本地显示方案的一组样式

　　wx. TreeCtrl 当中的所有节点都是通过一个 TreeItemId 来索引的。如何判断被选中的节点是否是叶节点？得到被选中节点的 TreeCtrlId，比如是 a。那么 a.GetLastChild()

将会返回该节点的最后一个子节点的 TreeCtrlId，如果没有子节点，将返回一个无效的 TreeCtrlId。这样，通过检查这个返回的 TreeCtrlId 是否有效就可以知道这个节点是否是叶节点。

wx. TreeCtrl 控件的常用方法和事件分别如表 8-23 和表 8-24 所示。

表 8-23 TreeCtrl 控件常用方法

方法	功能
root=tree.AddRoot(string)	增加根节点，返回根节点 ID
child=tree.AppendItem(item.string)	为指定节点增加下级节点，返回新节点 ID
SetItemText(item.string)	设置节点文本
GetItemText()	返回节点文本
SetItemPyData(item.obj)	设置节点数据
GetItemPyDate(item)	返回指定节点的数据
Expand(item)	展开指定节点，但不展开下级节点
ExpandAll()	展开所有节点
Collapse(item)	收起指定节点
CollapseAndReset()	收起指定节点并删除其下级节点
GetRootItem()	返回根节点 ID
(childID,cookie)=GetFirstChild(item)	返回指定节点的第一个子节点
flag=child.IsOK()	测试节点 ID 是否有效
(item,cookie)=GetNestChild(item,cookie)	返回同级的下一个节点
GetLastChild(item)	返回指定节点的最后一个子节点
GepPrevSibling(item)	返回同级的上一个节点
GetItemParent(item)	返回指定节点的父节点 ID
ItemHasChildren(item)	测试节点是否有下级节点
SetItemHasChildren(item,True)	将指定节点设置为有下级节点的状态
GetSelection()	返回单选树中当前被选中节点的 ID
GetSelections()	返回多选树中所有被选中节点 ID 的列表
SelectItem(item,True/False)	改变节点的选择状态
IsSelected(item)	测试节点是否被选中
Delete(item)	删除指定 ID 的节点
DeleteAllItems(	删除所有节点
DeleteChildren(item)	删除指定 ID 的节点所有下级节点
InsertItem(parent,idPrevious,text)	在指定节点后面插入节点
InsertItemBefore(parent,index,text)	在指定位置之前插入节点

表 8-24　TreeCtrl 控件常用事件

事件	功能
wx.EVT_TREE_SEL_CHANGING	控件发生选择变化之前触发该事件
wx.EVT_TREE_SEL_CHANGED	控件发生选择变化之后触发该事件
wx.EVTT_REE_ITEM_COLLAPSING	收起一个节点之前触发该事件
wx.EVT_TREE_ITEM_COLIAPSED	收起一个节点之后触发该事件
wx.EVT_TREE_ITEM_EXPANDING	展开一个节点之前触发该事件
wx.EVT_TREE_ITEM_EXPANDED	展开一个节点之后触发该事件

【例 8-12】wxPython 树形控件应用。下面程序演示了树形控件的用法，包括增加根节点、增加子节点。

代码如下：

```
#- * -coding: UTF-8 - * -#
import wx


class TreeCtrlFrame (wx. Frame) :
    def _init_(self,superion) :
        wx. Frame. _init_(self , parent = superion , title = 'TreeCtrl DEMO' , size = (360 , 300)
        panel= wx. Panel(self)
        self. tree = wx. TreeCtrl(parent = panel , pos = 15 , 15) , size = 160 , 200))
        self. inputString = wx. TextCtrl(parent = panel , pos = (190 , 60) , size = (140 , 20))
        self. buttonAddChild = wx. Button (parent = panel, label = 'AddChild' , pos = (190 , 130))
        self. Bind (wx. EVT_BUTTON, self. OnButtonAddChild , self. buttonAddChild)
        self. buttonDeleteNode = wx. Button (parent = panel, label = 'DeleteNode' , pos = (190 , 160))
        self. Bind (wx. EVT_BUTTON , self. OnButtonDeleteNode , self. buttonDeleteNode)
        self. buttonAddRoot = wx. Button (parent = panel, label = 'AddRoot' , pos = (190 , 190))
        self.Bind(wx.EVT_BUTTON , self. OnButtonAddRoot , self. buttonAddRoot)

    def OnButtonAddChild (self , event) :
        itemSelected = self. tree. GetSelection ()
        if not itemSelected :
            wx. MessageBox('Select a Node first ')
            return
        itemString = self. inputString. GetValue ()
        self. tree. AppendItem (itemSeleted , itemString)
    def OnButtonDeleteNode (self , event) :
        itemSelected = self. tree. GetSelection ()
        if not itemSelected :
```

```
            wx. MessageBox ('Select a Node first ')
            return
        self. tree. Delete (itemSelected)

    def OnButtonAddRoot (self , event) :
        rootItem = self. tree. GetRootItem ()
        if rootItem :
            wx. MessageBox('The tree has already a root ')
        else :
            itemString = self. inputString. GetValue ()
            self. tree. AddRoot (itemString)


if _name_ = = '_main_' :
    app=wx. App()
    frame = TreeCtrlFrame (None)
    frame. Show ()
    app. MainLoop()
```

运行结果如图 8-27 所示。

图 8-27 TreeCtrl 控件示例

8.2 综合案例：商品销售系统

通过下面的学习，学生可以掌握 wxPython 建立和管理工程、wxPython 图形控件的使用、wxPython 窗体的建立与切换，最终达到能够使用 wxPython 开发带有 GUI 图形界面的 Python 程序项目的目的。

wxPython 实现商品销售系统的整体布局，如图 8-28 所示。首先实现系统的登录，登录成功进入商品购物界面，能够显示商品列表模块和商品查询模块。点击左边的商品，在右边商品详情模块能看到对应的商品信息，点击添加到购物车，商品能够加入购物车。点击查看购物车按钮，能够弹出购物车界面查看加入购物车的商品信息列表。

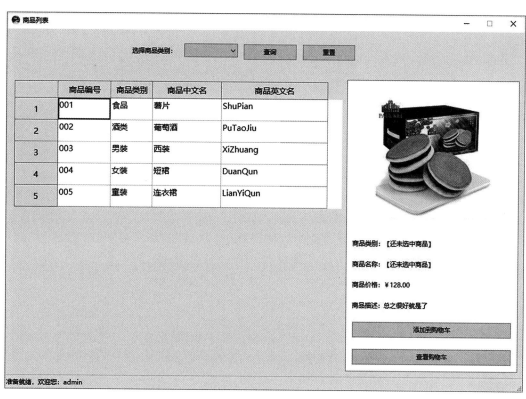

图 8-28　商品列表窗口

8.2.1　工程文档结构图

建立工程，主要包括 py 文件，resources 文件夹中存放商品图片资源。

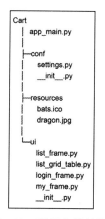

图 8-29　项目文档结构图

8.2.2　启动文件

通过启动文件，启动工程项目，主要是调用创建一个登录窗口，然后进入主事件循环。

```
import wx

from ui.login_frame import LoginFrame
from ui.list_frame import ListFrame


class App(wx.App):
    """ 启动模块 """

    def OnInit(self):
        """ 创建窗口对象 """
        frame = LoginFrame()
        # frame = ListFrame()  # 单独调试商品界面的时候，省的每次都要登录一下
        frame.Show()
        return True


if __name__ == '__main__':
    app = App()  # 实例化
    app.MainLoop()  # 进入主事件循环
```

8.2.3　窗口基类

先给所有的窗口定义个基类，把所有窗口共有的属性定义在这个基类里。之后各个窗口都基于这个类：

```
""" 定义 Frame 窗口基类 """
import sys
import wx
class MyFrame(wx.Frame):
    session = {}  # 模拟 Web 的 session，保留会话的数据

    def __init__(self, title, size):
        super().__init__(parent=None, title=title, size=size,
                        style=wx.DEFAULT_FRAME_STYLE ^ wx.MAXIMIZE_BOX)
        # style 是定义窗口风格，具体看官网。https://docs.wxpython.org/wx.Frame.html#wx-frame
        # 上面的 DEFAULT 就是包含了下面所有的风格的：
        # wx.MINIMIZE_BOX | wx.MAXIMIZE_BOX | wx.RESIZE_BORDER |
        # wx.SYSTEM_MENU | wx.CAPTION | wx.CLOSE_BOX | wx.CLIP_CHILDREN
        # 上面的例子是去掉了其中的一个。官网的例子是这样的：
        # style = wx.DEFAULT_FRAME_STYLE & ~(wx.RESIZE_BORDER | wx.MAXIMIZE_BOX)
去掉了 2 个来固定窗口大小
        # 设置窗口居中
```

```
        self.Center()
        # 设置 Frame 窗口内容面板
        self.contentpanel = wx.Panel(parent=self)
        # 图标文件
        ico = wx.Icon("resources/bats.ico", wx.BITMAP_TYPE_ICO)
        # 设置图标
        self.SetIcon(ico)
        # 设定窗口大小，这里设置了相同的最大和最小值，也就是固定了窗口大小。
        # 因为上面的窗口风格保留了 wx.RESIZE_BORDER，所以这里用另外一个风格来保证大
小不可调整
        # 这样做有一点不好，就是鼠标放在窗口边缘，会变成调整窗口大小的样子，但是拉不动窗口
        self.SetSizeHints(size, size)
        # 绑定关闭按钮的点击事件
        self.Bind(wx.EVT_CLOSE, self.on_close)

    def on_close(self, event):
        # 退出系统
        self.Destroy()
        sys.exit()
```

这里设置固定窗口的大小不可调整，不过应该还是官网的方法更好。
另外还定义了窗口的图标和关闭窗口的所调用的方法。

self.contentpanel = wx.Panel(parent=self) 这个属性在后面会一直使用

8.2.4 登录窗口

现在真正开始做窗口界面了，登录窗口代码如下：

```
""" 登录窗口 """
import wx

from ui.my_frame import MyFrame
from ui.list_frame import ListFrame
from conf import settings

class LoginFrame(MyFrame):
    accounts = settings.ACCOUNTS

    def __init__(self):
        super().__init__(title=" 用户登录 ", size=(340, 230))
```

```
# 创建界面中的控件
username_st = wx.StaticText(self.contentpanel, label=" 用户名： ") # 输入框前面的提示标签
password_st = wx.StaticText(self.contentpanel, label=" 密码： ")
self.username_txt = wx.TextCtrl(self.contentpanel) # 输入框
self.password_txt = wx.TextCtrl(self.contentpanel, style=wx.TE_PASSWORD)

# 创建 FlexGrid 布局对象
fgs = wx.FlexGridSizer(2, 2, 20, 20) # 2 行 2 列，行间距 20，列间距 20
fgs.AddMany([
    # 下面套用了 3 个分隔，垂直居中，水平靠右，固定的最小尺寸
    (username_st, 1, wx.ALIGN_CENTER_VERTICAL|wx.ALIGN_RIGHT|wx.FIXED_MINSIZE),
    # 位置居中，尺寸是膨胀
    (self.username_txt, 1, wx.CENTER | wx.EXPAND),
    (password_st, 1, wx.ALIGN_CENTER_VERTICAL|wx.ALIGN_RIGHT|wx.FIXED_MINSIZE),
    (self.password_txt, 1, wx.CENTER | wx.EXPAND),
])
# 设置 FlexGrid 布局对象
fgs.AddGrowableRow(0, 1) # 第一个 0 是指第一行，权重 1
fgs.AddGrowableRow(1, 1) # 第一个 1 是指第二行，权重也是 1
# 上面一共就 2 行，用户名和密码，就是 2 行的空间是一样的
fgs.AddGrowableCol(0, 1) # 第一列，权重 1，就是标签的内容
fgs.AddGrowableCol(1, 4) # 第二列，权重 4，就是输入框，并且输入框是膨胀的应该会撑满
# 上面 2 列分成 5 分，第一列占 1/5，第二列占 4/5

# 创建按钮对象
ok_btn = wx.Button(parent=self.contentpanel, label=" 确定 ")
cancel_btn = wx.Button(parent=self.contentpanel, label=" 取消 ")
# 绑定按钮事件：事件类型，绑定的事件，绑定的按钮
self.Bind(wx.EVT_BUTTON, self.ok_btn_onclick, ok_btn)
self.Bind(wx.EVT_BUTTON, self.cancel_btn_onclick, cancel_btn)

# 创建水平 Box 布局对象，放上面的 2 个按钮
box_btn = wx.BoxSizer(wx.HORIZONTAL)
# 添加按钮控件：居中，四周都有边框，膨胀。border 是设置边框的大小，实际效果没有
框，但是占用空间
    box_btn.Add(ok_btn, 1, wx.CENTER | wx.ALL | wx.EXPAND, border=10)
    box_btn.Add(cancel_btn, 1, wx.CENTER | wx.ALL | wx.EXPAND, border=10)

# 创建垂直 Box，把上面的 fgs 对象和 box_btn 对象都放进来
```

```python
        box_outer = wx.BoxSizer(wx.VERTICAL)
        box_outer.Add(fgs, -1, wx.CENTER | wx.ALL | wx.EXPAND, border=25)  # 权重是 -1，就
```
是不指定了
```python
        # (wx.ALL ^ wx.TOP) 这里只加 3 面的边框，上面就不加了
        box_outer.Add(box_btn, -1, wx.CENTER | (wx.ALL ^ wx.TOP) | wx.EXPAND, border=20)

        # 上面全部设置完成了，下面是设置 Frame 窗口内容面板
        self.contentpanel.SetSizer(box_outer)  # self.contentpanel 是在父类里定义的

    def ok_btn_onclick(self, event):
        username = self.username_txt.GetValue()  # 取出输入框的值
        password = self.password_txt.GetValue()
        if username in self.accounts:
            if self.accounts[username].get('pwd') == password:
                self.session['username'] = username
                print(" 登录成功 ")
                # 接下来要进入下一个 Frame
                frame = ListFrame()
                frame.Show()
                self.Hide()  # 隐藏登录窗口
                return
            else:
                msg = " 用户名或密码错误 "
        else:
            msg = " 用户名不存在 "
        print(msg)
        dialog = wx.MessageDialog(self, msg, " 登录失败 ")  # 创建对话框
        dialog.ShowModal()  # 显示对话框
        dialog.Destroy()  # 销毁对话框

    def cancel_btn_onclick(self, event):
        self.on_close(event)
```

图 8-30　登录窗口

8.2.5　settings 文件

把登录和商品数据放在 settings 中，实现登录和商品列表显示，大家也可以拓展连接 Mysql 数据库。

```
# 登录的用户名和密码
ACCOUNTS = {
        'admin': {'pwd': 'admin'},
        'root': {'pwd': '123456'},
        'user': {'pwd': 'user123'},
    }


# 商品列名
COLUMN_NAMES = [" 商品编号 ", " 商品类别 ", " 商品中文名 ", " 商品英文名 "]


# 商品类别
CATEGORY = [" 食品 ", " 酒类 ", " 男装 ", " 女装 ", " 童装 "]


# 商品信息，商品信息有点少，最好增加几十条
PRODUCTS = [
    {'id': "001", 'category': " 食品 ", 'name_cn': " 薯片 ", 'name_en': "ShuPian"},
    {'id': "002", 'category': " 酒类 ", 'name_cn': " 葡萄酒 ", 'name_en': "PuTaoJiu"},
    {'id': "003", 'category': " 男装 ", 'name_cn': " 西装 ", 'name_en': "XiZhuang"},
    {'id': "004", 'category': " 女装 ", 'name_cn': " 短裙 ", 'name_en': "DuanQun"},
    {'id': "005", 'category': " 童装 ", 'name_cn': " 连衣裙 ", 'name_en': "LianYiQun"},
]
```

8.2.6　商品列表窗口

商品列表窗口显示产品的详细信息，通过下拉列表，可以筛选不同类别的商品信息。下面通过列表显示对应类别的商品信息，并且点击表格的单元格，右边窗口的商品详细信息会有相应的变化。

```
""" 商品列表窗口 """
import wx, wx.grid

from ui.my_frame import MyFrame
from ui.list_grid_table import ListGridTable
from conf import settings

class ListFrame(MyFrame):
```

```python
def __init__(self):
    super().__init__(title=" 商品列表 ", size=(1000, 700))

    # 购物车
    self.cart = {}
    # 商品列表
    self.data = settings.PRODUCTS

    # 创建分隔窗口
    splitter = wx.SplitterWindow(self.contentpanel, style=wx.SP_3DBORDER)
    # 分隔窗口的左侧面板
    self.left_panel = self.create_left_panel(splitter)  # 先准备一个函数，到函数里再去实现
    # 分隔窗口的右侧面板
    self.right_panel = self.create_right_panel(splitter)
    # 设置分隔窗口的布局，调用 SplitVertically 方法就是左右布局
    splitter.SplitVertically(self.left_panel, self.right_panel, 630)

    # 设置整个窗口的布局，是一个垂直的 Box 布局
    box_outer = wx.BoxSizer(wx.VERTICAL)
    # 下面直接把这个 Box 放到内容面板里了，也可以最后放。
    # 不过这个窗口的内容只有一个垂直 Box，所以无所谓了
    # 还有其他的控件没有写，不过写完都是往 box_splitter 里添加
    self.contentpanel.SetSizer(box_outer)

    # 添加顶部对象
    box_outer.Add(self.create_top_box(), 1, flag=wx.EXPAND | wx.ALL, border=20)
    # 添加分隔窗口对象
    box_outer.Add(splitter, 1, flag=wx.EXPAND | wx.ALL, border=10)

    # 创建底部的状态栏
    self.CreateStatusBar()
    self.SetStatusText(" 准备就绪，欢迎您：%s" % self.session['username'])

def create_top_box(self):
    """ 创建顶部的布局管理器 """
    # 创建静态文本
    label_st = wx.StaticText(parent=self.contentpanel, label=" 选择商品类别： ", style=wx.ALIGN_RIGHT)
    # 创建下拉列表对象，这里取了一个 name，之后可以通过 name 找到这个控件获取里面的内容
    # 查找的方法用 FindWindowByName，另外还可以 ById 和 ByLabel
```

```
        choice = wx.Choice(self.contentpanel, choices=settings.CATEGORY, name="choice")
        # 创建按钮对象
        search_btn = wx.Button(parent=self.contentpanel, label=" 查询 ")
        reset_btn = wx.Button(parent=self.contentpanel, label=" 重置 ")
        # 绑定事件
        self.Bind(wx.EVT_BUTTON, self.search_btn_onclick, search_btn)
        self.Bind(wx.EVT_BUTTON, self.reset_btn_onclick, reset_btn)

        # 创建一个布局管理器，把上面的控件添加进去
        box = wx.BoxSizer(wx.HORIZONTAL)
        box.AddSpacer(200)  # 添加空白
        box.Add(label_st, 1, flag=wx.FIXED_MINSIZE | wx.ALL, border=10)
        box.Add(choice, 1, flag=wx.FIXED_MINSIZE | wx.ALL, border=5)
        box.Add(search_btn, 1, flag=wx.FIXED_MINSIZE | wx.ALL, border=5)
        box.Add(reset_btn, 1, flag=wx.FIXED_MINSIZE | wx.ALL, border=5)
        box.AddSpacer(300)  # 添加空白

        return box


    def create_left_panel(self, parent):
        """ 创建分隔窗口的左侧面板 """
        panel = wx.Panel(parent)

        # 创建网格对象
        grid = wx.grid.Grid(panel, name='grid')
        # 绑定事件
        self.Bind(wx.grid.EVT_GRID_LABEL_LEFT_CLICK, self.select_row_handler)
        self.Bind(wx.grid.EVT_GRID_CELL_LEFT_CLICK, self.select_row_handler)

        # 初始化网格
        self.init_grid()  # 还是到另一个函数里去实现

        # 创建水平 Box 的布局管理器
        box = wx.BoxSizer()
        # 设置 Box 的网格 grid
        box.Add(grid, 1, flag=wx.ALL, border=5)
        panel.SetSizer(box)

        return panel
```

```python
def init_grid(self):
    """ 初始化网格对象 """
    # 通过网格名字获取到对象
    grid = self.FindWindowByName('grid')

    # 创建网格中所需要的表格，这里的表格是一个类
    table = ListGridTable(settings.COLUMN_NAMES, self.data)
    # 设置网格的表格属性
    grid.SetTable(table, True)

    # 获取网格行的信息对象 ,40 是行高，每一行都是 40，后面的列表是单独指定每一行的,
    # 这里是空列表
    row_size_info = wx.grid.GridSizesInfo(40, [])
    # 设置网格的行高
    grid.SetRowSizes(row_size_info)
    # 指定列宽，前面是 0，后面分别指定每一列的列宽
    col_size_info = wx.grid.GridSizesInfo(0, [100, 80, 130, 200])
    grid.SetColSizes(col_size_info)
    # 设置单元格默认字体
    grid.SetDefaultCellFont(wx.Font(11, wx.FONTFAMILY_DEFAULT,
                        wx.FONTSTYLE_NORMAL,
                        wx.FONTWEIGHT_NORMAL,
                        faceName=" 微软雅黑 "))
    # 设置表格标题的默认字体
    grid.SetLabelFont(wx.Font(11, wx.FONTFAMILY_DEFAULT,
                    wx.FONTSTYLE_NORMAL,
                    wx.FONTWEIGHT_NORMAL,
                    faceName=" 微软雅黑 "))

    # 设置网格选择模式为行选择模式
    grid.SetSelectionMode(grid.wxGridSelectRows)
    # 设置网格不能通过拖动改标高度和宽度
    grid.DisableDragRowSize()
    grid.DisableDragColSize()

def create_right_panel(self, parent):
    """ 创建分隔窗口的右侧面板 """
    panel = wx.Panel(parent, style=wx.TAB_TRAVERSAL | wx.BORDER_DOUBLE)
    panel.SetBackgroundColour(wx.WHITE)  # 设置背景色，默认不是白色
```

```
        # 显示图片
        img_path = "resources/dragon.jpg"
        img = wx.Bitmap(img_path, wx.BITMAP_TYPE_ANY)  # 第二个参数设置图片格式可以是
任意的

        img_bitmap = wx.StaticBitmap(panel, bitmap=img, name='img_bitmap')

        # 商品类别
        category = " 商品类别：【还未选中商品 】"
        category_st = wx.StaticText(panel, label=category, name='category')  # 创建控件同时指定 label
        # 商品名称
        name = " 商品名称：【还未选中商品 】"
        name_st = wx.StaticText(panel, label=name, name='name')
        # 商品价格
        price = " 商品价格：￥{0:.2f}".format(128)
        price_st = wx.StaticText(panel, label=price, name='price')
        # 商品描述
        description = " 商品描述：%s" % " 总之很好就是了 "
        description_st = wx.StaticText(panel, label=description, name='description')

        # 创建按钮对象
        add_btn = wx.Button(panel, label=" 添加到购物车 ")
        see_btn = wx.Button(panel, label=" 查看购物车 ")
        self.Bind(wx.EVT_BUTTON, self.add_btn_onclick, add_btn)
        self.Bind(wx.EVT_BUTTON, self.see_btn_onclick, see_btn)

        # 布局，垂直的 Box 布局管理器
        box = wx.BoxSizer(wx.VERTICAL)
        box.Add(img_bitmap, 1, flag=wx.CENTER | wx.ALL, border=30)
        box.Add(category_st, 1, flag=wx.EXPAND | wx.ALL, border=10)
        box.Add(name_st, 1, flag=wx.EXPAND | wx.ALL, border=10)
        box.Add(price_st, 1, flag=wx.EXPAND | wx.ALL, border=10)
        box.Add(description_st, 1, flag=wx.EXPAND | wx.ALL, border=10)
        box.Add(add_btn, 1, flag=wx.EXPAND | wx.ALL, border=10)
        box.Add(see_btn, 1, flag=wx.EXPAND | wx.ALL, border=10)

        panel.SetSizer(box)

        return panel

    def search_btn_onclick(self, event):
```

```
""" 查询按钮可以按商品类别进行筛选 """
choice = self.FindWindowByName('choice')
selected = choice.GetSelection()
if selected >= 0:
    category = settings.CATEGORY[selected]
    # 根据商品类别查询商品
    products = []
    for item in settings.PRODUCTS:
        if item.get('category') == category:
            products.append(item)
    # 上面已经生成了新了商品列表，将商品列表更新后，重新初始化网格
    self.data = products
    self.init_grid()


def reset_btn_onclick(self, event):
    """ 单击重置按钮
    查询所有的商品 / 获取初始的商品列表
    然后初始化网格
    """
    self.data = settings.PRODUCTS
    self.init_grid()


def select_row_handler(self, event):
    """ 选择的网格的行事件处理
    这里会刷新右侧面板的商品类别和名称
    """
    row_selected = event.GetRow()
    if row_selected >= 0:
        selected_data = self.data[row_selected]
        # 商品类别
        category = " 商品类别：%s" % selected_data.get('category')
        category_st = self.FindWindowByName('category')
        category_st.SetLabelText(category) # 先创建好控件，再修改或者设置 label
        # 商品名称
        name = " 商品名称：%s" % selected_data.get('name_cn')
        name_st = self.FindWindowByName('name')
        name_st.SetLabelText(name)

        # 刷新布局，如果更换了图片应该是要刷新的，没换图片不用刷新
        # self.right_panel.Layout()
```

```
        event.Skip()  # 事件跳过，貌似这里没什么用

    def add_btn_onclick(self, event):
        pass

    def see_btn_onclick(self, event):
        pass
```

8.2.7 表格对象类

主窗口里显示商品类别对应的商品信息，通过数据表格类实现。这里继承了 GridTableBase 这个类，然后重构其中的几个方法返回表格的行数、列数、单元格的内容，在窗口的表格里里显示出来了：

```
""" 自定义数据表格类 """
from wx.grid import GridTableBase

class ListGridTable(GridTableBase):
    """ 自定义表格类
    下面分别重构了 4 个方法
    返回行数、列数、每个单元格的内容、列标题
    """

    def __init__(self, column_names, data):
        super().__init__()
        self.col_labels = column_names
        self.data = data

    def GetNumberRows(self):
        return len(self.data)

    def GetNumberCols(self):
        return len(self.col_labels)

    def GetValue(self, row, col):
        products = self.data[row]

        return {
            0: products.get('id'),
            1: products.get('category'),
```

```
            2: products.get('name_cn'),
            3: products.get('name_en'),
        }.get(col)

    def GetColLabelValue(self, col):
        return self.col_labels[col]
```

技能检测：添加商品至购物车页面

设计窗口，完成将商品添加到购物车和购物车界面的设计。效果如图 8-31 所示。

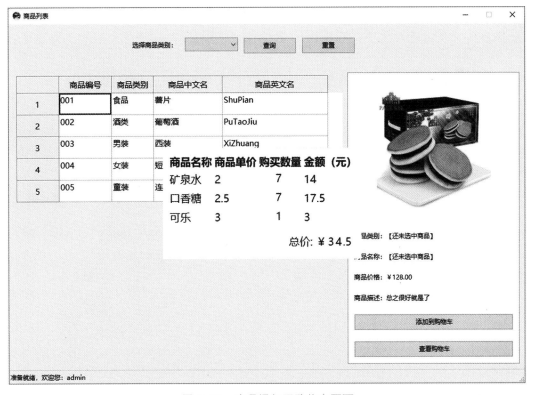

图 8-31　商品添加至购物车页面

参考文献

［1］裘宗燕. 从问题到程序：用 Python 学编程和计算［M］. 北京：机械工业出版社，
2017.

［2］刘宇宙. Python3.5 从零开始学［M］. 北京：清华大学出版社，2017.

［3］黑马程序员. Python 快速编程入门［M］. 北京：人民邮电出版社，2017.

［4］［美］弗朗索瓦·肖莱. Python 深度学习［M］. 张亮，译. 北京：人民邮电出版
社，2018.

［5］董付国. 玩转 Python 轻松过二级［M］. 北京：清华大学出版社，2018.

［6］胡国胜，吴新星，陈辉. Python 程序设计案例教程［M］. 北京：机械工业出版社，
2018.

［7］明日科技. 零基础学 Python［M］. 长春：吉林大学出版社，2018.